TAIHU LIUYU
SHUISHENGTAI HUANJING GONGNENG FENQU
GUANKONG CELÜE YANJIU

太湖流域水生态环境功能分区管控策略研究

陆嘉昂 冯彬 胡开明◎主编

河海大学出版社
HOHAI UNIVERSITY PRESS
·南京·

图书在版编目(CIP)数据

太湖流域水生态环境功能分区管控策略研究 / 陆嘉昂，冯彬，胡开明主编. -- 南京：河海大学出版社，2022.12
ISBN 978-7-5630-7648-2

Ⅰ. ①太… Ⅱ. ①陆… ②冯… ③胡… Ⅲ. ①太湖—流域—区域水环境—区域生态环境—环境功能区划—研究 Ⅳ. ①X321.25

中国国家版本馆 CIP 数据核字(2023)第 022583 号

书　　名	太湖流域水生态环境功能分区管控策略研究
书　　号	ISBN 978-7-5630-7648-2
责任编辑	彭志诚
文字编辑	汤雨晖
特约校对	王春兰
封面设计	徐娟娟
出版发行	河海大学出版社
地　　址	南京市西康路1号(邮编：210098)
电　　话	(025)83737852(总编室)
	(025)83722833(营销部)
经　　销	江苏省新华发行集团有限公司
排　　版	南京布克文化发展有限公司
印　　刷	广东虎彩云印刷有限公司
开　　本	718毫米×1000毫米　1/16
印　　张	14.5
字　　数	280千字
版　　次	2022年12月第1版
印　　次	2022年12月第1次印刷
定　　价	89.00元

编委会

主　　　　编：陆嘉昂　冯　彬　胡开明
副　主　　编：徐海波　杨云飞　姜伟立　常闻捷
　　　　　　　徐东炯　于　洋　夏　霆　徐　宁
　　　　　　　张松贺　祁玲玲　杨江华　陈　璐
主要参编人员：林　超　郁　颖　王　媛　高松峰
　　　　　　　刘树洋　苏　禹　滕加泉　张小琼
　　　　　　　张　可　邱言言　沈　伟　钱　楠
　　　　　　　杨芳芳　温嘉霖　赵华肆　黄　琴
　　　　　　　陈何舟　刘　媛　舒瑞琪　张晶旻

前言

基于"十一五""十二五"期间对水生态环境功能分区的研究成果，江苏省政府批复下发了《江苏省太湖流域水生态环境功能区划（试行）》（以下简称《区划》），划定了49个太湖流域水生态环境功能分区（陆域43个、水域6个），并开展了生态功能与服务功能判定，将49个分区分为生态Ⅰ级区、生态Ⅱ级区、生态Ⅲ级区和生态Ⅳ级区4个等级，针对4个生态功能级别，分别制定了差异化的生态环境、空间管控、物种保护三大类分类管理目标，并制订了分期分步实施计划。率先在国内实现了水生态环境功能分区管理体系的落地应用，促进了水环境管理由单一水质目标向水质、水生态指标综合管理的转变。

本研究紧紧围绕江苏省政府、省环保厅对《区划》管理与考核的需求，依据"十一五""十二五"水生态功能分区相关研究成果，以《区划》管理目标及考核断面为基础，展开"太湖流域水生态环境功能分区管控策略研究与业务化运行"课题研究。

本研究构建了以《江苏省太湖流域水生态环境功能区划考核办法（试行）》为核心的"评-考-绩-管"全链条的分区管理技术体系，支撑太湖流域水环境系统化管理。考核是推动《区划》目标落实的重要手段，针对江苏省对《区划》管理与考核的需求，突破太湖流域水生态环境功能分区考核技术，确立了多目标多层次考核指标体系，在传统层次分析法基础上，从重塑指标独立性以及提升专家专业领域权重两方面改进了层次分析法，利用改进层次分析法确定了指标权重。结合太湖流域的实际情况，综合运用预测分析和实地调研等多种定量与定性相结合的方法，确定分级、分类、分期、分区的考核标准和计分方法，制定了《江苏省太湖流域水生态环境功能区划考核办法(试行)》及考核细则,率先在国内实现流域水生态环境功能分区的业务化考核管理。"评"即水生态环境功能分区质量评价,基于201个监测点位的平、枯、丰三期"水文一水质一水生态"系统调查数据,构建了太湖全流域基本信息数据库,全面掌握了江苏省太湖流域水生态质量现状,从物理、化学和生物完整性三方面深化、优化太湖流域(江苏)水生态健康质量评价方法;"绩"即水生态环境功能分区管理绩效评估,构建了"评估-预警-预测"的动态评估体系,落实考核办法的管理效能;"管"即水生态环境功能分区分期分步管控,构建了水生态控制技术清单,推动落实分区差异化生态修复,突破多目标最优化管控方案筛选技术,形成一区一策的管控措施清单,实现差别化、精细化治理。

目录 CONTENTS

第一章 绪论 ··· 001
  1.1 研究背景与意义 ·· 001
  1.2 研究进展 ·· 005
    1.2.1 国内外研究情况 ··· 005
    1.2.2 水专项研究基础 ··· 007
  1.3 研究内容 ·· 007
  1.4 技术路线与实施细则 ·· 008

第二章 太湖流域水生态环境功能分区现状调研 ······················ 009
  2.1 太湖流域生态环境功能分区现状调研方法 ······························· 009
  2.2 调研结果与评价 ·· 010
    2.2.1 水质状况 ·· 010
    2.2.2 底质状况 ·· 016
    2.2.3 浮游植物 ·· 017
    2.2.4 浮游动物 ·· 019
    2.2.5 底栖大型无脊椎动物 ··· 020
    2.2.6 鱼类 ·· 031
    2.2.7 水生态健康指数 ··· 031
  2.3 小结 ··· 032

第三章 太湖流域水生态环境功能分区质量评价研究 ················ 035
  3.1 太湖流域生态环境功能分区质量评价体系研究 ·························· 035
    3.1.1 质量评价指标体系深化研究 ·· 035
    3.1.2 太湖流域水生态环境功能分区质量评价指标体系优化研究 ········ 047

3.2 水生态功能分区质量评价 ··· 072
  3.2.1 基于"十三五"研究成果的水生态环境功能区质量评价 ············ 072
  3.2.2 基于 eDNA 生物指数的水生态功能分区质量评价 ····················· 078

第四章　太湖流域水生态环境功能分区管理考核与业务化研究 ············· 086
4.1 太湖流域水生态环境功能分区管理考核办法研究 ································ 086
  4.1.1 太湖流域水生态环境功能分区管理考核技术 ······························ 086
  4.1.2 太湖流域水生态环境功能区划考核实施细则 ······························ 095
  4.1.3 太湖流域水生态环境功能分区现状 ··· 101
  4.1.4 太湖流域水生态环境功能区划考核结果 ····································· 103
4.2 太湖流域水生态环境功能分区管理实施路径研究 ································ 117
  4.2.1 太湖流域水质水生态实施路径研究 ··· 117
  4.2.2 土地利用空间管控实施路径 ··· 121
  4.2.3 物种保护实施路径 ··· 127

第五章　太湖流域水生态环境功能分区管理绩效评估研究 ······················· 132
5.1 太湖流域水生态环境功能分区管理绩效评估技术构建 ························· 132
  5.1.1 水生态环境功能分区管理绩效评估指标体系 ······························ 133
  5.1.2 太湖流域水生态环境功能分区管理绩效评估技术 ······················· 134
  5.1.3 太湖流域水生态环境功能分区管理标准化评估流程 ··················· 140
5.2 太湖流域水生态环境功能分区管理绩效评估 ······································· 142
  5.2.1 水生态环境功能分区管理绩效评估 ··· 142
  5.2.2 水生态环境功能分区管理绩效改善的动态模拟体系 ··················· 159

第六章　太湖流域水生态环境功能分区管控实施方案研究 ······················· 170
6.1 太湖流域水生态环境改善限制因子的识别 ·· 171
  6.1.1 技术路线 ··· 171
  6.1.2 DPSIR 模型指标体系构建和权重确定 ······································· 172
  6.1.3 DPSIR 模型限制因子识别 ··· 174
6.2 多目标最优化管控方案筛选模式构建 ··· 186
  6.2.1 技术路线 ··· 186
  6.2.2 太湖流域水生态环境功能分区最优化管控场景分析 ··················· 187

6.2.3　多目标管控优化方法 ………………………………………… 189
　6.3　太湖流域水生态环境功能分区管控实施方案 …………………… 196
　　　6.3.1　水生态环境功能分区管控实施方案总体目标与治理需求分析 …… 196
　　　6.3.2　水生态环境改善的限制因子识别 ……………………………… 198
　　　6.3.3　49个水生态环境功能分区管理任务清单 …………………… 203
　　　6.3.4　投资效益分析 …………………………………………………… 212
　　　6.3.5　可达性分析 ……………………………………………………… 218

第一章

绪论

1.1 研究背景与意义

太湖流域河网密布,湖泊众多,水域面积 6 134 km²,水面率达 17%,0.5 km² 以上的湖泊有 189 个。河道总长度 12 万 km,平原地区河道密度达 3.2 km/km²,纵横交错,湖泊星罗棋布,为典型的"江南水网"。太湖流域三大产业发展迅速,人口增长过快,各类废水的排放量远远超出区域水环境容量,尤其是氮、磷污染较重,导致太湖流域河道水质空间差异性大、水生态系统功能脆弱,水环境问题、生态环境的破坏已成为制约地区发展的瓶颈。

生态文明建设是中国特色社会主义事业的重要内容,党中央、国务院高度重视生态文明建设,中共中央、国务院印发了《生态文明体制改革总体方案》,明确提出要树立山水林田湖是一个生命共同体的理念。2015 年中共中央、国务院发布了《关于加快推进生态文明建设的意见》,明确提出保护和扩大水域、湿地等生态空间是水生态文明建设中的重要内容。同年,国务院颁布了《水污染防治行动计划》(以下简称"水十条"),确定了 2020 年和 2030 年全国水环境质量指标,其中第二十五条"深化重点流域污染防治"明确提出"研究建立流域水生态环境功能分区管理体系",对太湖流域水生态环境也提出了更高的要求。

国家水专项在"十一五"和"十二五"期间设置了"流域水生态功能评价和分区技术""重点流域水生态功能一级二级分区""重点流域水生态功能三级四级分区""太湖流域(江苏)水生态功能分区与标准管理工程建设"等课题,设计开展了水生态环境功能分区研究,建立了流域水生态环境功能分区体系。2016 年 4 月 17 日,基于"十一五""十二五"期间对水生态环境功能分区的研究成果,江苏省政府批复下发了《江苏省太湖流域水生态环境功能区划(试行)》(以下简称《区划》），划定了49个太湖流域水生态环境功能分区，并制定了差异化的生态环境、空间管控、物种保护三大类分类管理目标，以及分期分步实施计划。

(1) 水生态环境功能分区的概念

水生态环境功能分区是依据河流生态学中的格局与尺度理论，反映流域水生态系统在不同空间尺度下的分布格局，基于流域水生态系统空间特征差异，结合人类活动影响因素而提出的一种分区方法。它是水环境管理从水质目标管理向水生态健康管理拓展的基础管理单元，是确定流域水生态保护与水质管理目标的基础。

(2) 划定水生态环境功能分区

在三级分区共性技术研究成果基础上，在太湖全流域开展了三期"水文-水质-水生态"的系统调查，研究构建了太湖流域水生态系统综合评价体系，从样点、分区和流域三个不同尺度评估了太湖流域水生态健康状态并分等定级。调研了太湖流域生物物种的历史演变，探索了流域重要水生生物保护物种的确定方法，并预测了其潜在分布。

基于流域水文、水质、水生态健康状态差异、物种分布差异等流域水生态系统空间特征差异，充分考虑土地利用、陆源排放等人类活动影响，将遵循现状与生态保护相结合；体现水生态系统的主导功能；同一个区内80%以上监测点位水质类别和水生态健康状况属同一级别；特征污染物来源范围、重要物种及其栖息地不与相邻区形成交叉；不同区划兼顾（与水环境功能区划、主体功能区划、生态保护红线、太湖分级保护区、控制单元等区划成果进行技术耦合）；流域与镇级行政区域有机结合，在保证小流域完整性的同时，兼顾行政分区的完整性，便于行政区域管理，在具备可操作性等原则的基础上，通过GIS聚类分析、空间叠置等空间化技术方法，划分出49个（陆域43个＋水域6个）江苏太湖流域水生态环境功能分区。

采用生态功能多指标评价法等方法对49个分区的生态功能与服务功能进行判定，根据评价结果将49个分区划分为4个等级，如图1-1-1所示。

生态Ⅰ级区：水生态系统保持自然生态状态，具有健全的生态功能，需全面保护的区域。

生态Ⅱ级区：水生态系统保持较好生态状态，具有较健全的生态功能，需重点保护的区域。

生态Ⅲ级区：水生态系统保持一般生态状态，部分生态功能受到威胁，需重点修复的区域。

生态Ⅳ级区：水生态系统保持较低生态状态，能发挥一定程度的生态功能，需全面修复的区域。

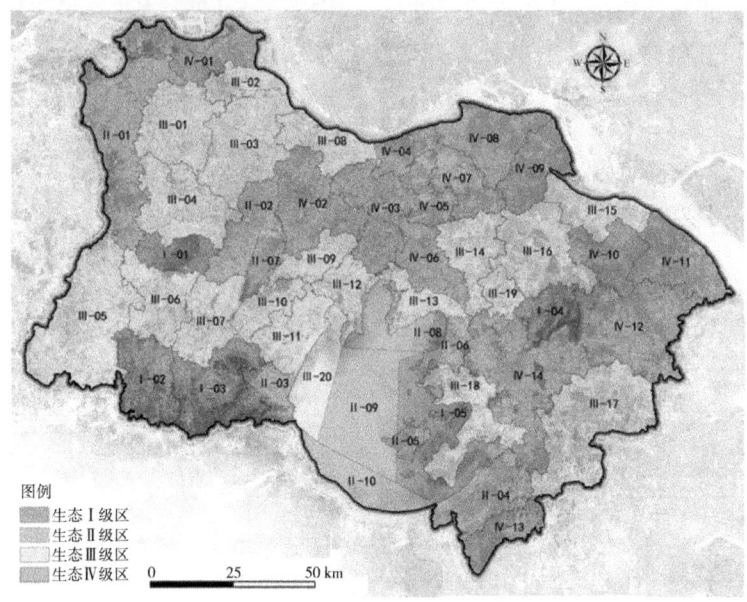

图 1.1-1　江苏太湖流域水生态环境功能分区

(3) 明确分级分类监测指标与管控目标

针对四级分区不同的生态功能与保护需求(表 1.1-1),进一步制定了生态环境管控、空间管控、物种保护三大类分类管理目标,并制订了分期分步实施计划。

① 生态环境管控目标包括水质、水生态管理目标和容量总量目标,主要基于分区内水质、水生态现状、控制单元划分、"水十条"考核断面目标要求、分区水环境容量计算等研究基础制定。

表 1.1-1　水质、水生态分级管理目标

分级区	水质优Ⅲ类考核断面比例 (2030 年)	水生态健康指数 (2030 年)
生态Ⅰ级区	90%	良(≥0.70)
生态Ⅱ级区	85%	良/中(≥0.55)
生态Ⅲ级区	80%	中(≥0.47)
生态Ⅳ级区	50%	中/一般(≥0.40)

水质目标:近期水质目标值结合水(环境)功能分区、太湖流域水环境综合治理总体方案、水质现状与"水十条"考核目标等综合确定,远期水质目标基本依据水(环境)功能分区,并布设 136 个考核断面,到 2020 年,所有断面水质优于Ⅲ类比例,与"水十条"考核目标要求保持统一。

水生态健康指数:水生态健康指数为综合评价指数,由藻类、底栖生物、水质、富营养指数等组成,并依据代表性原则,优化布设 53 个水生态监测断面。

总量控制目标:污染物排放现状总量是依据纳入环保部门环境统计的工业污染源、生活污染源,以及种植业、养殖业污染源等进行核算;总量目标依据COD、氨氮削减 2.4%、总磷削减 3.0%、总氮削减 3.6%制定。

② 空间管控目标包括生态红线、湿地、林地管控目标,主要根据江苏省生态红线保护规划、各分区现状土地利用遥感影像解译成果等制定。江苏省太湖流域水生态,环境功能分区级空间管控目标如表 1.1-2 所示。

表 1.1-2 分级空间管控目标

分级区	生态红线面积比例	生态红线/流域面积	湿地＋林地面积比例
生态Ⅰ级区	69%	7.4%	68.0%
生态Ⅱ级区	63%	11.5%	61.8%
生态Ⅲ级区	21%	8.7%	28.4%
生态Ⅳ级区	8%	2.5%	15.5%

③ 物种保护目标主要根据基于对流域珍稀濒危物种分布、不同水质、水生态系统的特有种与敏感指示物种等研究成果制定。

④ 评价方法

判别各类水生态环境功能分区是否满足管理目标要求(表 1.1-3),依据《地表水环境质量标准》(GB 3838—2002),采用单因子评价法进行水质现状评价;采用水生态健康综合评价方法进行水生态现状评价;采用环境统计和污染源调查数据进行总量评价;采用遥感解译法进行生态红线、湿地、林地现状评价;采用底栖动物和鱼类监测方法鉴定评价物种保护情况。

表 1.1-3 水生态健康指数分级标准

类型	优	良	中	一般	差
河流	[0.925,1]	[0.695,0.925)	[0.465,0.695)	[0.235,0.465)	[0,0.235)
湖库	[0.925,1]	[0.695,0.925)	[0.465,0.695)	[0.235,0.465)	[0,0.235)

其中,水生态健康指数计算方法与分级标准如下:

河流水生态健康指数＝淡水大型底栖无脊椎动物指数×0.5＋河流综合污染指数×0.5

湖库水生态健康指数＝淡水大型底栖无脊椎动物指数×0.25＋淡水浮游藻类指数×0.25＋综合营养状态指数×0.5

注:淡水大型底栖无脊椎动物指数＝软体动物分类单元数＋优势度指数＋BMWP 指数;

淡水浮游藻类指数＝总分类单元数＋细胞密度＋前三优势种细胞优势度；

河流综合污染指数：$P = \sum_{i=1}^{5} P_i$，$P_i = C_i/C_s$（溶解氧、氨氮、高锰酸盐指数、总磷和总氮），P_i 为某一水质指标的单项污染指数，C_i 为某一水质指标的监测值，C_s 为某一水质指标的标准值；

综合营养状态指数：$TLI = \sum_{j=1}^{m} W_j \cdot TLI_j$，$TLI$ 为综合营养状态指数，W_j 为 j 指标单项营养状态指数的权重，TLI_j 为 j 指标的单项营养状态指数。

(4) 制定《江苏省太湖流域水生态环境功能分区管理办法》

管理办法紧密围绕水生态环境功能分区分级、分区、分类、分期的管理思路，紧扣生态环境管控、空间管控和物种保护等三类目标，从推进产业结构调整、强化污染减排、完善现有水生态环境监控网络、开展水生态功能监测与评估、加强水生态保护与修复、加大物种保护力度等方面提出了不同分区、不同时期的水生态环境管控目标实现的途径和措施。明确了省、市、县（区）各级政府及环保、发改、经信、国土、住建、交通、农业、水利、渔业等相关部门在水生态环境功能分区管理中的职责和权限，并明确了如何对各级政府和相关部门在水生态环境功能分区管理中的绩效进行考核。

省政府批复的《区划》明确提出省环保厅、省太湖办负责组织实施工作，其中环保部门要重点加强跟踪监测、监督检查和考核评估，省太湖办要在试行的基础上逐步将水生态功能分区管理考核纳入治太目标责任书进行考核，更好地落实地方政府保护生态环境的法定责任。由于水生态功能分区管理考核目标涉及水质管理、水生态监测、土地利用空间管控、物种保护等诸多方面，因此，开展研究以建立江苏省太湖流域水生态环境功能分区管理体系，为太湖流域水生态环境功能分区管理提供技术支撑是项目开展的重要依据。

1.2 研究进展

1.2.1 国内外研究情况

(1) 国外研究进展

20世纪70年代末，美国国家环境保护局（USEPA）期望水环境管理部门在水域的管理中关注水生态系统结构和功能的保护，设计一套针对水生态系统的区划体系，不仅可以指导水质管理，而且能够反映水生生物及其自然生活环境的特征。到80年代中期，Omernik首先提出了水生态区的概念和水生态环境功能分区划分方法，基于土壤、自然植被、地形和土地利用等4个区域性特征指标，将具有相对同质的淡水生态系统或生物体，及其与环境相关的土地单元划分为同一生态区,实现了从水化学指标向水生态指标管理的转变。目前的流域水生态分区主要有美国环保局(USEPA)的三级水生态分区、英国小流域抽象管理策略(CAMS)、新西兰的河流环境分类(REC)等。

美国是世界上最先制定水生态分区的国家之一,并且形成了以水生态区划为基础的水环境管理方法与技术体系。对各分区建立了详尽的自然地理、野生动物、本土植物等数据库;根据水生态区的实际情况,制定了各分区不同类型水体的营养物标准,建立了不同区域的生态系统恢复标准;以水生态分区为基础开展河流、湖泊的生态系统完整性评价;基于水生态分区,建立土地资源和水资源变化的响应关系,预测土地利用变化的效应。

2004年,英国在欧洲水框架指令(WFD)指导下起草了流域基础规划战略,制定了小流域抽象管理策略,对不同小流域进行功能的界定。在功能分区的基础上,针对每个分区提出了控制城市废水排放的管理措施、处理系统、维护方案、标准、污染减排计划、发放排污许可证、农业发展计划等。

新西兰对全国的河流进行分类,评估每个集水单元的重要性,为保护现有的生物多样性(物种、栖息地和生态系统)和新西兰特有的物种,将集水单元分为2类,即Ⅰ类集水区,具有国家级重要性;Ⅱ类集水区具有突出重大特征,如濒危物种生存的湿地,并给出每个集水单元的价值分数、总河流环境分类(REC)级别、天然覆盖率、特殊物种或区域特征等。

(2) 国内研究现状

环保部(现为生态环境部)在国家水体污染控制与治理科技重大专项研究的基础上,于2015年组织13家单位共同完成了全国流域水生态环境功能分区方案。根据我国水生态环境功能区对全国地表水环境监测样点体系进行了优化调整,从而保证国家监测点位覆盖到国家级流域水生态环境功能三级区,在1 784个三级区中共设置了1 940个监测断面,监测断面数比"十二五"期间增加了1 240个。在当前正在开展的"十三五"重点流域水污染防治规划编制中,所有的规划中均以水生态环境功能区为基本单元,进行规划的编制,包括单元内污染物排放测算、环境容量计算、陆水响应关系计算等研究与分析,并以此作为实现水污染控制目标管理措施提出的基本单元。针对全国1 784个水生态环境功能三级区,根据水环境质量现状、环境风险特点,将控制单元分成水质维护型、水质改善型、风险防范等4种类型,对优先控制单元,制定水质达标方案,并给予经费支持,用于水环境质量维持和提升。针对三级区单元及其设置的监测断面,基于考核断面水环境质量现状以及水功能区、主体功能区等管理要求,根据可达性和技术经济性分析,提出了2020年各个考核断面的水环境质量目标,生态环境部与省级地方政府签订了水质目标责任书,用于对地方政府的考核。以上工作为我国"十三五"和未来的水环境管理提供了水环境管理考核支撑。

1.2.2 水专项研究基础

在流域水生态环境功能分区管理方面，国家水专项在"十一五"和"十二五"期间设置了"流域水生态功能评价和分区技术"、"流域水生态保护目标制定"、"重点流域水生态功能一级二级分区"、"重点流域水生态功能三级四级分区"、"辽河流域水生态环境功能分区管理体系研究与综合示范"和"太湖流域（江苏）水生态功能分区与标准管理工程建设"等课题。

在水生态环境功能评价和分区技术上提出了基于水陆耦合关系的分区思路，创新了我国流域水生态环境功能分区基础理论，明确了流域水生态环境功能分区的目的、依据和原则，构建了流域多尺度分区体系。解决了我国水生生物评价指标识别技术，形成了以本土水生生物指标为核心的水生态健康评价方法，完成了十大流域水生态健康评价。在水生态环境功能分区技术上突破了水陆耦合分析、驱动要素识别、水生态功能定量评估、水生态保护目标等关键技术，提出了我国流域水生态环境功能分区划技术规范，完成了松花江、辽河、海河、淮河、东江、黑河、赣江 7 个河流流域，太湖、滇池、洱海和巢湖 4 个湖泊流域水生态功能 4 级区划方案。在太湖流域、辽河流域开展了水生态环境功能区管理应用示范研究，提出了功能区的生态健康保护等级以及功能区管理方案，制定了流域水生态环境功能分区管理办法。江苏省在 2016 年发布了《江苏省太湖流域水生态环境功能区划（试行）》（以下简称《区划》），2011 年《辽宁省辽河流域水污染防治条例》（2011 年修订）明确提出了水生态环境功能区管理方案。

在水专项"十一五"研究阶段，基于区域水生态功能保护，已经完成太湖流域水生态三级分区，但并没有以此为基础制定水生态功能管理区划及相应的保护措施和管理政策；到"十二五"研究期间，在"十一五"太湖流域水生态分区研究成果的基础上，重点突破了其与水环境管理体系的耦合与衔接问题，制定了相关水生态功能分区的管理政策和保护措施，开展水生态环境功能区划管理工程示范，将"十一五"水生态功能分区成果应用于水环境管理工作中；预计"十三五"阶段太湖流域水生态环境功能分区管理考核可形成动态的标准化评估技术体系，分区管理可实现与政策相关联的、针对性的优化调控方案，以便分区管理实施效果可达到持续性的改善。

1.3 研究内容

围绕省政府及省厅对《区划》管理与考核的需求，开展太湖流域水生态环境功能分区质量评价指标体系与方法优化研究；依据"十二五"太湖流域水生态环境功能分区生态管理、空间管控、物种保护三类管理目标,建立省和市多层面、生态环境多目标及水陆统筹等多要素的考核办法;基于"十二五"水生态环境功能分区质量评价的结果,构建多层级、多指标的综合绩效评估指标体系,开展分区管理的实施绩效评估,跟踪评价流域重要生态敏感区水生态变化趋势;基于水生态环境功能分区的生境诊断及生态修复途径研究,识别影响不同分区水生态修复的关键因子,建立支撑不同类型区域生态改善的水生态修复技术方案;通过流域水生态环境功能分区目标达成率及治理需求分析,采用多目标优化方法,研究建立太湖流域水生态环境功能分区实施方案。

1.4　技术路线与实施细则

研究紧紧围绕江苏省对《江苏省太湖流域水生态环境功能区划(试行)》管理与考核的需求,基于"十一五""十二五"太湖流域水生态环境功能分区相关成果,通过流域水生态环境功能区现状调研,开展太湖流域水生态环境功能分区水生态变化趋势分析与质量评价方法优化研究,设计省和市多层面、生态环境多目标及水陆统筹等多要素的分区管理考核办法,开展多层级、多指标的分区管理综合绩效评估,建立支撑不同类型区域生态改善的水生态修复技术方案,形成太湖流域水生态环境功能分区管控实施方案,形成了"评-考-绩-管"全链条的分区管理体系,有力支撑太湖流域生态环境精细化管理。如图1.4-1所示。

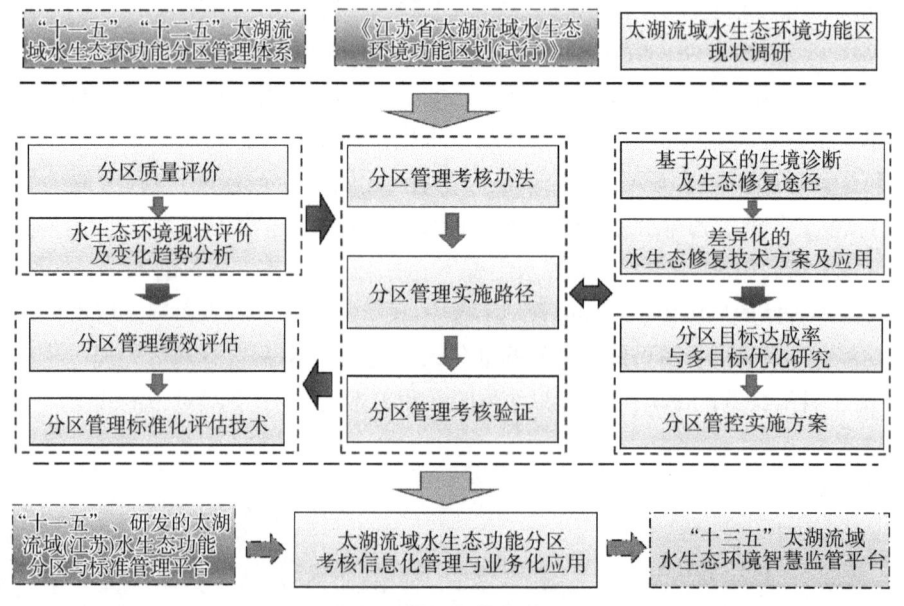

图1.4-1　技术路线图

第二章
太湖流域水生态环境功能分区现状调研

2.1 太湖流域生态环境功能分区现状调研方法

课题组分别于2018年5月、2019年3月、2019年8月针对太湖流域水生态环境功能分区展开平、枯、丰3期调查采样工作,共布设201个调查点位(图2.1-1)。监测项目包括水质、沉积物、大型底栖无脊椎动物、浮游动物、浮游藻类、鱼类监测等,覆盖了太湖流域49个水生态环境功能分区。

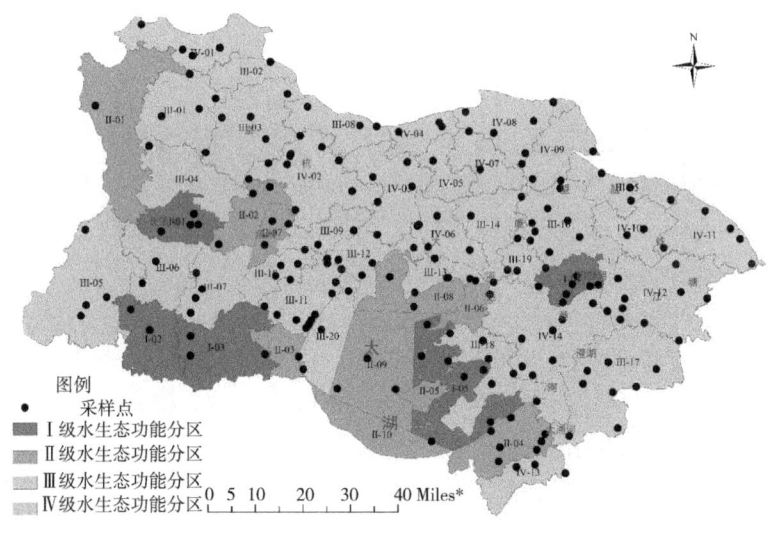

图2.1-1 201个采样点点位分布

2019年和2020年进行了鱼类监测,两年中分别在太湖流域选择了25个监测点和17个监测点进行监测,2019年在流域之外选择12个监测点进行最佳参照状态调查,共39个监测点。此外,为研究工作需要,额外选择了2018—2020年期间常州地区19个和太湖24个鱼类监测点(图2.1-2)的鱼类监测结果,为建立本地区鱼类生物完整性评价体系提供数据,最终形成太湖流域生态环境功能分区基础信息数据库。

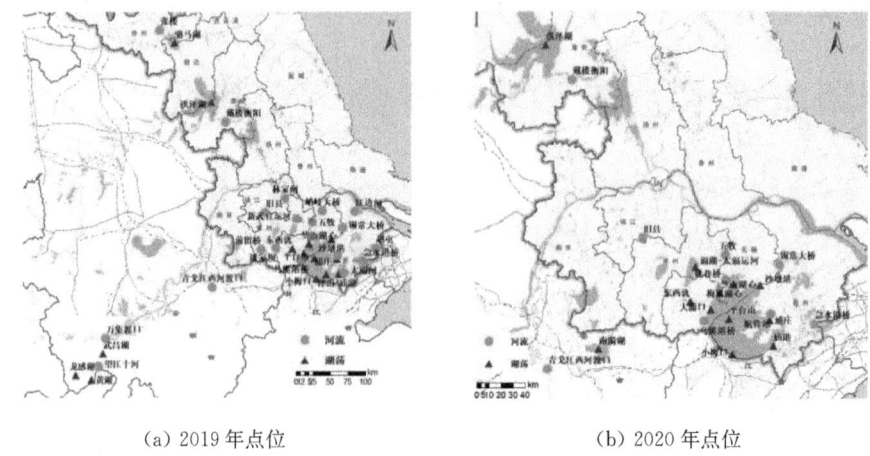

(a) 2019年点位　　　　　　　　　(b) 2020年点位

图2.1-2　鱼类采样点位图

2.2　调研结果与评价

2.2.1　水质状况

(1) 高锰酸盐指数(COD_{Mn})

流域COD_{Mn}年均值浓度为3.59 mg/L(浓度空间分布如图2.2-1所示),为Ⅱ类标准,整体变化范围为1.60~7.27 mg/L,监测点浓度基本为Ⅳ类水标准以上,94.63%的样点介于Ⅱ~Ⅲ类水标准。时间分布特征:丰水期＞平水期＞枯水期,平、枯水期监测点Ⅰ~Ⅱ类水质标准占比均为80.00%以上,单因子水质状况较好。空间分布特征:流域整体空间分布尚未出现明显的地域差异性,个别湖库点位浓度较高,但均在Ⅳ类水标准以上。COD_{Mn}浓度最大为分区Ⅱ-02(滆湖西岸水环境维持),尤其19#采样点(常州武进区,太平桥)年均浓度为6.03 mg/L,处于为Ⅳ类标准。流域雨季大多集中在6—9月份,梅雨形成的最高水位在丰水期(7月),附近农田及生活污废物随雨水溶解后汇入河流,河流湖泊汇入量增加,致使有机污染加重。

---

* 1 miles≈1.61 km

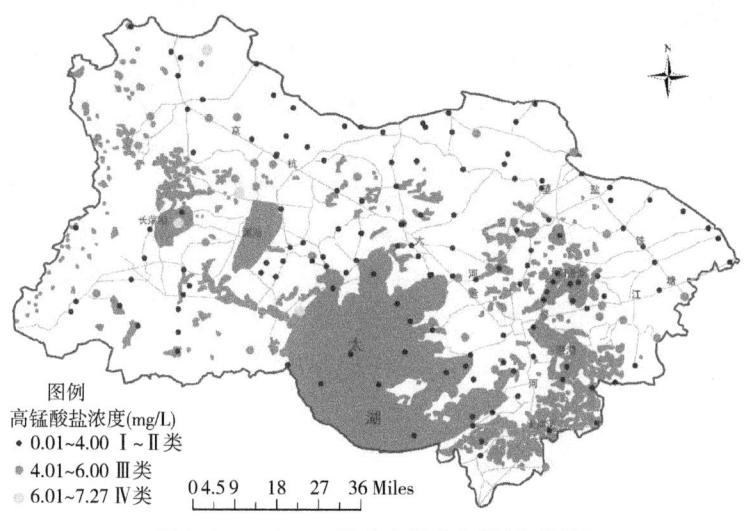

图 2.2-1　COD$_{Mn}$ 浓度空间分布图(年均值)

(2) 五日生化需氧量(BOD$_5$)

流域 BOD$_5$ 指数年均值浓度为 2.11 mg/L(浓度空间分布如图 2.1-2 所示),为Ⅱ类标准,整体变化范围为 0.22~7.71 mg/L,78.05%的监测点浓度介于Ⅱ类标准以上,污染程度相对较轻。时间分布特征:丰水期>平水期>枯水期,时间分布特征和 COD$_{Mn}$ 是一致的,有机物原料充足,微生物生长越快,消耗溶氧越多。流域枯水期 BOD$_5$ 浓度最低,超过 90.00%以上的监测点为Ⅱ类标准以上,个别采样点为Ⅳ类标准以下。空间分布特征:流域整体分布为东部高于西部,南部高于北部,滆湖东南部、太湖湖体东南部及北部河流汇入点 BOD$_5$ 浓度较高。

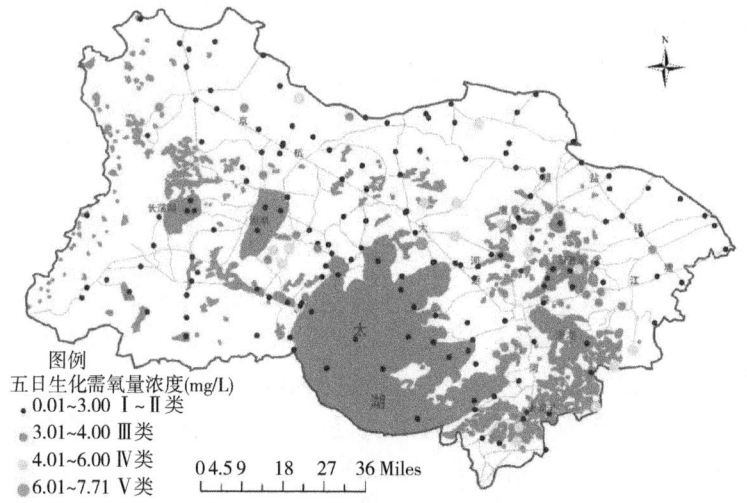

图 2.2-2　BOD$_5$ 浓度空间分布(年均值)

(3) 氨氮(NH₃-N)

流域 NH₃-N 年均值浓度为 0.41 mg/L(浓度空间分布如图 2.2-3 所示),属于Ⅱ类标准,整体变化范围为 0.06~4.45 mg/L,采样点监控浓度介于Ⅰ~Ⅱ类水的标准占 77.56%,极个别监测点属于Ⅳ类及以上,总体 NH₃-N 状况较好。时间分布特征为:枯水期>平水期>丰水期,平、丰水期超过 85.00% 的监测点 NH₃-N 浓度在Ⅰ~Ⅱ类水之间,Ⅳ类及劣Ⅴ类比例不足 4%,枯水期平均浓度为 0.79 mg/L,21.46% 的监测点 NH₃-N 浓度为Ⅳ类及以上。空间分布特征:流域整体分布呈现出南高北低、东高西低的趋势。NH₃-N 浓度的影响因素是多方面的,与水体中的 pH、温度、氮元素的含量等息息相关,因此和 TN(总氮)在不同水期和功能区的分布是存在一定差异的。

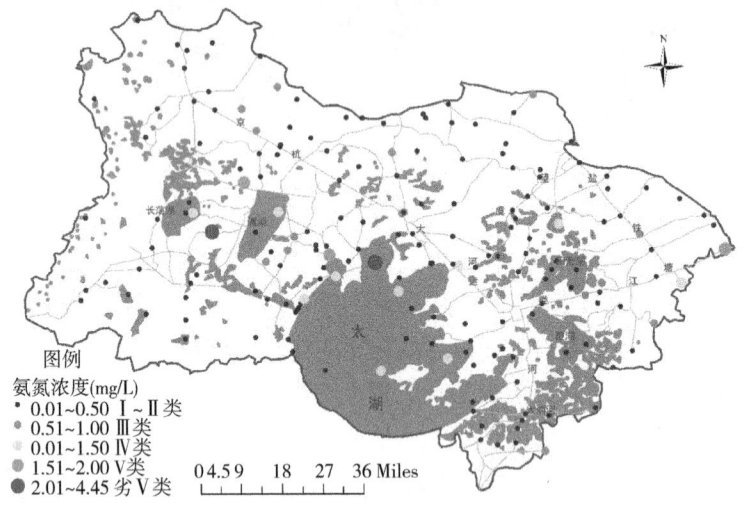

图 2.2-3　NH₃-N 浓度空间分布图(年均值)

(4) 总氮(TN)

流域 TN 年均值浓度为 2.04 mg/L(浓度空间分布如图 2.2-4 所示),属于劣Ⅴ类标准,整体变化范围为 0.35~16.60 mg/L,样点变化幅度较大,有较明显差异性,其中 66.83% 的监测点为Ⅴ类水及劣Ⅴ类,仅有 15.61% 的监控点浓度为Ⅰ~Ⅲ类水标准,流域整体 TN 污染严重。时间分布特征为:平水期>枯水期>丰水期,平、枯水期 60.00% 左右的监测点 TN 浓度为Ⅴ类及劣Ⅴ类标准,Ⅲ类水标准及以上的比例均不足 20.00%,丰水期 31.70% 的监测点为Ⅲ类水标准以上,TN 浓度有所下降。平水期(5月)TN 含量最高原因如下:① 春季多风,水流动力扰动变大,沉积物会释放出氮元素;② 温度较低,微生物及植物活性较低,氮循环中反硝化过程较慢,部分氮滞留在水体中,引起浓度的升高;③ 春季是播种施肥的季节,氮肥的使用也会增加环境中 TN 的浓度。空间分布特征:流域整体 TN 污染严重,除小部分西南区域浓度相对较小,其他区域 TN 浓度空间分布较为均匀。

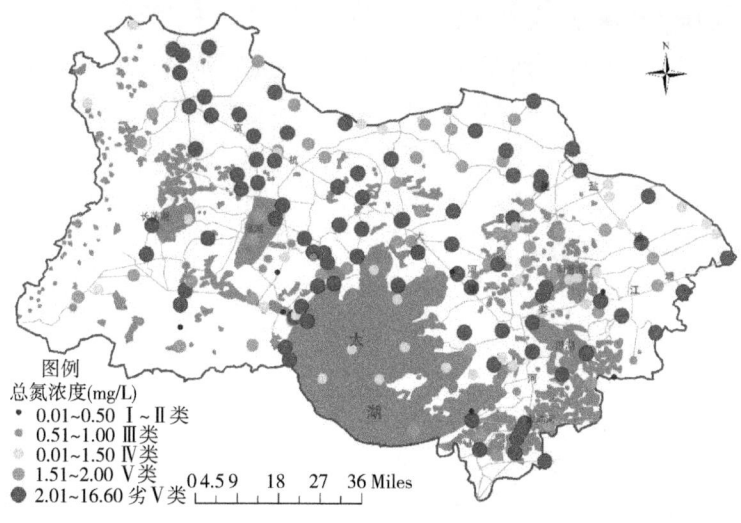

图 2.2-4　TN 浓度空间分布图(年均值)

(5) 总磷(TP)

流域 TP 年均值浓度为 0.15 mg/L(浓度空间分布如图 2.2-5 所示),属于Ⅲ类水标准,整体变化范围为 0.01~1.72 mg/L,样点间差异性较小,其中 81.47% 的监测点属于Ⅲ类及以上地表水标准。时间分布特征为:平水期＞枯水期＞丰水期,同 TN 的水期分布特征较为一致,丰水期水量增加会使 TP 浓度有所下降。平水期超多一半的样点处于Ⅲ~Ⅳ类水标准,且有 17.08% 的样点低于Ⅴ类水标准,枯、丰水期 85.00% 左右的监测在Ⅲ类水标准以上,浓度有所降低。空间分布特征:流域整体分布北高南低,东高西低的趋势,在湖库入湖口区域浓度相对较高。

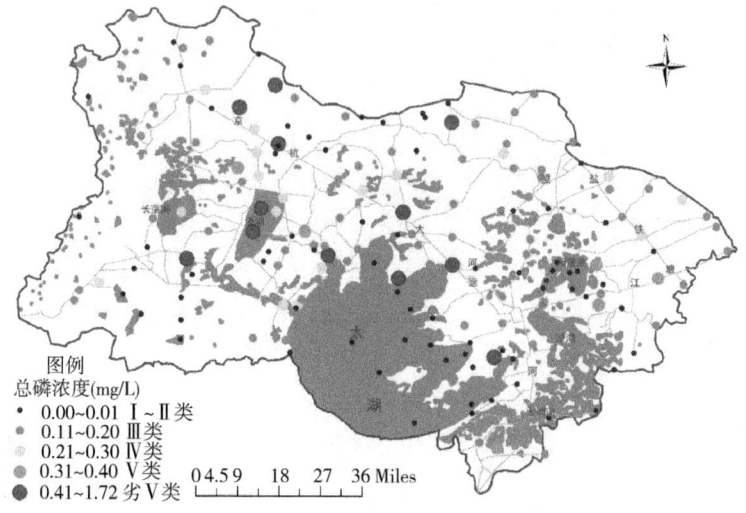

图 2.2-5　TP 浓度空间分布图(年均值)

(6) 水质达标情况

水生态敏感区水质类别评价选用单因子评价法（河流 TN 不参评），水质达标率采用频次达标法，年度内分平、枯、丰水期 3 次对样点的水质断面进行监测，水质类别达到《区划》规定考核目标值即为达标，结果如图 2.2-6 所示。本次调查的 201 个断面年度达标率为 61.69%，枯、丰水期达标率均为 62.00%以上，枯水期达标断面为 136 个，丰水期 126 个，两个水期达标率相差较小；平水期达标率为 54.73%，达标断面 110 个，达标率最低。

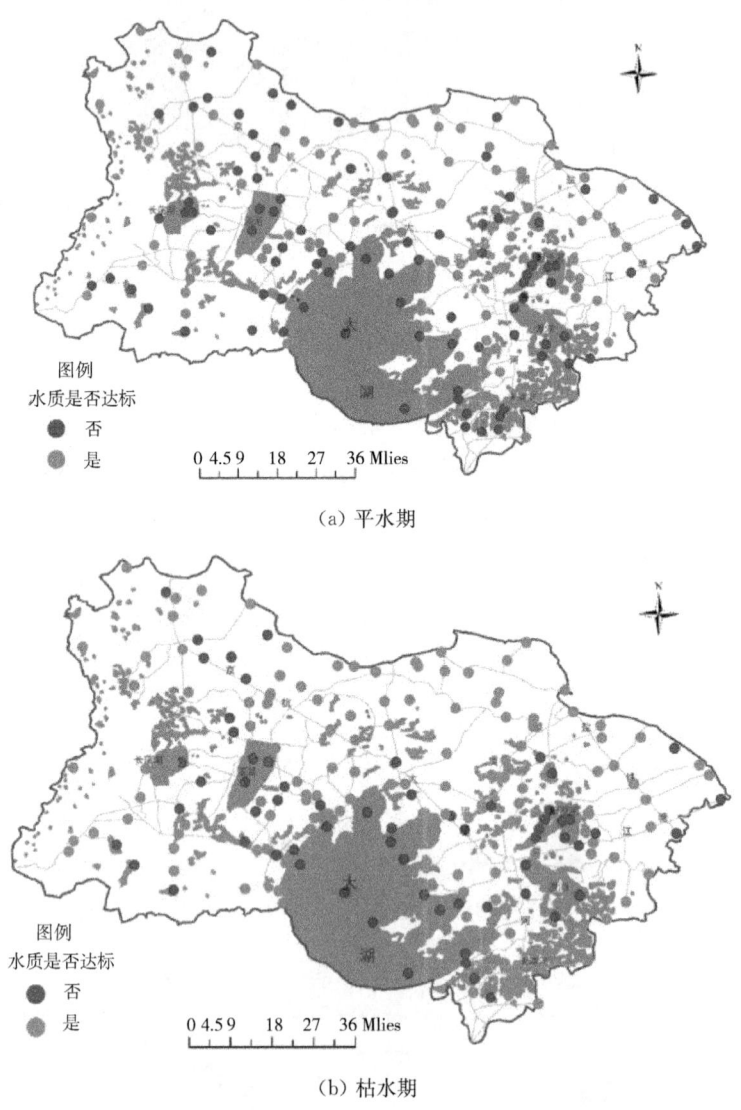

(a) 平水期

(b) 枯水期

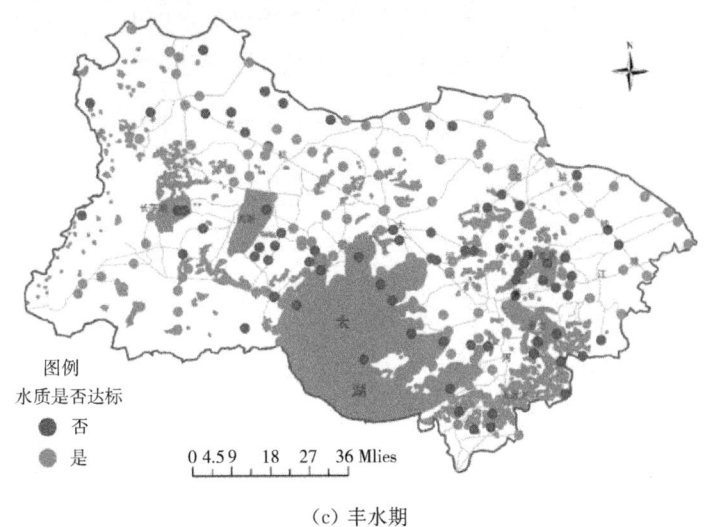

(c) 丰水期

图 2.2-6　201 点位水质达标情况

(7) 历史演变分析

2013 年 5 月("十二五"平水期)选用单因子 TP、TN、COD_{Mn}、$NH_3\text{-}N$ 同 2018 年 5 月("十三五"平水期)水质对比(图 2.2-7)。比较流域均值单因子浓度均呈现出下降的趋势,尤其 COD_{Mn} 下降幅度最大,流域均值从 11.17 mg/L 下降到 3.28 mg/L。

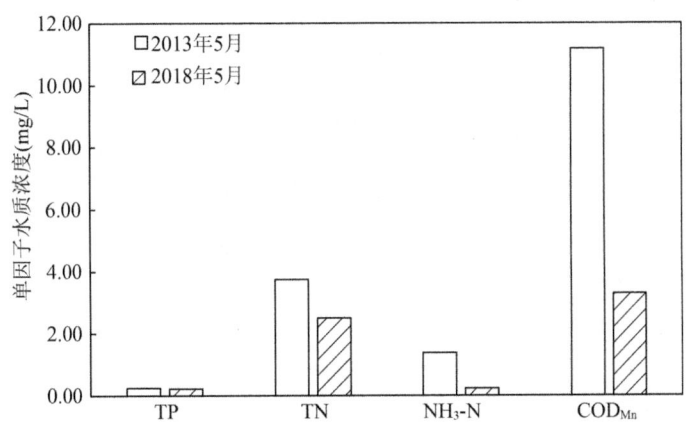

图 2.2-7　太湖流域水质单因子平水期平均浓度对比图

"十二五"平水期流域 TN 因子污染最为严重,85.14% 的样点属于 Ⅴ 类水及以下,仅有 1 个监测点为 Ⅱ 类水及以上标准,比较"十二五""十三五"平水期 TN 检测结果,部分水生态环境功能分区 TN 浓度值存在较大变化,Ⅲ-04(金坛城镇重要生境维持)、Ⅰ-05(太湖东部湖区重要物种保护)及 Ⅱ-09(太湖湖心区重要物种保护)TN浓度有明显下降,由劣Ⅴ类转变为Ⅳ类水以上,但Ⅲ-12(竺山湖北岸重要生境维持)TN浓度有所上升,应对此区域的TN进行治理、监管。

2.2.2 底质状况

(1) 营养盐含量及分布特征

流域TN年均值为1 142.19 mg/kg,年际间变化较小,如图2.2-8所示。分区Ⅰ-04(阳澄湖生物多样性维持)TN含量最高,此功能区多闸蟹围网养殖、饲料投加严重;分区Ⅱ-03(宜兴丁蜀水环境维持)、Ⅱ-07(滆湖重要物种保护)TN含量较高,主要因为生活及生产污废水的排放及围网养殖等。TN含量变幅为188.00~4 230.00 mg/kg,变异系数为55.57%,湖泊及太浦河TN含量较高。

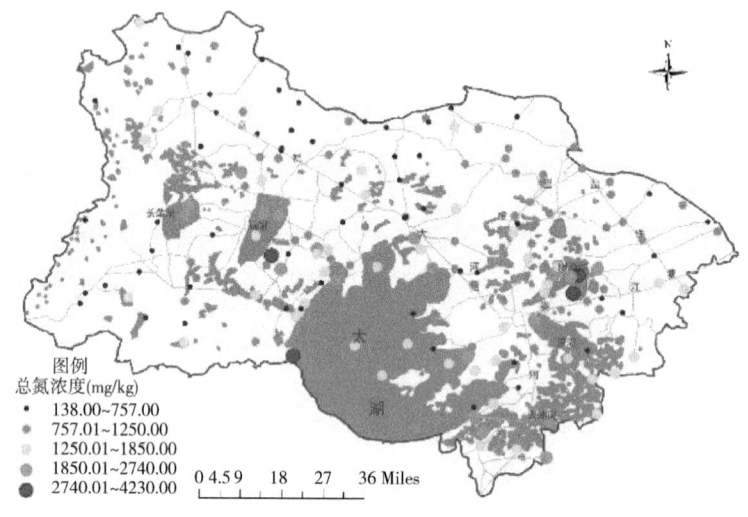

图2.2-8 沉积物TN浓度空间分布(年均值)

流域TP年均值为992.30 mg/kg,其浓度空间分布如图2.2-9所示。不敏感区TP含量均较高,功能区均位于城市聚集区域,外源输入含量较高;分区Ⅳ-03(锡武城镇水环境维持)TP含量最高,主要因为传统企业及周边城镇、农田较多,污废水排放量较大;TP含量变幅为137.00~2 650.00 mg/kg,变异系数为40.35%,TP在太湖西北部和东部含量分布较高。

(2) 重金属含量及分布特征

流域8种重金属年均值含量为Zn(83.92 mg/kg)>Pb(38.75 mg/kg)>Cr>(35.29 mg/kg)>Cu(29.48 mg/kg)>As(11.06 mg/kg)>Cd(0.49 mg/kg)>Se(0.26 mg/kg)>Hg(0.12 mg/kg),Cd、Hg、As、Cu、Pb和Zn均高于其标准值,其中Cd、Hg分别为标准值的5.72、4.93,采样点超标比例为94.12%、

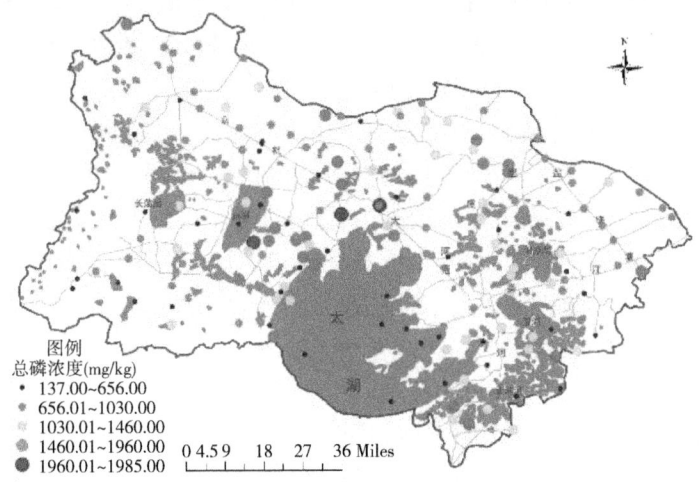

图 2.2-9 沉积物 TP 浓度空间分布(年均值)

99.55%,单因子污染严重;Cr 为标准值的 0.47,仅 7.69% 的采样点高于环境背景值,污染较轻。重金属 Cd、Cu 和 Hg 变异系数值均超过 70%,Cd、Pb 变异系数分别为 120.39%、118.37%,表明这些重金属有明显的空间异质性,且人类活动是其主要的驱动因子;Cr 变异系数为 71.72%,但 92.31% 采样点含量低于背景值,说明 Cr 累计不仅有外来污染源,还会受到内在的理化性质、pH 及物质的吸附迁移等因素影响。空间分布上 Se、Cu、Pb、Cr、Zn 呈现出由西向东、由南向北逐渐升高的趋势;As、Hg、Cd 呈现出由西向东、由北向南逐渐升高的趋势。

2.2.3 浮游植物

浮游植物是湖库水质优良程度的重要指示生物,现场采样共 20 个水生态敏感区测有浮游植物。

(1) 现状分析

从浮游植物群落结构来看,平、枯、丰三期共监测到浮游植物 235 种,包括蓝藻门 31 种、绿藻门 113 种、硅藻门 54 种、隐藻门 4 种、甲藻门 5 种、裸藻门 14 种、金藻门 10 种、黄藻门 4 种,主要优势种属于蓝藻门伪鱼腥藻和微囊藻。

从浮游植物完整性监测评价来看,2018 年平水期太湖流域浮游植物完整性等级处于良至一般范围,以良为主要情况;2019 年枯水期太湖流域浮游植物完整性等级处于良至一般范围,以良、中为主要情况;2019 年丰水期太湖流域浮游植物完整性等级处于优至差范围,以良、中为主要情况。

从浮游植物群落结构来看,太湖流域平、枯、丰三期共检出浮游植物 122 属 271 种,分属于蓝藻门、硅藻门、绿藻门、隐藻门、裸藻门、甲藻门、金藻门和黄藻门8门。其中60属101种、枯水期94属200种、丰水期108属228种,三次调研均以绿-硅-蓝藻为主。太湖东部湖区、阳澄湖、尚湖和昆承湖物种数相对更为多样化,太湖东部湖区物种数相较于西部湖区更为丰富。

流域湖库藻类密度结构,总体以蓝藻门藻类密度大,蓝藻门以高达85.7%的密度占比,占据绝对优势;蓝藻门的微囊藻、鱼腥藻,以及硅藻门的小环藻、直链藻为主要的优势种。对几个重要湖泊藻类密度结构比较,太湖蓝藻门在3次调查中均占优,滆湖平水期、枯水期蓝藻密度相对较高,长荡湖平水期蓝藻密度大。丰水期,太湖湖心区、梅梁湾、贡湖区、西部湖区藻类密度均较高。

浮游植物P-IBI指数,按三期调查结果平均,20个湖库水生态环境功能分区中,P-IBI指数评价结果分别为优、良、中、一般和差的水生态环境功能分区个数分别为1、5、9、4和1个,表明流域湖库浮游植物完整性程度总体为良至一般范围,其中"良"和"中"的评估结果占比为70%。不同水期比较,平水期和枯水期P-IBI指数相对较高,丰水期较低;不同水生态环境功能区比较,太湖Ⅲ-20西部湖区重要生境维持-水文调节功能区、Ⅲ-19苏州北部生物多样性维持-水文调节功能区(昆承湖)以及东沈、西沈、团沈等区域水体生物完整性程度较优,位于Ⅱ级区的太湖梅梁湾、湖心区浮游植物生物完整性偏低。

(2) 历史演变分析

蓝藻水华是太湖流域富营养化的标志,是湖泊生态系统结构和功能退化的信号,2013年5月("十二五"平水期)流域从浮游植物物种出现频率分析,硅藻门的广缘小环藻和绿藻门的小球藻在各采样点出现频率均超过了60%;蓝藻门的铜绿微囊藻和硅藻门的近缘针杆藻出现频率均为30%以上,硅藻门的尖头舟形藻、梅尼小环藻以及绿藻门的交错丝藻在大于20%的点位多有出现。由于各点位浮游植物密度的不同,"十二五"平水期流域浮游植物密度以绿藻门的交错丝藻、蓝藻门的水华鱼腥藻、项圈型伪鱼腥藻、点形裂面藻占优,浮游植物处于蓝-绿-硅藻型。2018年5月("十三五"平水期)流域整体上以蓝藻门占据绝对的优势。这主要是太湖本体部分采样点蓝藻密度过高,硅藻门的菱形藻和小环藻、绿藻门的栅藻出现频率较高,密度上看优势种主要为蓝藻门的微囊藻、鞘丝藻、长胞藻,太湖湖心区、滆湖、长荡湖的蓝藻密度均大于80%。"十二五"平水期及"十三五"平水期流域浮游植物种类数分别为100种、101种,种类数无明显变化。密度组成上,"十三五"平水期蓝藻密度波动较大,这主要体现在太湖湖体以及长荡湖、滆湖3个湖泊。

"十二五"平水期流域重要湖泊太湖、滆湖和长荡湖浮游植物物种出现频率来看,蓝藻门的铜绿微囊藻、硅藻门的广缘小环藻、绿藻门的小球藻在各采样点均有出现,硅藻门的颗粒直链藻和梅尼小环藻、隐藻门的具尾蓝隐藻、绿藻门的卷曲纤维藻和双对栅藻出现频率均超过了60%，但由于各点位浮游植物密度的不同，综合看来，"十二五"平水期长荡湖、滆湖、太湖浮游植物密度均以蓝藻门占据明显优势，蓝藻密度分别为 $1.59×10^7$ cell·L^{-1}、$1.14×10^7$ cell·L^{-1}、$3.65×10^7$ cell·L^{-1}。相比于"十二五"平水期，"十三五"平水期长荡湖、滆湖、太湖浮游植物蓝藻密度整体有下降趋势，蓝藻密度分别降为 $0.45×10^7$ cell·L^{-1}、$0.24×10^6$ cell·L^{-1}、$3.07×10^7$ cell·L^{-1}，其中滆湖蓝藻密度下降较为明显，绿藻门占比上升较大。相较于"十二五"平水期，太湖湖体"十三五"平水期蓝藻门密度虽然有所下降，但蓝藻门密度比例依然较高。依据实际调研结果，太湖（Ⅱ-05、Ⅱ-08、Ⅱ-09以及Ⅱ-10）蓝藻密度均超过 10^7 cell·L^{-1}，蓝藻水华爆发风险依然较大，仍需时刻关注水生态质量健康状况。重要湖泊浮游植物密度对比如图 2.2-10 所示。

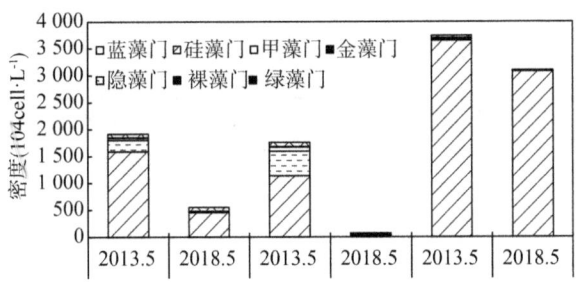

图 2.2-10　重要湖泊浮游植物密度变化对比图

2.2.4　浮游动物

太湖流域 2018 年平水期共采集到浮游动物 29 070 头，共 3 纲 4 目 21 科 40 属 87 个分类单元（表 2.2-1 所示），其中轮虫纲角突臂尾轮虫、暗小异尾轮虫、曲腿龟甲轮虫和螺形龟甲轮虫无脊变种为主要优势类群。

表 2.2-1　2018 年平水期浮游动物群落结构表

类群		物种分类单元数（个）
生物类群	轮虫	49
	枝角类	23
	桡足类	15
总体情况		87

太湖流域 2019 年枯水期共采集到浮游动物 2 263 头，共 3 纲 6 目 19 科 45 属 83 个分类单元，其中简弧象鼻溞、暗小异尾轮虫、曲腿龟甲轮虫为主要优势类群。

表 2.2-2 2019 年枯水期浮游动物群落结构表

类群		物种分类单元数(个)
生物类群	轮虫	23
	枝角类	18
	桡足类	42
	总体情况	83

从浮游动物群落结构(表 2.2-3)来看,太湖流域 2019 年枯水期共采集到浮游动物 2 263 头,共 3 纲 7 目 21 科 47 属 94 个分类单元,其中简弧象鼻溞、曲腿龟甲轮虫、针簇多肢轮虫为主要优势类群。

平、枯、丰三期水期浮游动物的分类单元数呈现出缓慢上升的趋势,然而,受水期的影响,枯水期浮游动物的密度要低于平水期和丰水期。

表 2.2-3 2018 年平水期浮游动物群落结构表

类群		物种分类单元数(个)
生物类群	轮虫	19
	枝角类	21
	桡足类	54
	总体情况	94

2.2.5 底栖大型无脊椎动物

(1) 物种组成及时空变化

① 物种组成

太湖流域底栖动物组成较为丰富。通过对包含湖库、河流在内的 201 个断面的 3 次采样的样品进行定性定量分析,共鉴定出底栖动物 4 门 8 纲 166 种(如图 2.2-11)。太湖流域底栖动物物种以昆虫纲、双壳纲、甲壳纲和腹足纲居多,共计占比为 80.71%,其中昆虫纲种类数最多,为 68 属 74 种,占比为 44%;双壳纲、甲壳纲和腹足类次之,分别为 20 属 23 种、18 属 19 种和 15 属 18 种,占比分别为 13.8%、11.4% 和 10.8%。其他各门类共计占总种类数的 19.29%,其中寡毛纲为 7 属 9 种,多毛纲 4 属 9 种,蛭纲 8 属 12 种,蛛形纲仅鉴定出 1 属 1 种。从出现频率看,寡毛纲的霍甫水丝蚓(*Limnodrilus hoffmeisteri*)为最高频物种,在 70.7% 的采样点都有出现;腹足纲的铜锈环棱螺(*Bellamya aeruginosa*)分布也较为广泛,在 50.0% 以上的点位均有检出,其余出现频率较高的物种还有寡毛纲的苏氏尾鳃蚓(Branchiura sowerbyi)、双壳纲的河蚬(Corbicula fluminea)和腹足纲的梨形环棱螺(Bellamya purificata),在20%以上的点位均有检出。

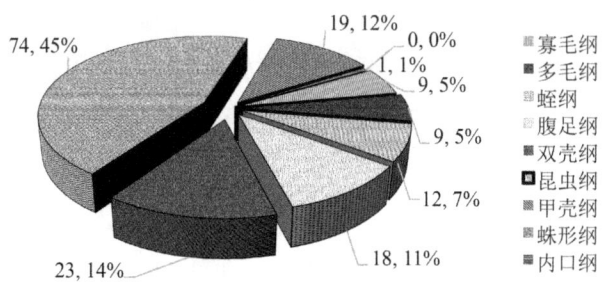

图 2.2-11　江苏太湖流域底栖动物种类组成占比

② 底栖动物种类组成空间变化

调查结果表明,流域整体上物种丰富度呈现出东高西低的趋势,东南部各区较西北部各区物种丰富度更高,分布更为均匀(图 2.2-12)。其中,太湖流域东部的吴淞江(Ⅳ-14)和位于太湖流域东北部的殷村港、张家港河(Ⅲ-11)和盐铁塘(Ⅳ-12)底栖动物种类数较多,分别为 3 门 7 纲 80 种、3 门 6 纲 73 种及 3 门 7 纲 67 种。太湖本体湖区呈现出自西向东逐渐减小的趋势,大港河、乌溪港(Ⅱ-03)、竺山湖(Ⅲ-20)的物种数较西山西、漾西港(Ⅱ-10)多,分别为 3 门 6 纲 46 种和 3 门 6 纲 16 种。流域西部各分区物种数差别较大,最低的洛阳河(Ⅱ-06)、望虞河(Ⅱ-10)物种数分别为 3 门 5 纲 13 种和 3 门 6 纲 16 种,最高的南溪河、西氿(Ⅲ-07)和京杭运河(Ⅳ-02)物种数分别为 3 门 7 纲 54 种和 3 门 7 纲 46 种。

③ 底栖动物种类组成时间变化

"十二五"期间共鉴定出底栖动物 3 门 7 纲 64 种(包括变形及变种),底栖动物物种以昆虫纲、双壳纲和腹足纲居多,共计占比 78.1%,其中昆虫纲种类数最多,为 24 属 31 种,占比为 48.4%;双壳纲和腹足类次之,分别为 6 属 11 种和 5 属 8 种,占比分别为 17.1%和 12.5%。其他各门共计占总种类数的 22%,其中寡毛纲为 2 属 2 种,多毛纲 2 属 3 种,蛭纲 3 属 4 种,甲壳纲 3 属 5 种。从出现频率看,腹足纲的铜锈环棱螺(Bellamya aeruginosa)为最高频物种,在 61.1%的采样点都有出现;寡毛纲的霍甫水丝蚓(Limnodrilus hoffmeisteri)分布也较为广泛,在 50%以上的点位均有检出,其余出现频率较高的物种还有寡毛纲的苏氏尾鳃蚓(Branchiurasowerbyi)、双壳纲的河蚬(Corbiculafluminea)和腹足纲的椭圆萝卜螺(Radix swinhoei)、大沼螺(Parafossarulus eximius)以及纹沼螺(Parafossarulus striatulus),在 20%以上的点位均有检出。

"十三五"期间 201 个采样点的底栖动物平水期、枯水期、丰水期三期采样数

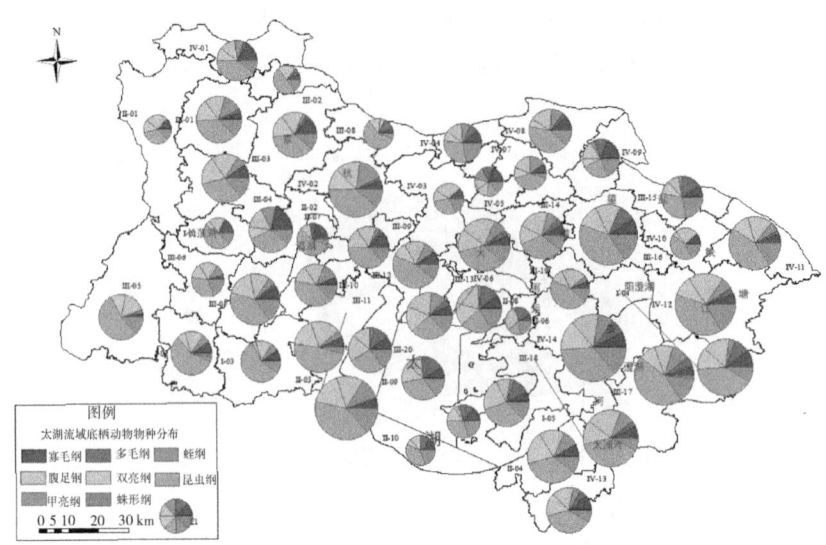

图 2.2-12　江苏太湖流域生态环境功能区底栖动物种类组成空间分布图

据分析,平水期与枯、丰水期种类总数差别较大(图 2.2-13),总体体现了随着不同水期变化(平—枯—丰)各分区底栖动物向种类多样化发展的趋势,而丰水期的种类数较平水期种类数多,主要是由于丰水期采样为 7 月份,受水温影响较大,底栖动物大量繁殖,除部分点位底栖动物密度大及种群单一外,总体上底栖动物种类数迅速增加;枯水期虽然种类数较多,但多数点位底栖动物密度较小。综合来看,整体上三期底栖动物种类数量差距较大,但群落结构总体较为相似,均为昆虫纲-腹足纲-甲壳纲型结构,昆虫纲物种数在三期中都占据优势,枯水期和丰水期尤为明显,而在昆虫纲中摇蚊幼虫的物种数又占据绝对优势,体现了摇蚊幼虫类群在太湖流域分布的广泛性和多样性。

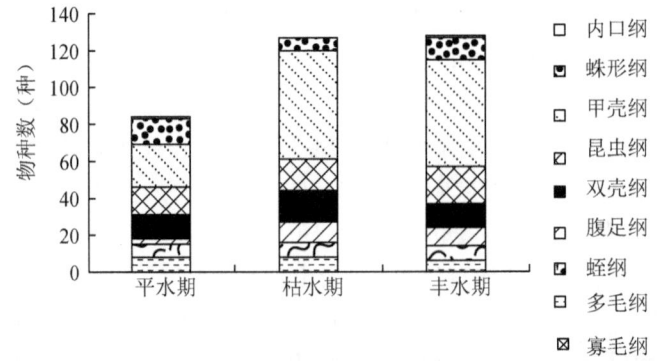

图 2.2-13　江苏太湖流域生态环境功能区底栖动物不同时期种类组成

在不同采样时期的不同采样点,底栖动物分布及优势种有所不同。2018 年

5月平水期201个采样点共鉴定出底栖动物3门8纲84种,昆虫纲种类数最多,有18属23种,占总底栖动物总种数的27.38%;其次为双壳纲有7属15种,占比17.85%;甲壳纲9属14种,占比为16.67%;腹足纲4属13种;其他种类隶属于寡毛纲、多毛纲、蛭纲和蛛形纲,累计占比为22.25%,内口纲物种未有检出。各功能区底栖动物种类数(图2.2-13)整体差异性较小。在平水期霍甫水丝蚓(Limnodrilus hoffmeisteri)分布最为广泛,在76.02%的点位都有出现;铜锈环棱螺(Bellamya aeruginosa)出现频/率均超过50.00%,梨形环棱螺(Bellamya purificata)、太湖大鳌蜚(Grandidierella taihuensis)、苏氏尾鳃蚓(Branchiura sowerbyi)出现频率相近,均位于30.00%左右。

(2) 密度组成及时空变化

① 底栖动物密度组成

三期调查,江苏省太湖流域水生态环境功能区底栖动物密度变化幅度总体为15.3~10 509.8 ind(图2.2-14),均值为448.6 ind/m³。虽然底栖动物种类数以昆虫纲最多,但从数量上看,耐污类群寡毛纲密度为362.9 ind/m³,以高达80.8%的密度占比占据绝对优势;偏清洁类群甲壳纲密度为41.9 ind/m³,以9.3%的密度占比排在第二位;腹足纲、双壳纲和昆虫纲密度分别为10 ind/m³、16.9 ind/m³和14.7 ind/m³,占比分别为2.2%、3.7%和3.8%;多毛纲和蛭纲密度占比较低,分别为1.5 ind/m³和0.5 ind/m³,占比分别为0.3%和0.1%。太湖流域霍甫水丝蚓的IRI值最高(61.9%),锯齿新米虾次之(13.7%),这两个物种的IRI值较其他物种的IRI值相差较大(表2.2-4),可见霍甫水丝蚓和锯齿新米虾在太湖流域的优势地位。霍甫水丝蚓在Ⅳ-02的德胜河和Ⅳ-14的瓜泾口西IRI值均最高,分别达82.3%和25.6%,远高于其他物种;锯齿新米虾在Ⅳ-12的盐铁塘和Ⅳ-04的白屈港IRI值较高,分别达15.7%和9.5%。除霍甫水丝蚓和锯齿新米虾以外,太湖流域主要优势种还包括铜锈环棱螺(4.7%)和河蚬(2.4%),其优势地位显示太湖流域底栖动物生境存在一定程度的破坏。

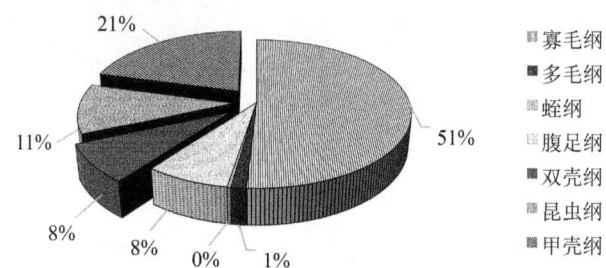

图2.2-14 江苏省太湖流域水生态环境功能区底栖动物密度组成

表 2.2-4　太湖流域大型底栖动物全年相对重要性指数值(IRI)

中文名	相对重要性指数(%)
霍甫水丝蚓	61.9
锯齿新米虾	13.7
铜锈环棱螺	4.6
河蚬	2.3
太湖大螯蜚	0.7
梨形环棱螺	0.4
背角无齿蚌	0.1

② 底栖动物密度空间变化

根据各分区三期底栖动物密度均值(图 2.2-15),从空间分布上来看,各采样点底栖动物类群的密度组成呈现出显著的空间差异。太湖湖体西南部湖区底栖动物平均密度较大,超过 1.0×10^3 ind/m³,且主要以甲壳纲、寡毛纲和双壳纲为主,甲壳纲以十足目和端足目占据主要密度优势,寡毛纲以霍甫水丝蚓(*Limnodrilus hoffmeisteri*)占据主要密度优势,双壳纲则以中等耐污类群淡水壳菜(*Limnoperna fortunei*)占据主要密度优势;太湖流域东部片区底栖动物密度明显高于西部,寡毛纲的密度占比显著增加,多毛纲多有出现。

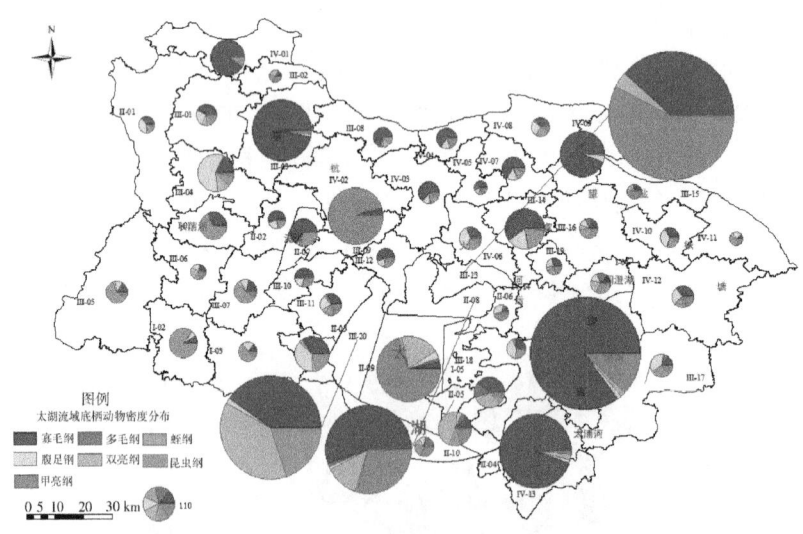

图 2.2-15　江苏省太湖流域水生态环境功能区全年底栖动物密度分布图

整体而言,太湖流域底栖动物密度构成较为丰富(图 2.2-16),甲壳纲密度在太湖湖体及流域西部多数样点占据优势,同时,其在娄江沿线流域密度占比较高,和腹足纲一起占据主要密度优势;腹足纲主要在太湖湖体(主要是西半湖和东南部湖区)以及盐铁塘、太浦河流域占据密度优势,其在太湖东岸部分点位密度所占比重接近 80%,在盐铁塘中部及太浦河支流区域密度所占比例也超过 60%。寡毛纲主要在京杭大运河江苏河段上游支流(五牧河、鹤溪河、十里横河、扁担河)、滆湖、梅梁湖以及靠近长江的利港、西横河等支流占据优势,其在西横河调研点密度所占比重接近 100%,在张家港新沙河区域密度所占比例也超过 80%。双翅目(主要是摇蚊幼虫)占优势的点位主要位于望虞河沿线和部分平原区河流。清洁种类蜉蝣目(Ephermerida)、襀翅目(Plecoptera)及毛翅目(Trichoptera)(简称EPT)主要在太湖西部及南部等山区溪流占据优势,其中蜉蝣目比重较高,毛翅目次之,襀翅目在各样点比重均较低。

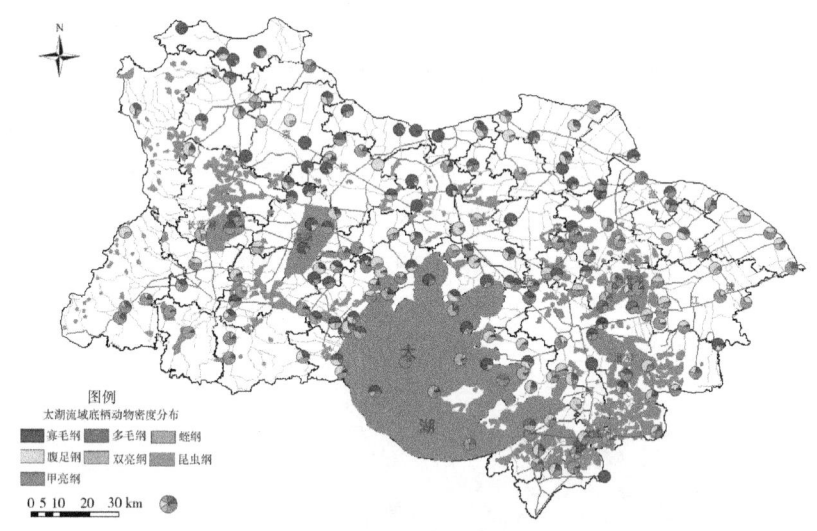

图 2.2-16 江苏省太湖流域全年底栖动物密度组成空间格局

a. 寡毛纲

耐污类群寡毛纲的出现率高达 87.5%,其中密度低于 100 ind/m³ 的占 93%,主要分布于京杭大运河江苏河段上游支流(五牧河、鹤溪河、十里横河、扁担河)、滆湖、梅梁湖以及靠近长江的利港、西横河等支流(图 2.2-17)。寡毛纲均值和中值分别为 393.79 ind/m³ 和 6 ind/m³。这种均值远大于中值的情况说明寡毛纲的密度分布极不均匀,在大部分样点密度都很小,在个别样点存在极大值现象。寡毛纲高值出现在江南运河与锡溧运河交汇处,最高值可达 5.76×10^4 ind/m³,在太浦河、丹金溧漕河和东青河采样点密度也较高,超过 500 ind/m³。

太湖湖体部分点位寡毛纲密度介于 10～1 700 ind/m³。寡毛纲在以上点位的高密表明这些河流遭受了一定的生境破坏,这与水化学监测结果一致。

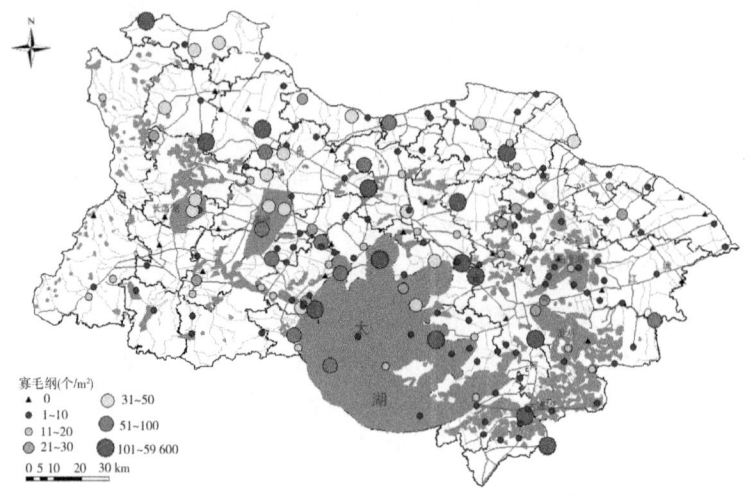

图 2.2-17　江苏省太湖流域全年寡毛纲密度组成空间格局

b. 多毛纲

多毛纲的寡鳃齿吻沙蚕为海洋河口性种类,其主要分布在长江下游两侧的湖泊和河流中(图 2.2-18),在流域内能被广泛采集到。近年来,因引江济太等工程影响,流域水生态环境状况相应发生变化,而寡鳃齿吻沙蚕(*Nephtysolig obranchia*)常作为一种潮间带的指示性物种,在一定程度上可以表征引江济太对流域水体连通性的响应关系。太湖流域中沙蚕类群的出现率为 28.5%,其中

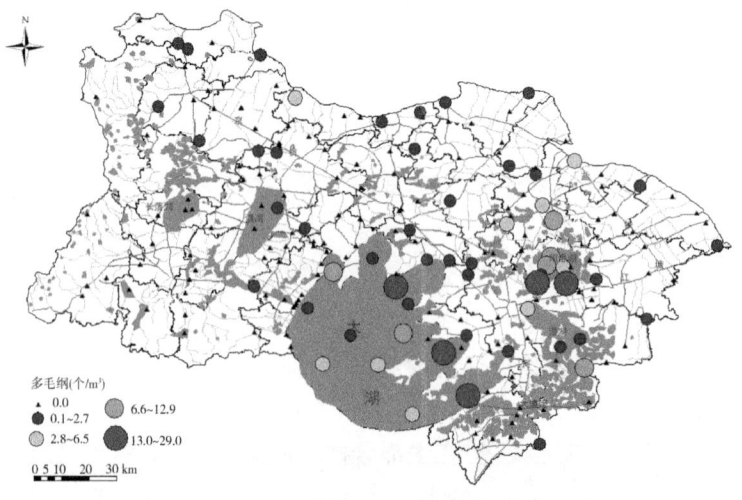

图 2.2-18　江苏省太湖流域全年多毛纲密度组成空间格局

密度高于 2.7 ind/m³ 的点位占比 10%，密度高值主要分布于太湖湖体的贡湖、胥湖、东南岸的太浦河入河口及阳澄湖湖体，密度介于 2.8～29 ind/m³，同时多毛纲在竺山湖、昆承湖和急水港采样点密度也较高。沙蚕类均值和中值分别为 1.25 ind/m³ 和 0 ind/m³，这种情况说明沙蚕类在流域内出现率较低，且大部分样点密度都很小，也不存在极大值现象。其在太湖湖区的出现主要受到物种扩散过程影响，这也表明湖泊与长江连通对维持生物多样性具有重要作用。

c. 双壳纲

双壳纲的出现率为 72.5%，其中密度低于 5 ind/m³ 的点位占 82.5%。双壳纲平均密度和最高值分别为 9.89 ind/m³ 和 629.5 ind/m³。双壳纲主要分布于太湖湖体，在长江支流、城市河道、滆湖湖体很少出现（图 2.2-19）。

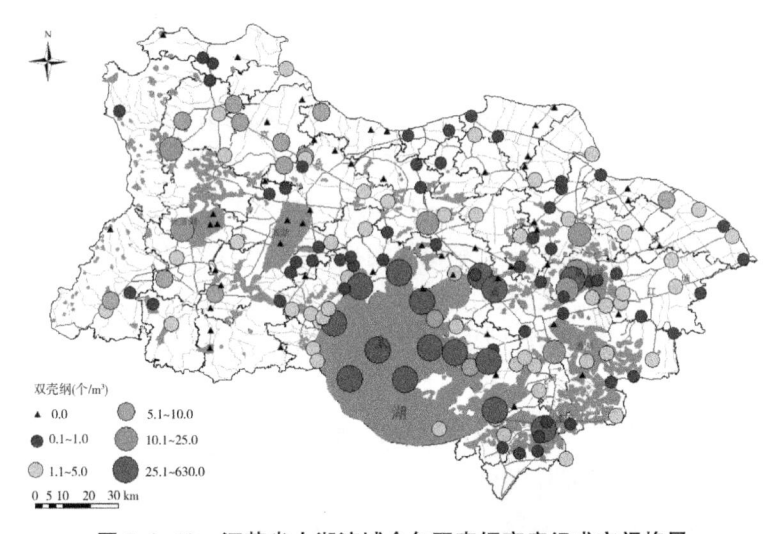

图 2.2-19　江苏省太湖流域全年双壳纲密度组成空间格局

d. 双翅目

双翅目的出现率为 93%，其中密度低于 50 ind/m³ 的点位占 96.5%。双翅目密度平均值和最大值分别为 9.4 ind/m³ 和 224.7 ind/m³，其高值主要出现在太湖湖体西岸、竺山湖、滆湖、昆承湖、阳澄湖及洮湖样点。点位密度大于 80 ind/m³ 的有 1 个，出现在太湖西岸与东氿入湖口处（图 2.2-20）。湖库本体里出现的双翅目物种主要为摇蚊幼虫，特别是黄色羽摇蚊、多巴小摇蚊和红裸须摇蚊等耐污性物种。

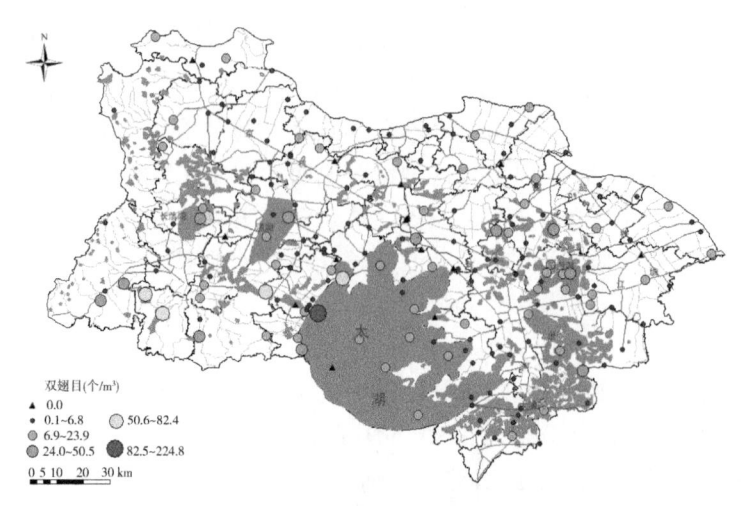

图 2.2-20　江苏省太湖流域全年双翅目密度组成空间格局

e. 其他水生昆虫

蜻蜓目和毛翅目的空间分布格局基本一致,高值均出现在主要湖体采样点如五里湖、洮湖、阳澄湖及元荡等(图 2.2-21、图 2.2-22)。毛翅目出现率较高(20.5%),其中 90% 的点位密度低于 1 ind/m³,毛翅目广泛分布于平原的河流,表明其对水环境的适应性较强。蜻蜓目的出现率为 16%,在太湖湖区密度主要介于 0.8~1.7 ind/m³。襀翅目出现率仅为 3.50%,主要分布在西部丘陵山区(图 2.2-23),最高密度为 32.2 ind/m³。半翅目(主要是负子蝽)的出现率为 2.7%,平均值和最大值分别为 0.71 ind/m³ 和 2.3 ind/m³,主要分布于平原区河流。鞘翅目、鳞翅目及广翅目的出现率均较低,分别为 0.45%、0.32%、0.74%,广翅目主要分布于湖泊主体。

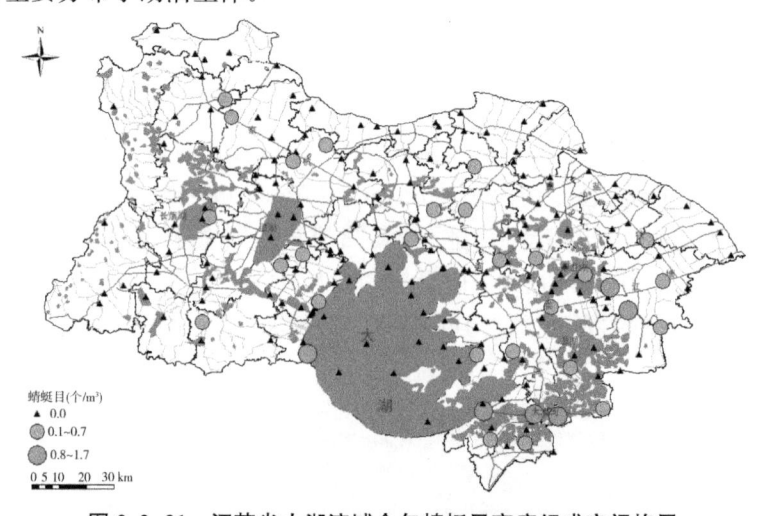

图 2.2-21　江苏省太湖流域全年蜻蜓目密度组成空间格局

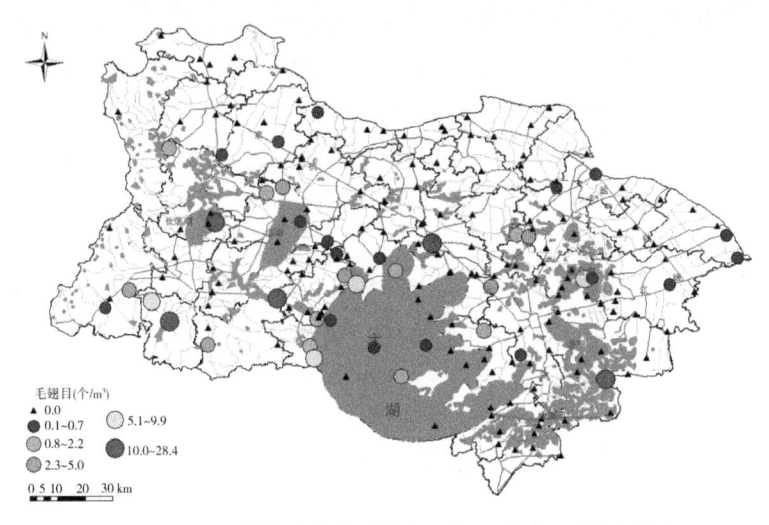

图 2.2-22　江苏省太湖流域全年毛翅目密度组成空间格局

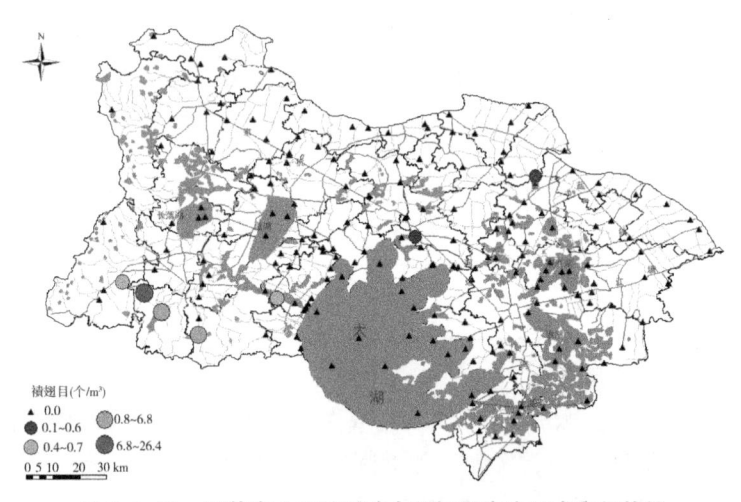

图 2.2-23　江苏省太湖流域全年襀翅目密度组成空间格局

③ 底栖动物密度时间变化

a. 群落结构演变

以"十二五"期间 2012 年 5 月调查数据进行比较分析，调查表明：① 主要河流中共发现大型底栖动物 78 种，隶属于 3 门 7 纲 45 科。不同水系间种类数量和组成具有较大差异，其中黄浦江水系检出物种最多（47 种），以寡毛类和摇蚊幼虫为主；南河水系种类数量最少（14 种）。② 在太湖中共发现底栖动物 47 种（属），其中摇蚊科幼虫最多，共 14 种（29.8%），水栖寡毛类 2 种（19.1%），软体动物腹足纲 8 种（17.0%）、双壳纲 4 种（8.5%），其他 12 种（25.5%）。太湖底栖动物密度优势种主要为腹足类的铜锈环棱螺（*Bellamya aeruginosa*）和双壳类的河蚬（*Corbicula fluminea*）、寡毛类的霍甫水丝蚓（*Limnodrilus hoffmeisteri*），这三种均为耐污能力较强的种类。此外，摇蚊类优势度也较高。但由于太湖生境条件空间差异较大，不同优势种在各区域优势度差异较大。

2013年5月同期调查，底栖生物以环棱螺、寡毛类生物及河蚬为主（165.82 ind/m³、893.92 ind/m³、76.66 ind/m³），环节动物和水生昆虫数量仅为26 ind/m³，此间寡毛类平均密度较高，特别是在Ⅳ-08和Ⅳ-12点分区附近寡毛类密度达到16 746 ind./m³和51 200 ind/m³，对比本次调研，2018年同期间寡毛类仍然是这片地区的主要优势种。双壳类和腹足类是Ⅰ、Ⅱ级区底栖动物的主要优势类群，而在局部河口，寡毛纲占据绝对优势（分别占75.00%、98.50%）。本次调研期间，太湖底栖生物中寡毛类密度也占据绝对优势，达72.83%～98.82%，环节动物（主要为寡毛类）和水生昆虫（主要为摇蚊幼虫）密度呈显著增加，而双壳类数量有降低现象。太湖底栖动物主要类群密度和优势种演变特征见表2.2-5。

表2.2-5　太湖底栖动物主要类群密度和优势种演变特征

调查年份	软体动物（ind/m³）	环节动物和水生昆虫（ind/m³）	优势种类
2013年5月	153.75	32.25	河蚬、环棱螺（在Ⅰ、Ⅱ级区大部分区域占据绝对优势）、水丝蚓
2018年5月	37～392	306～8 771	水丝蚓（在湖心和西南湖区占据优势）、河蚬、腹足纲螺类（在水草分布区占据优势）

b. 多毛类的分布变化

近年来，因引江济太等工程影响，流域水生态环境状况相应发生变化。沙蚕（*Namalycastis aibiuma*）常作为一种潮间带的指示性物种，一定程度上可以表征引江济太对流域水体连通性的响应关系。

对比"十二五""十三五"期间沙蚕的分布情况，"十二五"期间11个水生态环境功能分区分布有沙蚕（其中9个水生态环境功能分区无调研数据），而在本次"十三五"调研期间，31个水生态环境功能分区有沙蚕分布，并且分布密度均明显增大，沙蚕密度分布在流域空间上总体呈现出自东南向西北逐渐减小的态势。"十二五"期间，位于引江济太的重要水体太滆水系、望虞河水系、太浦河区域的部分功能分区沙蚕均未检出，但"十三五"期间均有检出；"十三五"期间，位于太湖湖体的梅梁湾以及Ⅳ-14区苏州片区等区域沙蚕密度较"十二五"期间均明显增大。由于太湖流域平原河网地区的水系连通性，沙蚕在非调水路径上的河湖水体中均扩大分布。通过流域中沙蚕的分布变化对比，在一定程度上反映了引江济太对长江与流域水体的连通性改变,也对流域水生态环境的变化产生了较显著影响。

2.2.6 鱼类

从空间分布来看,河流鱼类完整性状况高于湖荡鱼类完整性状况;从实际地域来看,河流处于"中""良"状态较多,苏州、镇江与长江水系相连较紧密的部分河流是河流鱼类完整性高的区域,城市周边点位的河流鱼类完整性较低。河流承担着诸多鱼类产卵、摄食的功能,至 2020 年,河流的鱼类完整性分异度较低,这可能和太湖流域地区主要是河网分布以及各个主要河流均有一定的连通性相关。

江苏省太湖流域外的河流点位鱼类完整性处于"一般"至"优"的状态,对于太湖流域内的河流鱼类完整性方法的建立有参考价值。

2.2.7 水生态健康指数

(1) 现状分布

《区划》构建了水生态健康综合评价的方法进行水生态现状评价。水生态健康指数包含水质、水生生物两部分,综合评级生态环境质量状况。

综合平、枯、丰水期 3 次调研结果,依据《太湖流域(江苏)水生态健康评估技术规程(试行)》,统计流域 49 个水生态环境功能分区水生态健康指数结果如图 2.2-24 所示。经过 3 次调研,在 49 个水生态环境功能分区中,达到 2020 年目标值的为 33 个,流域水生态健康状况总体处于中等级。

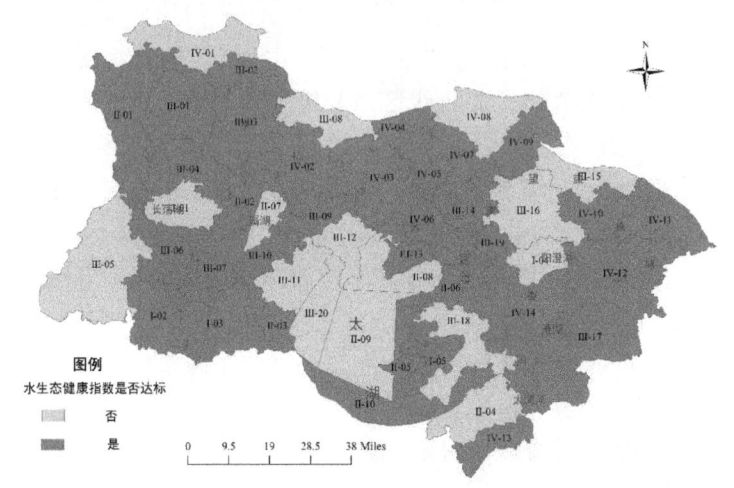

图 2.2-24 各水生态环境功能分区水生态健康指数达标情况分布(年均值)

综合平、枯、丰水期3次调研结果，流域水生态健康指数均值为0.63，范围分布为0.34～0.98。在49个水生态环境功能分区中，达到2020年目标值的为33个，达标率为67.35%。其中5个Ⅰ级分区中，达标的为3个；在10个Ⅱ级分区中，达标的为6个；在20个Ⅲ级分区中，达标的为12个；在14个Ⅳ级分区中，达标的为12个。流域水生态健康状况总体处于中等级，在49个水生态环境功能分区中，从中等级到优等级均有分布。功能区Ⅰ-01(金坛洮湖重要物种保护)、Ⅰ-04(阳澄湖生物多样性维持)、Ⅲ-05(溧高重要生境维持)、Ⅲ-08(江阴西部水环境维持)、Ⅲ-11(太湖西岸水环境维持)、Ⅲ-12(竺山湖北岸重要生境维持)、Ⅲ-16(常熟城镇重要生境维持)、Ⅲ-20(太湖西部湖区重要生境维持)在平、枯、丰3个水期，均未达到2020年水生态健康管控目标。

水生态健康指数在时间上变化为：丰水期＞枯水期＞平水期，丰水期(7月)处于汛期，河流湖库等水量变大水位上涨，水中污染物浓度得到稀释，水质综合污染状况得到减轻，水质有所改善，同时，丰水期温度、光照等条件相对更为适宜，浮游植物、底栖动物得到相对更为适宜的生长环境，完整性指数相对较大，以上原因使得水生态健康指数在丰水期值最大。

2.3　小结

(1) 水质

综合流域平、枯、丰水期3次调查结果，水质单因子随水期的变化较大，COD_{Mn}、BOD_5时间分布特征为丰水期＞平水期＞枯水期；NH_3-N 枯水期＞平水期＞丰水期；TN、TP 平水期＞枯水期＞丰水期，除TN外，其他单因子浓度基本上在Ⅲ水标准以上，TN超过一半的样点为Ⅴ类水以下，是污染最为严重的单因子；总磷浓度分布为Ⅳ级区＞Ⅲ级区＞Ⅱ级区＞Ⅰ级区。流域49个分区中，有28个分区 TP 浓度在0.1～0.2 mg/L 之间，总体分布情况为自新孟河-太滆水系至望虞河之间片区 TP 浓度偏高。本次调查的201个监测断面年均值达标率为61.69%，枯、丰水期达标率均为62.00%以上，平水期达标率为54.73%，采样点内达标率较低的区域基本集中在阳澄湖、滆湖、太湖东南等区域。

比较"十二五"平水期水质单因子浓度，"十三五"平水期水质 TP、TN、COD_{Mn}、NH_3-N 浓度均呈现下降趋势，尤其 COD_{Mn} 下降幅度最大。"十二五"平水期因子污染程度最为严重，比较而言"十三五"平水期 TP 在滆湖、吴江南部有所增加，但在昆山太仓等流域有明显下降。

(2) 沉积物

底质 TN 年均值为 1 142.19 mg/kg，变异系数为55.57%；重金属除 Cr 外，其余7种重金属平均含量均高于环境背景值;重金属Cd、Hg采样点含量高于环境背景值的比例分别为94.12%、99.55%,污染严重,且在分布上有明显的空间异质性;在空间分布上,Se、Cu、Pb、Cr、Zn由西向东、由南向北逐渐升高;As、Hg、Cd由西向东、由北向南逐渐升高;潜在综合生态风险指数表明中度敏感区IRI值最高,处于重度污染,Cd、Hg是流域内最主要的生态风险贡献因子;地累计指数法表明Cd、Hg污染程度主要为轻度-中度,是主要的污染物,Pb也会对敏感区造成一定的污染。

多元相关性分析表明,Cu、Zn、Cr、TP主要来自农业废水以及电镀、合金制造、钢铁生产业等工业废水,还有部分受自身理化性质的影响;Cd、As主要来源为涂料、电池、冶炼等化学工业;Pb、Se主要来源为煤炭、石油的燃烧以及电池、电子等工业排放的废水;Hg主要来自煤炭、化石燃料的燃烧。

"十二五"平水期监测的重金属均高于标准值,比较而言,"十三五"平水期重金属Zn、Cr、Cu有明显下降,Pb含量有所上升但幅度较小,其他重金属浓度波动范围较小。

(3) 浮游植物

综合流域平、枯、丰水期3次调查结果,湖库42个点位共定量检出浮游植物122属271种,分属于蓝藻门、硅藻门、绿藻门、隐藻门、裸藻门、甲藻门、金藻门和黄藻门8门。其中60属101种、枯水期94属200种、丰水期108属228种,3次调研均以绿-硅-蓝藻为主。太湖东部湖区、阳澄湖、尚湖和昆承湖物种数相对更为多样化,太湖东部湖区物种数相较于西部湖区更为丰富。

按3次调查结果平均,在20个湖库水生态环境功能分区中,P-IBI指数评价结果分别为优、良、中、一般和差的水生态环境功能分区个数分别为1、5、9、4和1个,表明流域湖库浮游植物完整性程度总体为良至一般范围,其中"良"和"中"的评估结果占比为70%。通过不同水期比较,平水期和枯水期P-IBI指数相对较高,丰水期较低;通过不同水生态环境功能区比较,Ⅲ-20、Ⅲ-19分区等水体生物完整性程度较优,位于Ⅱ级区的太湖梅梁湾、湖心区浮游植物生物完整性偏低。

通过历史演变分析,"十二五"平水期浮游植物密度以绿藻门占优,物种分布以蓝藻-绿藻门种类较多,相对而言,种类数无明显变化,密度波动较大,"十三五"平水期长荡湖、滆湖、太湖浮游植物蓝藻密度整体有下降趋势,但太湖蓝藻门密度比例依然较高。

(4) 浮游动物

太湖流域平、枯、丰三期分别采集到浮游动物29 070头,2 263头和2 263头,属3纲4目21科40属87个分类单元,平、枯、丰三期水期浮游动物的分类单元数呈现缓慢上升的趋势,受水期的影响,枯水期浮游动物的密度要低于平水期和丰水期。

(5) 底栖动物

不同水期3次调查共鉴定出底栖动物4门8纲166种,寡毛纲的霍甫水丝蚓(*Limnodrilus hoffmeisteri*)为流域最高频优势种。太湖流域底栖动物东部湖区较西部湖区物种丰富度更高,分布更为均匀;时间上,底栖动物物种数丰水期＞枯水期＞平水期,种类总数差别较大,但整体上群落结构均为昆虫纲-甲壳纲-软体动物型。从数量上来看,太湖流域霍甫水丝蚓占据绝对优势,同时,霍甫水丝蚓也是流域总体最优势物种。空间上,流域东部各功能区底栖动物密度明显高于西部各功能区,在不同的采样时期,底栖动物的密度波动较大,平水期密度最大,枯水期密度最小,整体处于中等耐污水平。

B-IBI结果显示,底栖动物生物完整性指数GⅠ＞GⅡ＞GⅢ＞GⅣ＞GⅤ,GⅠ、GⅡ生物完整性等级为"中",受到的干扰相对少,处于亚健康状态;GⅢ、GⅣ、GⅤ生物完整性等级为"一般",尤其是GⅤ区,B-IBI指数趋近"差"阈值,表明水体受到的干扰较大,稳定性和恢复能力都受到了破坏,水体处于不健康状态。在时间尺度上,体现出丰水期生物完整性转好的趋势。

(6) 鱼类

从空间分布来看,河流鱼类完整性状况高于湖荡鱼类完整性状况。从实际地域来看,河流处于"中""良"状态较多,苏州、镇江与长江水系相连较紧密的部分河流是河流鱼类完整性高的区域,城市周边点位的河流鱼类完整性较低。河流承担着诸多鱼类产卵、摄食的功能,至2020年,河流的鱼类完整性分异度较低,这可能和太湖流域地区主要是河网分布以及各个主要河流均有一定的连通性相关。

江苏省太湖流域外的河流点位鱼类完整性处于"一般"至"优"的状态,对于太湖流域内的河流鱼类完整性方法的建立有参考价值。

(7) 生态健康指数

综合平、丰、枯水期3次调研结果,流域49个水生态环境功能分区中,水生态健康指数达到2020年目标值的为33个,达标率为67.35%,其中5个Ⅰ级区达标3个,10个Ⅱ级分区达标6个,20个Ⅲ级区达标12个,14个Ⅳ级区达标12个。水生态健康状况随水期的变化为丰水期＞枯水期＞平水期,分区水生态健康状况优劣排序分别为Ⅰ级区＞Ⅱ级区＞Ⅲ级区＞Ⅳ级区。

第三章

太湖流域水生态环境功能分区质量评价研究

为了明确生态指示意义,开展《区划》指标体系深化研究,根据水质达标情况及其对水生生物的影响,对水质指标重要性进行分类和排序;根据生态状况指示意义及生态重要性,进行水生生物指标 BMWP 指数进行细化拆分研究;同时,研究基于快速分子生物学监测方法的水生态环境功能分区评价方法,比较传统方法与分子生物学监测方法的差异,筛选出可以用于评价分子生物学的指标,提高水生态环境功能分区评价的效率和可操作性。

为了给"十四五"等后续阶段水生态环境功能区质量评价指标体系的改进完善做前瞻性储备研究,开展太湖流域水生态环境功能分区质量评价指标体系、评价标准及评价方法的优化研究,以生态完整性(包括生物、化学及物理完整性)进行水生态功能分区质量评价,重点优化生物完整性指标、补充物理完整性指标;同时筛选基于快速生物监测的分子生物学指标体系,建立基于快速生物监测的评价方法。研究探索水生态功能分区质量指数不确定度,形成基于质量保证及快速生物监测的太湖流域水生态环境功能区质量评价体系技术成果。开展太湖流域(江苏)水生态环境功能分区质量评价,分析时空变化规律与趋势,形成评价应用成果。

3.1 太湖流域生态环境功能分区质量评价体系研究

3.1.1 质量评价指标体系深化研究

针对现有《区划》指标体系中生物学指标监测周期长、指标间相互关联性不够、生态指示意义不够明确等问题,在不改变现行《区划》指标体系及其阈值,严格保证其业务化实施的前提下,开展指标体系深化研究,筛选与现行"软体动物分类单元数""优势度指数""BMWP 指数"等高度相关的可快速生物监测的分子生物学指标。

3.1.1.1 BMWP 指数的细分

大型底栖动物 BMWP 指数是一种计算科级分类单元敏感值的快速生物评价单因子指数,通过统计样点敏感物种的出现与否来计算样点的 BMWP 得分,分值越高,说明敏感物种越多,样点的人为扰动强度越小,水生态功能分区质量状况较好。然而,不同的物种对环境有不同的指示意义,如寡毛纲为耐污型指示生物,软体动物为较清洁水体的指示生物,而蜉蝣目是清洁水体的指示物种。同时,BMWP 值对于环境管理者来说不够直观。对 BMWP 进行细分,能够与指数物种直接关联,能够更直观地帮助民众及环境管理者对水生态功能分区质量状况的认识。因此,把 BMWP 细分为:BMWP 指数 = $BMWP_{软体动物+甲壳类}$ + $BMWP_{环节+摇蚊}$ + $BMWP_{EPTO}$ + $BMWP_{其他}$,其中 $BMWP_{EPTO}$ 指蜉蝣目(Ephemeroptera)、襀翅目(Plecoptera)、毛翅目(Trichoptera)和蜻蜓目(Odonata)的 BMWP 指数。

通过对河流和湖库 BMWP 指数的拆分发现,$BMWP_{软体+甲壳}$ 指数占比在河流和湖库监测点位中均最高,且远高于其他 BMWP 拆分指数的占比(图 3.1-1)。软体动物和甲壳为较清洁水体的指示生物,因此,说明水生态功能分区质量整体状况较好。

3.1.1.2 水质指标重要性排序

根据江苏省环境保护厅发布的《太湖流域(江苏)水生态健康评估技术规程(试行)》,太湖流域水生态健康评估指标体系中河流、溪流水质理化指标的筛选结果确定为氨氮、总磷、溶解氧、高锰酸盐指数和总氮等 5 项;湖库水质指标的筛选结果确定为总氮、总磷、高锰酸盐指数、叶绿素 α 和透明度等 5 项指标。目前,太湖的富营养状况尚未发生根本性扭转,削减湖体氮、磷等营养盐以达到控制蓝藻水华仍然是当前的首要任务。入湖河流是湖体氮、磷的重要来源之一。现行的《地表水环境质量标准》(GB 3838—2002)中,由于缺乏河流总氮的评价标准,在河流水质评价中总氮指标一直不参与评价。但是,总氮是影响太湖水质的主要指标之一,且《地表水环境质量标准》(GB 3838—2002)中针对湖库的总氮制定了相应的标准,同时在《江苏省太湖流域水环境综合治理实施方案(2013 年修编)》中,也明确了太湖湖体和主要入湖河流总氮的考核目标。因此,认为当前影响水质达标的主要矛盾为总氮、总磷,其次是高锰酸盐指数。由图 3.1-2 可见,总氮浓度受平、枯、丰水期影响明显;而总磷在枯水期受平、枯、丰水期影响不明显,而在枯水期的整体浓度低于丰水期,说明存在其他更为复杂的影响因素(图 3.1-3)。因此,我们对水质重要性的排序为总磷＞总氮＞高锰酸盐指数。

图 3.1-1　BMWP 指数拆分结果

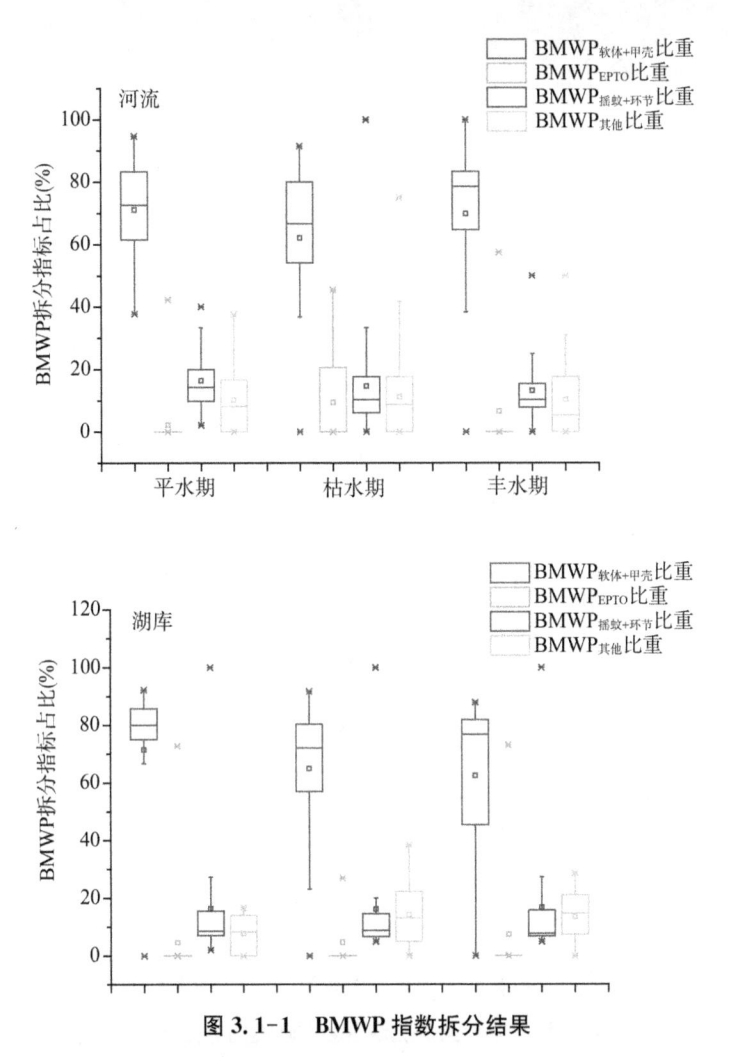

3.1.1.3　分子生物学指标筛选

1. 浮游植物评价指标深化研究

本次调查在 2019 年 8 月至 11 月期间,为比较两种不同方法的监测结果,分别对湖库和河流点位数据进行比较,主要包括三方面:(1) 分别基于现有《太湖流域(江苏)水生态健康评估技术规程》中的评价指数,如物种分类单元数目,前 3 优势度及密度,并比较和形态学的一致性,进一步评价参考点和受损点对应的 eDNA 生物指数差异,用于筛选 eDNA 对应的指数;(2) 比较用 eDNA 生物指数分别替代传统形态学对应的指数,分析对评价结果的影响;(3) 基于 eDNA 生物指数评价太湖流域水生态功能分区质量状况。

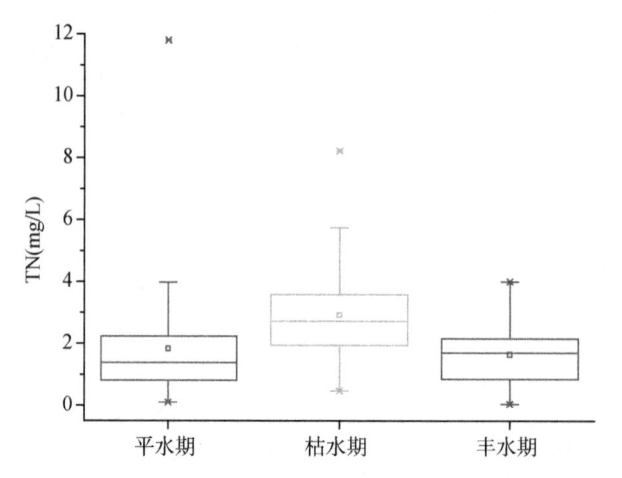

图 3.1-2　平、枯、丰水期太湖流域水生态环境功能分区总氮变化趋势

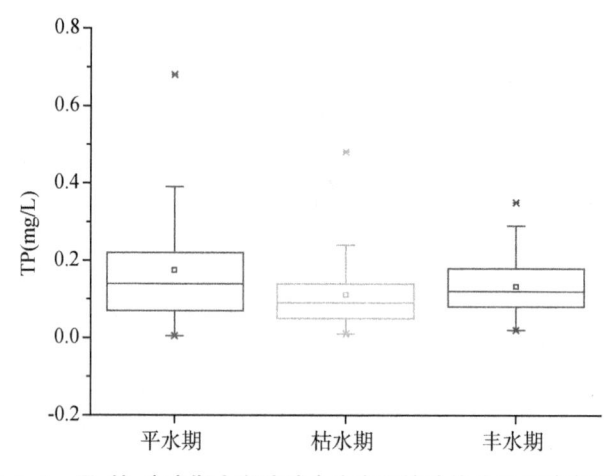

图 3.1-3　平、枯、丰水期太湖流域水生态环境功能分区总磷变化趋势

(1) eDNA 生物指数和形态学的一致性

在物种分类单元水平,eDNA 获得的分类单元数目和形态学具有较好的一致性,$R^2=0.3357$,$P<0.0001$。选择横山水库、沙河水库、大溪水库、阳澄湖为湖库参考点,大浦口、平台山、梅梁湖心和沙渚南为湖库受损点。eDNA 监测获得的分类单元数目在参考点和受损点具有显著性差异,以上结果均说明 eDNA 分类单元数目是较好的候选生物指数(图 3.1-4)。

(a) eDNA 和形态学物种分类单元的一致性

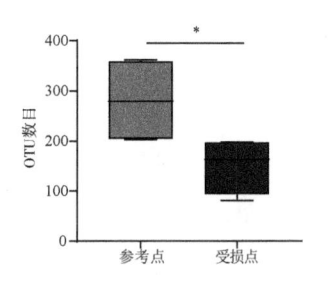

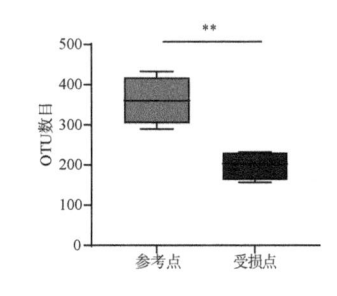

(b) eDNA 对应分类单元数在湖库参考点和受损点的差异

(c) eDNA 对应分类单元数在河流参考点和受损点的差异

图 3.1-4　eDNA 和形态学物种分类单元的一致性

对于前 3 优势度，eDNA 获得的前 4 个 OTU 的优势度和形态学具有较好的一致性，$R^2=0.3357$，$P<0.0001$。选择横山水库、沙河水库、大溪水库、阳澄湖为湖库参考点，大浦口、平台山、梅梁湖心和沙渚南为湖库受损点，钓渚大桥、漕桥、码头大桥、善人桥为河流参考点，陈东桥、蠡桥、锡东水厂、青弋江、西河渡为河流受损点。eDNA 监测获得的分类单元数目在参考点和受损点具有显著性差异，以上结果均说明 eDNA 分类单元数目是较好的候选生物指数(图 3.1-5)。

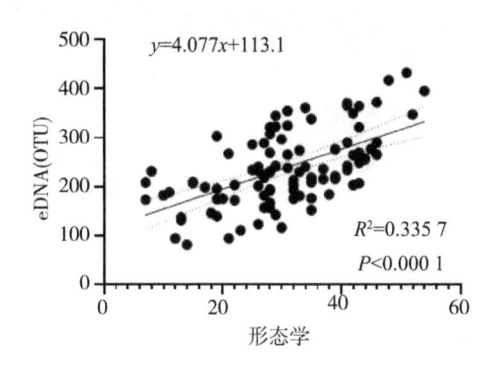

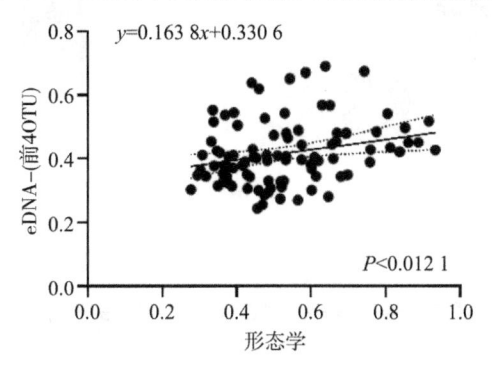

(a) eDNA 和形态学物种分类单元的一致性

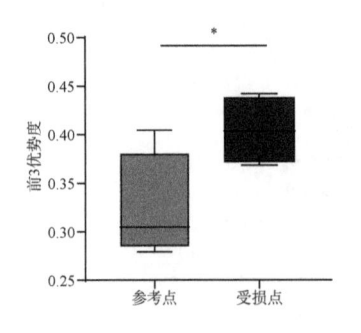

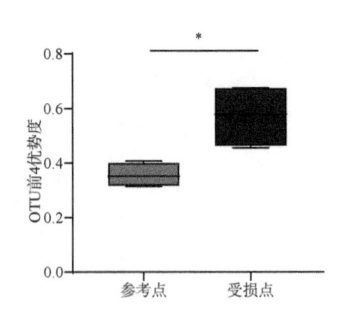

(b) eDNA 的前 4 优势度在湖库参考点和受损点的差异

(c) eDNA 前 4 优势度在河流参考点和受损点的差异

图 3.1-5　eDNA 和形态学前 3 优势度的一致性

对于藻类密度，eDNA 无法直接获得藻类的个体数，因此难以直接计算藻类密度，本研究以真核藻类的序列数和形态学相比较，发现其具有显著的相关性，但相关系数较低，且参考点和受损点间差异不显著，因此该指数未被选择进行后续的生物评价（图 3.1-6）。

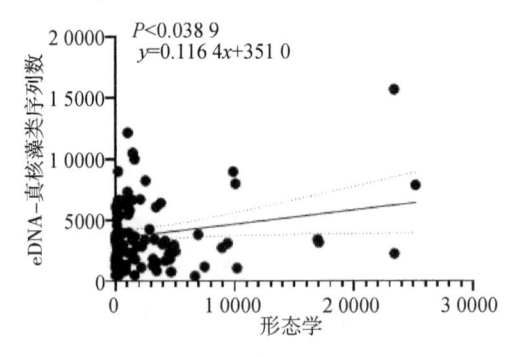

(a) eDNA 和形态学物种分类单元的一致性

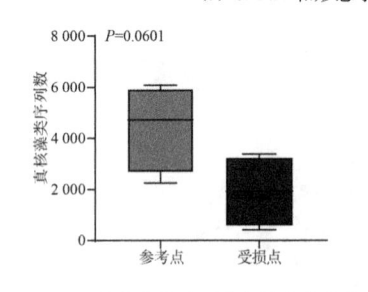

$P<0.0389$
$y=0.1164x+3510$

(b) eDNA 真核藻类序列数在湖库参考点和受损点的差异　　$P=0.0601$

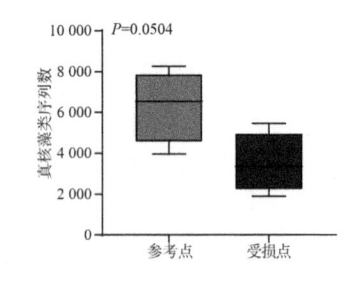

(c) eDNA 真核藻类序列数在河流参考点和受损点的差异　　$P=0.0504$

图 3.1-6　eDNA 和形态学藻类密度的一致性

(2) eDNA 生物评价和形态学的一致性

基于 eDNA 分析获取总分类单元数得分和前 3 位优势种优势度与形态学具有较好的一致性,基于这两个指数分别替代《太湖流域(江苏)水生态健康评估技术规程》中的形态学对应指数,比较和形态学评价结果的一致性。

eDNA 分类单元数替代形态学分类单元数,得到的浮游植物 IBI 指数和传统形态学获得的 IBI 指数相关性非常高,R^2 达到 0.757 7;eDNA 对应的前 4 OTU 优势度替代形态学前 3 优势度,得到的浮游植物 IBI 指数和传统形态学获得的 IBI 指数相关系数为 0.354 6;用 eDNA 获得的分类单元数和前 4 OTU 优势度替换掉形态学对应的两个指数,获得的评价结果和形态学评价结果的相关系数为 0.177 1。直接用 eDNA 获得的分类单元数和前 4 OTU 优势度来计算浮游植物的 IBI 指数,和基于形态学三个指数获得的 IBI 指数也呈现出显著正相关,说明可以直接基于 eDNA 获得的浮游植物分类单元数和前 4 OTU 优势度来评价太湖流域水生态健康(图 3.1-7)。

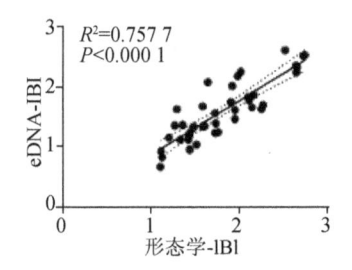

(a) eDNA 分类单元数替代形态学分类单元数

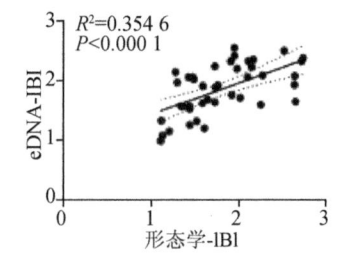

(c) eDNA 前 4 OTU 优势度替代形态学前 3 优势度

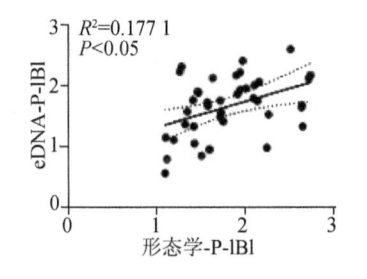

(c) eDNAA 分类单元数和前 4 OTU 优势度替代形态学分类单元数和前 3 优势度

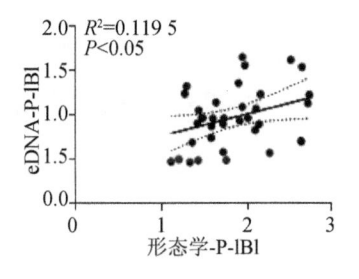

(d) eDNAA 分类单元数和前 4 OTU 优势度计算 IBI 指数

图 3.1-7　eDNA 和形态学评价结果的一致性

2. 底栖动物评价指标深化研究

基于物种鉴别结果,分别计算 B1-软体动物分类单元数,B2-第一优势度(基于生物量/reads 数),B3-BMWP 指数(基于科水平的打分值)。综合上述三个指数计算 B-IBI 指数。

(1) 单项指标计算

表 3.1-1 淡水大型底栖无脊椎动物完整性单项指数计算方法单项指数

单项指数	指标期望值			计算方法
	湖泊	水库	河流	
B1 软体动物分类单元数得分	8	10	8	监测值/期望值
B2 第一位优势种优势度得分	24.30%	21.50%	30.80%	(1-监测值)/(1-期望值)
B3 BMWP 指数得分	78	74	69	监测值/期望值

淡水大型底栖无脊椎动物完整性单项指数计算方法见表 3.1-1,若计算结果大于 1,取为 1。B1 的计算对象为点位检出的软体动物分类单元数(不同的种/属);B2 的计算对象为点位形态学检出的第一优势物种的生物密度百分比和点位环境 DNA 检出的序列数最高 OTU 的序列数百分比;B3 为样点检出的各科物种数与各科打分值乘积之和。

a. 淡水大型底栖无脊椎动物完整性指数

淡水大型底栖无脊椎动物完整性指数计算方法如下式:

$$B\_IBI = \sum_{i=1}^{3} B_i$$

为便于以同一尺度进入总体评价体系,需对淡水大型底栖无脊椎动物指数进行归一化,如果归一化结果大于 1,取为 1:

$$B\_IBI_{归一化} = \frac{B-IBI}{2.74}$$

b. 生物密度

某一种(类)的个体密度和生物量计算公式:

$$D(B)_i = \frac{d(b)_i \cdot A_c}{A}$$

式中,D_i——i 种的个体密度,个/m²;B_i——i 种的生物量,g/m²;d_i——i 种的计数个数,个;b_i——i 种的重量,g;A_c——挑拣分样数,份;A——采样面积,m²。

c. 种次数

某一分类单元的种次数是指该分类单元下属的所有物种,在点位中被检出的次数之和,即每一物种分别计算后加和。种次数比起检出频次,更能反映出较大的(包含较多物种的)科、属在群落中的权重。

d. 分级标准

归一化后,淡水大型底栖无脊椎动物完整性指数评价分级标准见表 3.1-2。

表 3.1-2　归一化 B-IBI 评价分级标准

等级划分	颜色表征	分级标准
优	蓝色	[0.95,1]
良	绿色	[0.71,0.95)
中	黄色	[0.48,0.71)
一般	橙色	[0.24,0.48)
差	红色	[0,0.24)

(2) 软体动物分类单元数

基于 DNA 结果和形态学结果计算的软体动物分类单元数,有着较显著的正相关性。如图 3.1-8 所示。

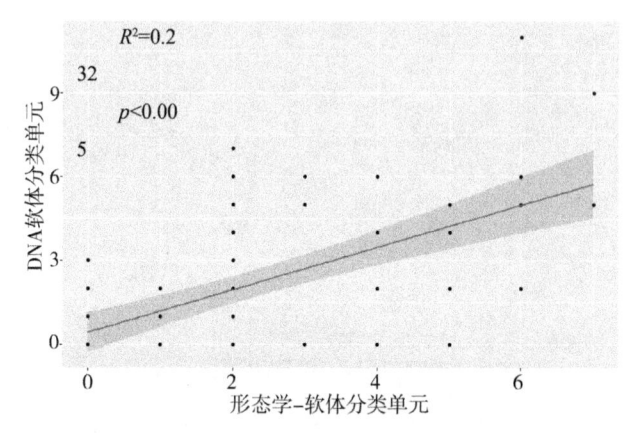

图 3.1-8　软体动物分类单元数

(3) 第一优势度

基于 DNA 结果(reads 数)和形态学结果(生物量)计算的第一优势度,没有显著的相关性。如图 3.1-9 所示。

(4) BMWP 指数

基于 DNA 结果和形态学结果计算的 BMWP 指数,有着非常显著的正相关性。如图 3.1-10 所示。

(5) B-IBI 指数

基于 DNA 结果和形态学结果计算的 B-IBI 指数,有着非常显著的正相关性。如图 3.1-11 所示。

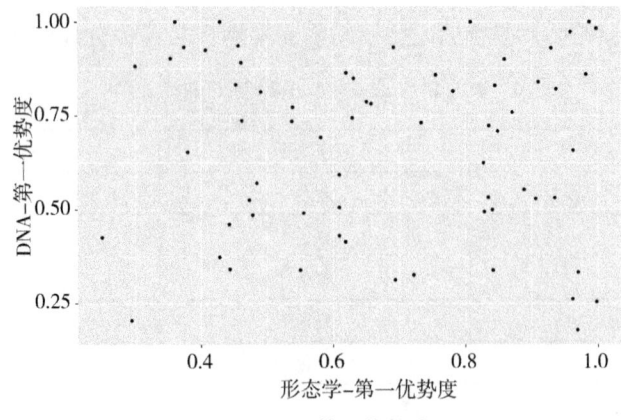

图 3.1-9　第一优势度

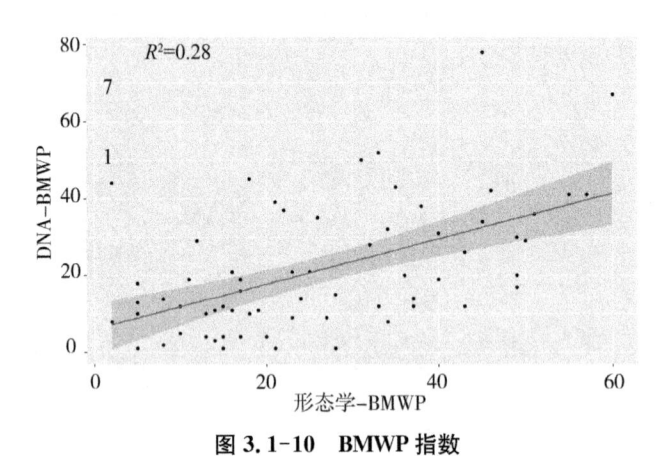

图 3.1-10　BMWP 指数

图 3.1-11　B-IBI 指数

使用基于 eDNA 监测结果计算的生物指数（B1/B2/B3），部分取代形态学监测结果计算的生物指数，进而计算 B-IBI 值并与基于形态学结果划分的生态健康等级相比较。

替换 1 个指数：分别用基于 eDNA 结果的 B1/B2/B3 之一替代形态学结果中的 B1/B2/B3 值，结合形态学结果中的另外两个生物指数，共同计算 B-IBI 值，并根据基于形态学的等级划分，作箱形图（图 3.1-12，从左往右分别为替代 B1，替代 B2，替代 B3）。

结果显示，基于 eDNA 结果计算的 B1/B3 值，能够很好地替代形态学结果计算的 B1/B3 值，计算得到的 B-IBI 能够较好地区分不同生态健康等级的位点，不同等级之间区分度较高，参考点（良）和受损点（差）差别明显。

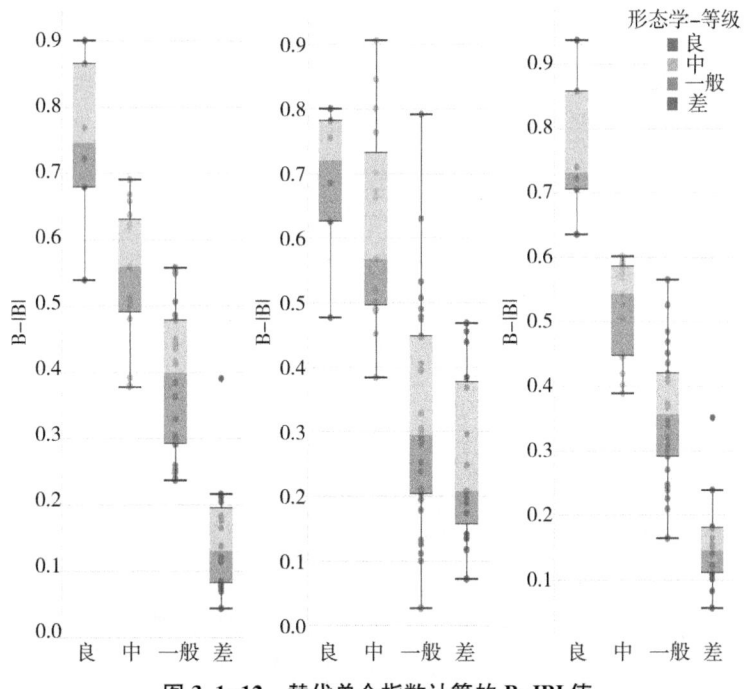

图 3.1-12　替代单个指数计算的 B-IBI 值

分别用基于 eDNA 结果的 B1/B2/B3 中的 2 个指数，替代形态学结果中对应的指数，结合形态学结果中的另外一个指数，共同计算 B-IBI 值，并根据基于形态学的等级划分，作箱形图（图 3.1-13，从左往右分别为替代 B1&B2，替代 B1&B3，替代 B2&B3）。

结果显示，用 eDNA 结果中的 B1&B3 替代形态学结果中对应的指数，可以较好地区分不同生态健康等级的位点，相较于另外两种替代算法，其能够更好地区分受损点（差）。

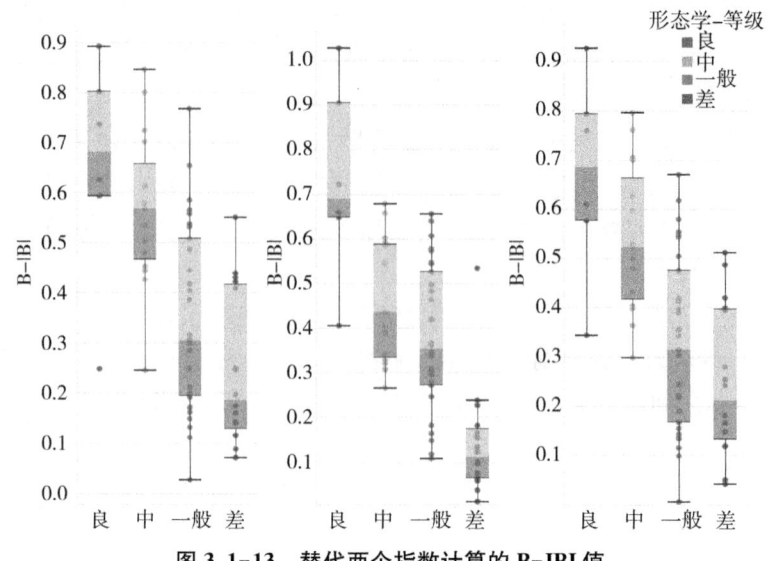

图 3.1-13　替代两个指数计算的 B-IBI 值

基于上述结果,考虑到 B1/B3 的相关性较强,B2 的相关度较差,使用 B1＋B3 之和替代 B-IBI,作为 eDNA 监测中底栖动物的评价指标。

可见,DNA 结果与形态学结果在 B1＋B3 值上有非常显著的正相关性,新指数的 $R^2=0.383$,大于 B-IBI 指数的 $R^2=0.235$(图 3.1-14)。基于形态学结果划分底栖动物生态质量等级,可见,B1＋B3 值能较好地区分不同等级(图 3.1-15)。

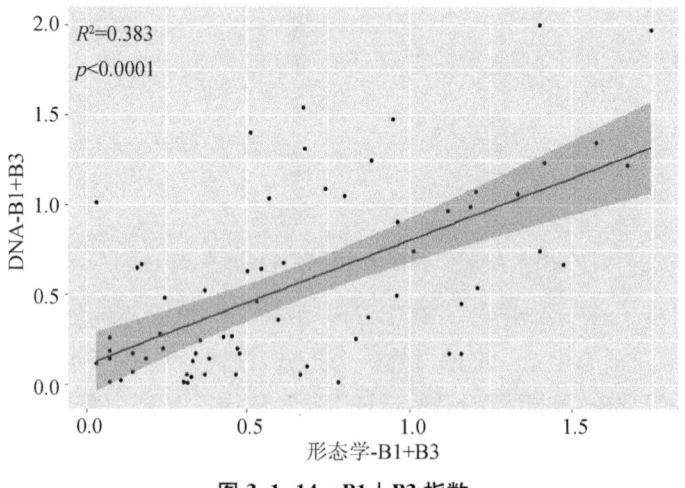

图 3.1-14　B1＋B3 指数

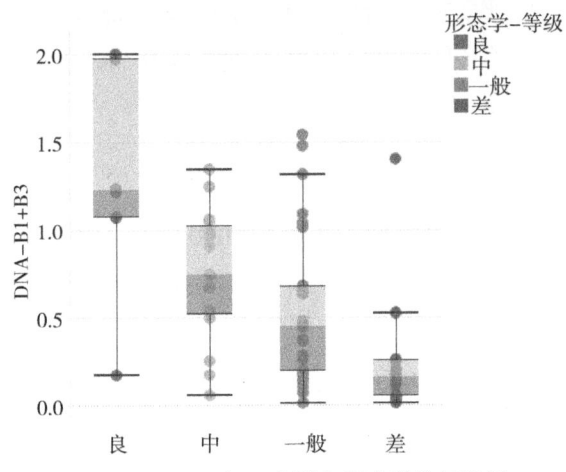

图 3.1-15　B1＋B3 指数与形态学结果评级

3.1.2　太湖流域水生态环境功能分区质量评价指标体系优化研究

"十二五"期间,科研人员对浮游藻类、底栖动物及水生态健康评价指标、分级标准及目标值进行了研究。浮游藻类、大型底栖无脊椎动物完整性筛选指数以及水生态健康评价的相关研究成果均由原江苏省环境保护厅(现为江苏省生态环境厅)发布,如《水生态健康监测与评价技术规程淡水浮游藻类》、《水生态健康监测技术规程淡水大型底栖无脊椎动物》和《太湖流域(江苏)水生态健康评估技术规程(试行)》。以上成果很好地支撑了《江苏省太湖流域水生态环境功能区划》(以下简称为《区划》)的实施。在不改变现行《区划》指标体系及其阈值,严格保证其业务化实施的前提下,进行太湖流域水生态环境功能区质量评价指标体系、评价标准及评价方法的优化研究。

3.1.2.1　基于形态学和物理生境的评价体系方法研究

1. 基于形态学的浮游动物完整性指数(Z-IBI)研究

(1) 参照状态

太湖流域是长江流域下游典型的平原河网,人口聚集,工业发达,水体呈现出明显的富营养化,基本没有不受人类活动干扰的区域,绝对的清洁参照点几乎不可能存在。本研究依照 IBI 的核心思想,选取与太湖水体同一地理区域,类似水体特征、期望健康状态一致的相对清洁的点位,作为参照点。具体选取原则除生境破坏相对较轻、水质状况较好外,样点水域受风浪扰动较小,样点水域无航道、养殖和娱乐等功能,受水利工程影响小。因此,选择金墅、浦庄、庙港、东太湖、长荡湖湖南、钱资荡、傀儡湖作为江苏省太湖流域湖荡浮游动物完整性指数(Zooplankton Index of Biotic Integrity for Lakes, Z-IBI_L)构建的参照点

(Reference sites, R)，其余点位视为受损点(Impaired sites, I)。

本研究中浮游动物包括轮虫、枝角类和桡足类。浮游动物群落结构时间变化显著，因此，可针对不同时间的监测结果和全年平均结果分别开展指数筛选。

(2) 指数筛选

参照国内外相关文献并结合江苏省太湖流域水生态条件，共收集了42个常用参数作为湖荡水体浮游动物完整性指数筛选的候选参数(表3.1-3)，其中反映浮游动物群落丰富度的参数23个，反映物种组成的参数19个。

表 3.1-3　太湖流域(江苏)湖荡浮游动物完整性候选指数

候选指数编号	候选指数类型	候选指数名称	计算方法	预期胁迫响应
Z1		总分类单元	样品中浮游动物种类数	减小
Z2		轮虫分类单元	样品中轮虫种类数	减小
Z3		枝角类分类单元	样品中枝角类种类数	减小
Z4		桡足类分类单元	样品中桡足类种类数	减小
Z5		甲壳动物分类单元	样品中甲壳动物种类数	减小
Z6		臂尾轮虫分类单元	样品中臂尾轮虫种类数	减小
Z7		溞属分类单元	样品中溞属种类数	减小
Z8		剑水蚤科分类单元	样品中剑水蚤科种类数	减小
Z9		Shannon-Wiener	$H=-\sum_{i=1}^{s}(n_i/N)\log_2(n_i/N)$	减小
Z10		Simpson	$d=(S-1)/\ln N$	减小
Z11	群落丰富度	Magleaf	$J=H/\ln S$	减小
Z12		Pielou	$D_S=1-\sum_{i=1}^{s}(n_i/N)^2$	减小
Z13		Berger-Parker 指数	$BP=N/n_{\max}$	减小
Z14		总个体密度	样品中浮游动物个体密度, ind./L	不确定
Z15		轮虫个体密度	样品中轮虫个体密度, ind./L	不确定
Z16		枝角类个体密度	样品中枝角类个体密度, ind./L	不确定
Z17		桡足类个体密度	样品中桡足类个体密度, ind./L	不确定
Z18		甲壳动物个体密度	样品中甲壳动物个体密度, ind./L	不确定
Z19		臂尾轮虫个体密度	样品中臂尾轮虫个体密度, ind./L	不确定
Z20		溞属个体密度	样品中溞属个体密度, ind./L	不确定
Z21		象鼻溞科个体密度	样品中象鼻溞科个体密度, ind./L	不确定

续　表

候选指数编号	候选指数类型	候选指数名称	计算方法	预期胁迫响应
Z22		裸腹溞科个体密度	样品中裸腹溞科个体密度,ind./L	不确定
Z23		剑水蚤科个体密度	样品中剑水蚤科个体密度,ind./L	不确定
Z24		优势分类单元(%)	第一优势种个体密度/总个体密度,%	增加
Z25		前3位优势分类单元(%)	前三位优势种个体密度之和/总个体密度,%	增加
Z26		轮虫(%)	轮虫个体密度/总个体密度,%	增加
Z27		枝角类(%)	枝角类个体密度/总个体密度,%	减小
Z28		桡足类(%)	桡足类个体密度/总个体密度,%	减小
Z29		甲壳动物(%)	甲壳动物个体密度/总个体密度,%	减小
Z30		哲水蚤(%)	哲水蚤个体密度/总个体密度,%	减小
Z31		剑水蚤(%)	剑水蚤个体密度/总个体密度,%	增加
Z32		桡足类幼体(%)	桡足类幼体个体密度/总个体密度,%	减小
Z33	物种组成	象鼻溞科(%)	象鼻溞科个体密度/总个体密度,%	增加
Z34		裸腹溞科(%)	裸腹溞科个体密度/总个体密度,%	增加
Z35		溞属(%)	溞属个体密度/总个体密度,%	减小
Z36		臂尾轮虫(%)	臂尾轮虫个体密度/总个体密度,%	增加
Z37		(臂尾轮虫属＋长三肢轮虫＋螺形龟甲轮虫＋异尾轮虫属)(%)	臂尾轮虫属＋长三肢轮虫＋螺形龟甲轮虫＋异尾轮虫属个体密度/总个体密度,%	增大
Z38		长多肢轮虫(%)	长多肢轮虫个体密度/总个体密度,%	减小
Z39		哲水蚤/(剑水蚤+枝角类)	哲水蚤个体密度/(剑水蚤+枝角类)个体密度	减小
Z40		哲水蚤/剑水蚤	哲水蚤个体密度/剑水蚤个体密度	减小
Z41		枝角类/哲水蚤	枝角类个体密度/哲水蚤个体密度	增加
Z42		枝角类/剑水蚤	枝角类个体密度/剑水蚤个体密度	不确定

注：n_i 为种 i 的个体数；n_{ki} 为科 i 的个体数；N 为总个体数；S 为总分类单元数。

(3) 分布范围分析

冬季监测结果参照点各候选指数值的分布范围见表 3.1-4，指数 Z3-枝角类分类单元、Z4-桡足类分类单元、Z6-臂尾轮虫分类单元、Z7-溞属分类单元、Z8-剑水蚤科分类单元、Z23-剑水蚤科个体密度、Z26-轮虫(%)、Z27-枝角类(%)、Z28-桡足类(%)、Z29-甲壳动物(%)、Z30-哲水蚤(%)、Z31-剑水蚤(%)、Z32-桡足类幼体(%)、Z33-象鼻溞科(%)、Z34-裸腹溞科(%)、Z35-溞属(%)、Z36-臂尾轮虫(%)、Z39-哲水蚤/(剑水蚤＋枝角类)、Z40-哲水蚤/剑水蚤的可变范围较窄,对胁迫响应的变化空间较小,不适宜参与构建完整性指标体系,故剔除,其余指标进入判别能力分析。

表3.1-4 冬季湖荡参照点各候选指数分布范围

候选指数编号	湖荡参照点各指数值分布范围							预期胁迫响应
	平均值	标准差	最小值	最大值	分位数			
					25%	50%	75%	
Z1	22	4.8	14	26	18.75	23.5	25	减小
Z2	13	4.4	5	17	9	14	16.25	减小
Z3	3	1.2	1	4	2	4	4	减小
Z4	3	0.8	2	4	2.75	3	4	减小
Z5	6	1.7	3	8	5.75	6.5	7.25	减小
Z6	2	1.3	0	3	0.75	1.5	3	减小
Z7	0	0.5	0	1	0	0	1	减小
Z8	1	1.2	0	3	0	1.5	2	减小
Z9	1.72	0.37	1.15	2.22	1.49	1.67	2.05	减小
Z10	0.71	0.15	0.44	0.90	0.65	0.71	0.82	减小
Z11	3.50	0.66	2.24	4.28	3.25	3.46	3.97	减小
Z12	0.60	0.16	0.37	0.89	0.52	0.57	0.67	减小
Z13	2.38	0.85	1.34	3.89	1.86	2.17	2.87	减小
Z14	353.59	370.27	38.01	979.08	73.05	159.11	634.52	不确定
Z15	339.38	372.87	23.50	966.00	58.63	144.00	628.75	不确定
Z16	3.65	6.25	0.20	18.78	0.56	1.28	3.00	不确定
Z17	10.56	8.05	0.91	26.85	4.54	10.41	13.07	不确定
Z18	14.22	8.47	2.48	27.83	10.11	13.80	17.58	不确定
Z19	9.38	10.81	0.00	32.00	1.50	6.00	14.25	不确定
Z20	0.13	0.31	0.00	0.90	0.00	0.00	0.05	不确定
Z21	3.37	6.32	0.02	18.75	0.30	1.00	2.67	不确定
Z22	0.00	0.01	0.00	0.03	0.00	0.00	0.00	不确定
Z23	2.04	2.58	0.00	7.30	0.48	0.94	2.45	不确定
Z24	43.59%	18.05%	19.70%	72.10%	29.53%	46.10%	52.75%	增加
Z25	72.70%	13.63%	52.30%	88.10%	64.40%	72.50%	85.60%	增加
Z26	84.61%	17.70%	56.74%	99.58%	70.84%	94.15%	98.12%	增加
Z27	3.23%	7.20%	0.04%	21.01%	0.46%	0.66%	1.25%	减小

续表

候选指数编号	湖荡参照点各指数值分布范围							预期胁迫响应
	平均值	标准差	最小值	最大值	分位数			
					25%	50%	75%	
Z28	12.16%	17.14%	0.15%	41.74%	1.47%	4.58%	13.72%	减小
Z29	15.39%	17.70%	0.42%	43.26%	1.88%	5.85%	29.16%	减小
Z30	3.62%	7.93%	0.00%	22.94%	0.01%	0.60%	1.54%	减小
Z31	4.95%	11.22%	0.04%	32.54%	0.28%	0.54%	2.07%	增加
Z32	8.91%	12.92%	0.11%	34.91%	1.43%	2.57%	9.69%	减小
Z33	3.01%	7.27%	0.03%	20.98%	0.19%	0.47%	0.84%	增加
Z34	0.00%	0.00%	0.00%	0.00%	0.00%	0.00%	0.00%	增加
Z35	0.19%	0.49%	0.00%	1.40%	0.00%	0.00%	0.04%	减小
Z36	2.80%	2.70%	0.00%	7.90%	1.07%	2.30%	3.68%	增加
Z37	15.16%	10.24%	4.37%	35.50%	9.45%	11.98%	18.56%	增大
Z38	16.02%	18.24%	0.00%	50.63%	2.19%	8.46%	27.04%	减小
Z39	1.09	2.67	0.00	7.69	0.02	0.08	0.40	减小
Z40	2.39	5.42	0.00	15.70	0.10	0.19	1.24	减小
Z41	11.02	15.76	0.07	31.40	0.44	1.62	23.94	增加
Z42	2.52	2.43	0.02	6.83	0.80	2.11	3.30	不确定

分别计算夏季、秋季以及三季平均(冬季、夏季、秋季)监测结果参照各候选指数值的分布范围,结果如下:

夏季监测结果参照点各候选指数值的分布范围,结果表明,指数 Z4-桡足类分类单元、Z6-臂尾轮虫分类单元、Z7-溞属分类单元、Z8-剑水蚤科分类单元、Z26-轮虫%、Z27-枝角类%、Z28-桡足类%、Z29-甲壳动物%、Z30-哲水蚤%、Z31-剑水蚤%、Z32-桡足类幼体%、Z33-象鼻溞科%、Z34-裸腹溞科%、Z35-溞属%、Z36-臂尾轮虫%、Z39-哲水蚤/(剑水蚤+枝角类)、Z40-哲水蚤/剑水蚤的可变范围较窄,对胁迫响应的变化空间较小,不适宜参与构建完整性指标体系,故剔除,其余指标进入判别能力分析。

秋季监测结果参照点各候选指数值的分布范围,结果表明,指数 Z4-桡足类分类单元、Z6-臂尾轮虫分类单元、Z7-溞属分类单元、Z8-剑水蚤科分类单元、Z23-剑水蚤科个体密度、Z26-轮虫%、Z27-枝角类%、Z28-桡足类%、Z29-甲壳动物%、Z30-哲水蚤%、Z31-剑水蚤%、Z32-桡足类幼体%、Z33-象鼻溞科%、Z34-裸腹溞科%、Z35-溞属%、Z36-臂尾轮虫%、Z39-哲水蚤/(剑水蚤+枝角类)、Z40-哲水蚤/剑水蚤的可变范围较窄,对胁迫响应的变化空间较小,不适宜参与构建完整性指标体系,故剔除,其余指标进入判别能力分析。

将三次监测结果进行物种分了单元累加、个体密度平均,参照点各候选指数值的分布范围,结果表明,指数 Z6-臂尾轮虫分类单元、Z7-溞属分类单元、Z8-剑水蚤科分类单元、Z26-轮虫％、Z27-枝角类％、Z28-桡足类％、Z30-哲水蚤％、Z31-剑水蚤％、Z32-桡足类幼体％、Z33-象鼻溞科％、Z34-裸腹溞科％、Z35-溞属％、Z36-臂尾轮虫％、Z39-哲水蚤/(剑水蚤＋枝角类)、Z40-哲水蚤/剑水蚤的可变范围较窄,对胁迫响应的变化空间较小,不适宜参与构建完整性指标体系,故剔除,其余指标进入判别能力分析。

(4) 判别能力分析

采用箱线图法分析进入判别能力分析的各指数在参照点和受损点之间的分布情况。比较参照点和受损点 25％～75％分位数范围即箱线图的箱体 IQR (interquartile ranges)相对重叠情况,分别赋予不同的值。箱体无重叠(图 3.1-16A),则 IQR 取为 3;箱体部分重叠(图 3.1-16B),但各自中位数都在对方箱体范围以外,则 IQR 取为 2;只有 1 个中位数在对方箱体范围之内(图 3.1-16C、D),则 IQR 取为 1;各自中位数均在对方箱体范围之内(图 3.1-16E),则 IQR 取为 0。只有 IQR≥2 的候选指数才做进一步分析,其余指数剔除。

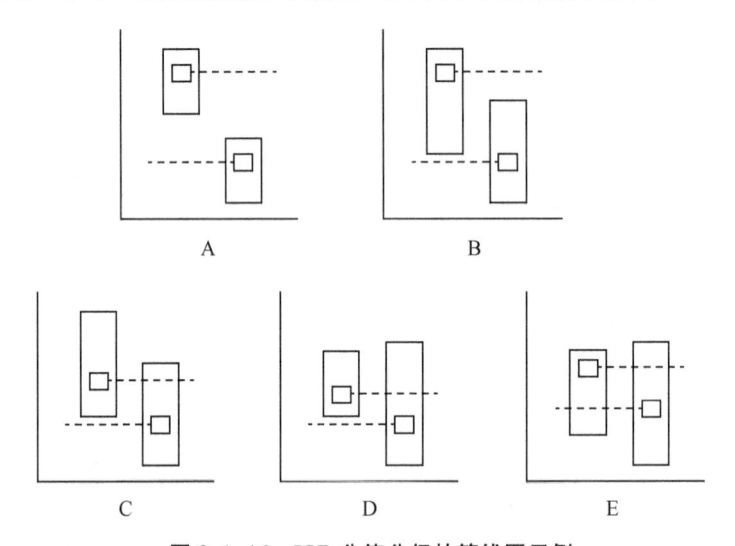

图 3.1-16　IQR 分值分级的箱线图示例

冬季的判别能力分析结果见表 3.1-5,IQR≥2 仅 3 个指标,包括 Z1-总分类单元、Z11-Magleaf、Z17-桡足类个体密度。

表 3.1-5　冬季各候选指数判别能力分析结果

候选指数编号	参照点 25%分位数	参照点 中位数	参照点 75%分位数	受损点 25%分位数	受损点 中位数	受损点 75%分位数	IQR
Z1	18.75	23.5	25	17	18	23	2
Z2	9	14	16.25	9	11	13	1
Z5	5.75	6.5	7.25	5	6	7	0
Z9	1.49	1.67	2.05	1.01	1.40	1.71	1
Z10	0.65	0.71	0.82	0.48	0.64	0.75	1
Z11	3.25	3.46	3.97	1.94	2.59	2.90	3
Z12	0.52	0.57	0.67	0.41	0.53	0.58	1
Z13	1.86	2.17	2.87	1.45	1.78	2.29	1
Z14	73.05	159.11	634.52	144.87	496.64	1 694.57	0
Z15	58.63	144.00	628.75	124.50	494.00	1 686.00	0
Z16	0.56	1.28	3.00	0.16	0.42	1.46	1
Z17	4.54	10.41	13.07	0.71	3.45	8.16	2
Z18	10.11	13.80	17.58	1.05	5.02	13.98	1
Z19	1.50	6.00	14.25	2.00	32.00	142.00	1
Z20	0.00	0.00	0.05	0.00	0.00	0.02	0
Z21	0.30	1.00	2.67	0.10	0.27	1.43	1
Z22	0.00	0.00	0.00	0.00	0.00	0.00	0
Z24	29.53%	46.10%	52.75%	42.20%	55.20%	68.40%	1
Z25	64.40%	72.50%	85.60%	74.40%	82.60%	89.80%	1
Z37	9.45%	11.98%	18.56%	10.29%	18.93%	30.98%	1
Z38	2.19%	8.46%	27.04%	2.07%	34.88%	50.91%	1
Z41	0.44	1.62	23.94	0.50	2.43	5.33	1
Z42	0.80	2.11	3.30	0.28	0.94	2.36	0

分别对夏季、秋季以及三季平均(冬季、夏季、秋季)进行分析,结果如下:

夏季的判别能力分析结果,IQR≥2 仅 4 个指标,包括 Z1-总分类单元、Z2-轮虫分类单元、Z11-Magleaf、Z42-枝角类/剑水蚤。

秋季的判别能力分析结果,IQR≥2 仅 4 个指标,包括 Z1-总分类单元、Z3-枝角类分类单元、Z5-甲壳动物分类单元、Z11-Magleaf。

年度平均的判别能力分析结果,IQR≥2 共 11 个指标,包括 Z1-总分类单元、Z2-轮虫分类单元、Z3-枝角类分类单元、Z5-甲壳动物分类单元、Z9-

Shannon-Wiener、Z10-Simpson、Z11-Magleaf、Z13-Berger-Parker 指数、Z24 - 优势分类单元%、Z25 - 前 3 位优势分类单元%、Z42 - 枝角类/剑水蚤。

(5) 相关性分析

对经过以上两个步骤筛选后的指标进行 Pearson 相关分析,根据相关显著性水平判断指标间的信息重叠程度。具有显著相关性则说明指数间的重叠较大,选其中常用且代表性强的指标进入完整性指标体系。具体判别标准采用 Maxted 的研究成果,相关系数 $|r|>0.75$ 则认为信息重叠程度较高。

各候选指数间 Pearson 相关系数见表 3.1-6,对指数依次进行信息重叠筛选。参与相关性分析的冬季指标 Z1、Z11 和 Z17 与 Z1、Z11 显著相关;夏季 4 个指标 Z1、Z2、Z11 和 Z42 中 Z1 与 Z2、Z11 显著相关;冬季 4 个指标 Z1、Z3、Z5 和 Z11 中 Z1 与 Z3、Z5、Z11,Z3 与 Z5 显著相关。按照筛选原则,单季节进行指标筛选后剩余的指标仅为 2 个左右,指数较少,不适合开展完整性指数的构建与评价。

观察年平均结果进入相关性分析的 11 个指数,Z1 与 Z2、Z3、Z5、Z11 显著相关,该指数集团中主要包括物种丰度和多样性指数两大类指数,保留信息相对全面的 Z1 代表物种丰度水平;Z9 与 Z10、Z13、Z24、Z25 相关,该指数集团中主要包括物种组成和多样性指数两大类指数,保留信息相对全面的 Z25 代表物种组成指数;由于多样性指数分散在两个指数集团中,Z9 和 Z11 的 IQR 值均为 3,对比发现 Z11 Magleaf 的环境梯度响应距离较大,故保留,作为多样性指数的代表;Z42 与其他指数均不相关,予以保留。

表 3.1-6 各候选指标 Pearson 相关性分析结果

	Z1	Z2	Z3	Z5	Z9	Z10	Z11	Z13	Z17	Z24	Z25	Z42
Z1	1.000											
Z2	0.928	1.000										
Z3	0.832	0.627	1.000									
Z5	0.836	0.574	0.916	1.000								
Z9	0.395	0.502	0.114	0.123	1.000							
Z10	0.255	0.343	0.039	0.043	0.943	1.000						
Z11	0.799	0.713	0.668	0.715	0.509	0.380	1.000					
Z13	0.322	0.393	0.082	0.109	0.805	0.837	0.404	1.000				
Z17	0.011	0.039	−0.118	−0.032	0.246	0.207	−0.039	0.251	1.000			
Z24	−0.172	−0.238	0.015	−0.014	−0.850	−0.948	−0.353	−0.903	−0.288	1.000		
Z25	−0.185	−0.288	0.031	0.025	−0.937	−0.926	−0.366	−0.832	−0.344	0.891	1.000	
Z42	0.034	−0.004	0.060	0.082	−0.188	−0.228	−0.083	−0.164	0.011	0.237	0.144	1.000

因此，经过三步筛选共计获得 4 个指数（表 3.1-7），分别为总分类单元数、Magleaf、前 3 位优势分类单元%、和枝角类/剑水蚤，这 4 个指数共同构成江苏省太湖流域湖荡浮游动物动物完整性指数。

表 3.1-7　候选指数相关性筛选

	拟保留指标	拟剔除指标
第一步	Z1 总分类单元(3) Z11Magleaf(3)	Z2 轮虫分类单元(3) Z3 枝角类分类单元(2) Z5 甲壳动物分类单元(2)
第二步	Z25 前三位优势分类单元%(3)	Z9Shannon-Wiener(3) Z10Simpson(2) Z13Berger-Parker 指数(2) Z24 优势分类单元%(2)
第三步	Z42 枝角类/剑水蚤(2)	—

注：指数后括号内为 IQR 值。

(6) 水生态目标、分级标准及评价

① 单指数生态目标及分值计算

采用比值法计算各指数的分值，统一评价量纲。参照国内外文献，对干扰越强，值越低的指数，以监测样本值的 95% 分位数为期望值（即生态目标值），指数分值等于监测值除以期望值；对于干扰越强，值越高的指数，则以 5% 分位数为期望值，计算方法为：(最大值-监测值)/(最大值-期望值)。指标体系各指数的期望值及分值计算方法见表 3.1-8，若计算结果大于 1，按 1 计，小于 0，按 0 计。

表 3.1-8　研究型指标体系各指数期望值及单指数分值计算方法

单项指数	指数期望值	计算方法
Z1 总分类单元数	59	Z1/59
Z11 Magleaf	8.56	Z11/8.56
Z25 前 3 位优势分类单元%	38.6%	(75%-Z25)/(75%-38.6%)
Z42 枝角类/剑水蚤	0.34	(5-Z42)/(5-0.34)

② 水生态目标及健康分级

计算各指数值，相加作为各监测点位的 Z-IBI$_L$ 值。根据国内外文献，基于以"最少干扰状态"为参照状态筛选的指标体系往往使评价结果相对"乐观"，特别是人类活动干扰比较强的区域，因此，需要提高水生态健康目标限值的取值要求，最大限度地使评估结果与客观实际保持一致。取监测样本 Z-IBI$_L$ 值的 95% 分位数作为水生态健康目标值，即 3.70，采用 4 分法进行分级（表 3.1-9），评估水生态健康状况。

$$Z\text{-}IBI_L = \sum Z_i$$

表 3.1-9 湖荡 Z-IBI$_L$ 评价分级标准

等级划分	颜色表征	水生态健康分级
优	蓝色	$3.70 \leqslant Z\text{-}IBI_L$
良	绿色	$2.80 \leqslant Z\text{-}IBI_L < 3.70$
中	黄色	$1.85 \leqslant Z\text{-}IBI_L < 2.80$
一般	橙色	$0.93 \leqslant Z\text{-}IBI_L < 1.85$
差	红色	$Z\text{-}IBI_L < 0.93$

以上评价体系是基于年内多次监测结果平均后筛选获得，因此，在使用过程中应以多次监测的年度评价为宜，考虑到单次监测的随机抽样误差，评价单次监测的浮游动物完整性可能会导致水生态健康等级偏低。

(7) 浮游动物指数归一化及分级标准

① 浮游动物指数归一化方法

为便于以同一尺度进入总体评价体系，浮游动物指数需要再一次进行归一化。根据生物完整性中 95% 的期望值计算方法，确定浮游动物指数的归一化方法为：

浮游动物指数归一化结果＝浮游动物指数/3.56

如果归一化结果＞1，取为1。

② 浮游动物指数分级标准

浮游动物指数分级标准同浮游藻类指数分级标准。

2. 基于形态学鱼类完整性指数研究

(1) 参照点与受损点

本研究选择 2018—2020 年间水生态状况良好的鱼类资源点为参照点筛选的背景。再通过走访周边渔民，掌握历年点位鱼类状况，以此为选择参照点的基础。将河流参照点选为：2019.4 戴楼衡阳、2019.6 万集渡口、2019.8 林家闸、2019.11 皖河、2019.11 百渎港桥，将湖荡参照点选为：2019.4 骆马湖、2019.8 泽山、2020.5 庙港、2020.6 沙墩港、2018.12 东太湖。

其余非参照点则均为受损点。

(2) 候选指标

参照文献及太湖鱼类群落特征，纳入 F-IBI（鱼类完整性指数）的候选参数共包括 5 大类 27 个，具体见表 3.1-10。候选参数的筛选步骤包括：分布范围分析，即剔除结果差异不明显的参数；箱体判别分析，即运用箱体图剔除参照点和受损点差异不明显和对干扰预期响应不正确的参数；相关性分析，即将前 2 步剩下的参数进行 Pearson 相关分析，综合选择 $|r|>0.8$ 的两者之一参数。

表 3.1-10　太湖鱼类完整性评价候选参数及对干扰的预期相应表

候选参数序号	候选参数类型	候选参数名称	对干扰的预期响应
M1	种类组成与丰度	鱼类总物种数	下降
M2		鳅科鱼类占总类数的百分比	下降
M3		鳘科鱼类占总类数的百分比	下降
M4		银鱼科鱼类占总类数的百分比	下降
M5		鰕虎鱼科鱼类占总类数的百分比	下降
M6		原鲌属与鲌属鱼类占总类数的百分比	下降
M7		花䱛占总类数的百分比	下降
M8		Shannon-Wiener 多样性指数	下降
M9		上层鱼类占总类数的百分比	下降
M10		中上层鱼类占总类数的百分比	下降
M11		中下层鱼类占总类数的百分比	下降
M12		底层鱼类占总类数的百分比	下降
M13	营养结构	杂食性鱼类个体百分比	上升
M14		底栖动物食性鱼类个体百分比	下降
M15		植食性鱼类个体百分比	下降
M16		肉食性鱼类个体百分比	下降
M17		浮游生物食性鱼类个体百分比	下降
M18	鱼类数量与健康状况	鱼类总个体数	下降
M19		畸形、患病鱼类个体数百分比	上升
M20		外来鱼类个体数百分比	上升
M21	繁殖共位群	产漂流性卵鱼类物种数百分比	下降
M22		产沉性卵鱼类物种数百分比	下降
M23		产黏性卵鱼类物种数百分比	上升
M24		借助贝类产卵鱼类物种数百分比	下降
M25	耐受性	敏感性鱼类个体百分比	下降
M26		耐受性鱼类个体百分比	上升
M27		敏感性与中等耐污鱼类个体百分比	上升

(3) 湖荡筛选

① 分布范围分析

经过对采样点位水质现场状况判别和鱼类栖息地的生态状况判断,将湖泊参照点选为:2019.4 骆马湖、2019.8 泽山、2020.5 庙港、2020.6 沙墩港、2018.12

东太湖，其余非参照点则均为受损点。候选参数在参照点和受点的分布情况见表 3.1-11 和表 3.1-12。

其中 M3、M10、M11、M14、M18、M20、M21、M24 分布情况和对干扰的预期响应相违背，M15、M16、M17 在太湖流域没有区分度，M2、M4、M6、M8、M13、M19、M24 的值域区间相对狭窄，将这些参数舍弃，其余 M1、M5、M9、M12、M22、M25 计 6 项进入箱体判别分析。

表 3.1-11 候选参数在参照点的分布情况

候选参数序号	平均值	标准差	最小值	最大值	25%分位数	中位数	75%分位数
M1	16.80	2.59	13.00	20.00	16.00	17.00	18.00
M2	0.04	0.05	0.00	0.12	0.01	0.03	0.05
M3	0.04	0.03	0.00	0.08	0.02	0.04	0.07
M4	0.05	0.07	0.00	0.15	0.00	0.01	0.09
M5	2.15	0.22	1.90	2.35	1.93	2.23	2.33
M6	0.03	0.06	0.00	0.15	0.00	0.00	0.01
M7	0.60	0.16	0.41	0.77	0.45	0.68	0.69
M8	0.14	0.10	0.03	0.25	0.07	0.10	0.23
M9	0.23	0.07	0.15	0.35	0.20	0.20	0.23
M10	0.34	0.19	0.20	0.58	0.21	0.21	0.49
M11	0.00	0.00	0.00	0.00	0.00	0.00	0.00
M12	0.36	0.19	0.18	0.56	0.21	0.27	0.55
M13	0.17	0.02	0.15	0.20	0.16	0.18	0.19
M14	0.14	0.15	0.04	0.39	0.07	0.08	0.09
M15	161.80	90.98	74.00	316.00	130.00	142.00	147.00
M16	0.00	0.00	0.00	0.00	0.00	0.00	0.00
M17	0.00	0.00	0.00	0.01	0.00	0.00	0.00
M18	0.16	0.15	0.01	0.41	0.07	0.08	0.22
M19	0.04	0.05	0.00	0.11	0.01	0.01	0.09
M20	0.00	0.00	0.00	0.01	0.00	0.00	0.00
M21	0.48	0.19	0.23	0.70	0.34	0.48	0.64
M22	0.32	0.27	0.02	0.64	0.15	0.21	0.58
M23	0.04	0.05	0.00	0.12	0.01	0.01	0.04
M24	0.78	0.06	0.68	0.84	0.77	0.77	0.83
M25	0.19	0.10	0.05	0.32	0.12	0.22	0.23

表 3.1-12 候选参数在受损点的分布情况

候选参数序号	平均值	标准差	最小值	最大值	25%分位数	中位数	75%分位数
M1	13.25	0.50	13.00	14.00	13.00	13.00	13.25
M2	0.23	0.26	0.00	0.48	0.01	0.23	0.45
M3	0.00	0.01	0.00	0.01	0.00	0.00	0.01
M4	0.10	0.09	0.00	0.22	0.06	0.09	0.13
M5	0.01	0.01	0.00	0.02	0.01	0.01	0.02
M6	0.03	0.04	0.00	0.09	0.00	0.02	0.05
M7	0.01	0.01	0.00	0.01	0.01	0.01	0.01
M8	1.81	0.11	1.65	1.91	1.78	1.84	1.87
M9	0.01	0.01	0.00	0.03	0.00	0.00	0.01
M10	0.64	0.23	0.40	0.85	0.47	0.67	0.84
M11	0.02	0.01	0.01	0.03	0.01	0.01	0.02
M12	0.33	0.22	0.14	0.54	0.14	0.32	0.50
M13	0.35	0.20	0.08	0.54	0.26	0.38	0.47
M14	0.01	0.01	0.00	0.02	0.01	0.01	0.01
M15	0.19	0.12	0.02	0.32	0.14	0.20	0.25
M16	0.17	0.07	0.11	0.27	0.14	0.16	0.18
M17	0.28	0.26	0.03	0.53	0.07	0.28	0.49
M18	130	115	65	302	67	76	139
M19	0.02	0.03	0.00	0.06	0.00	0.02	0.04
M20	—	—	0	0	—	—	—
M21	0.03	0.05	0.00	0.11	0.00	0.01	0.04
M22	0.10	0.09	0.00	0.22	0.06	0.09	0.13
M23	0.56	0.21	0.30	0.78	0.44	0.57	0.69
M24	0.18	0.11	0.01	0.25	0.16	0.22	0.24
M25	0.04	0.04	0.01	0.09	0.01	0.03	0.06
M26	0.96	0.04	0.91	0.99	0.94	0.97	0.99
M27	0.35	0.26	0.03	0.57	0.19	0.39	0.56

② 箱体判别分析

M1、M5、M7、M9、M12、M22、M25 在参照点和受损点的箱体分布状况见图 3.1-17，M7 区分度稍差，但四分位数间距区分度达"3"，符合要求。各参数区分度均符合要求，故全部入选并进入相关性分析。

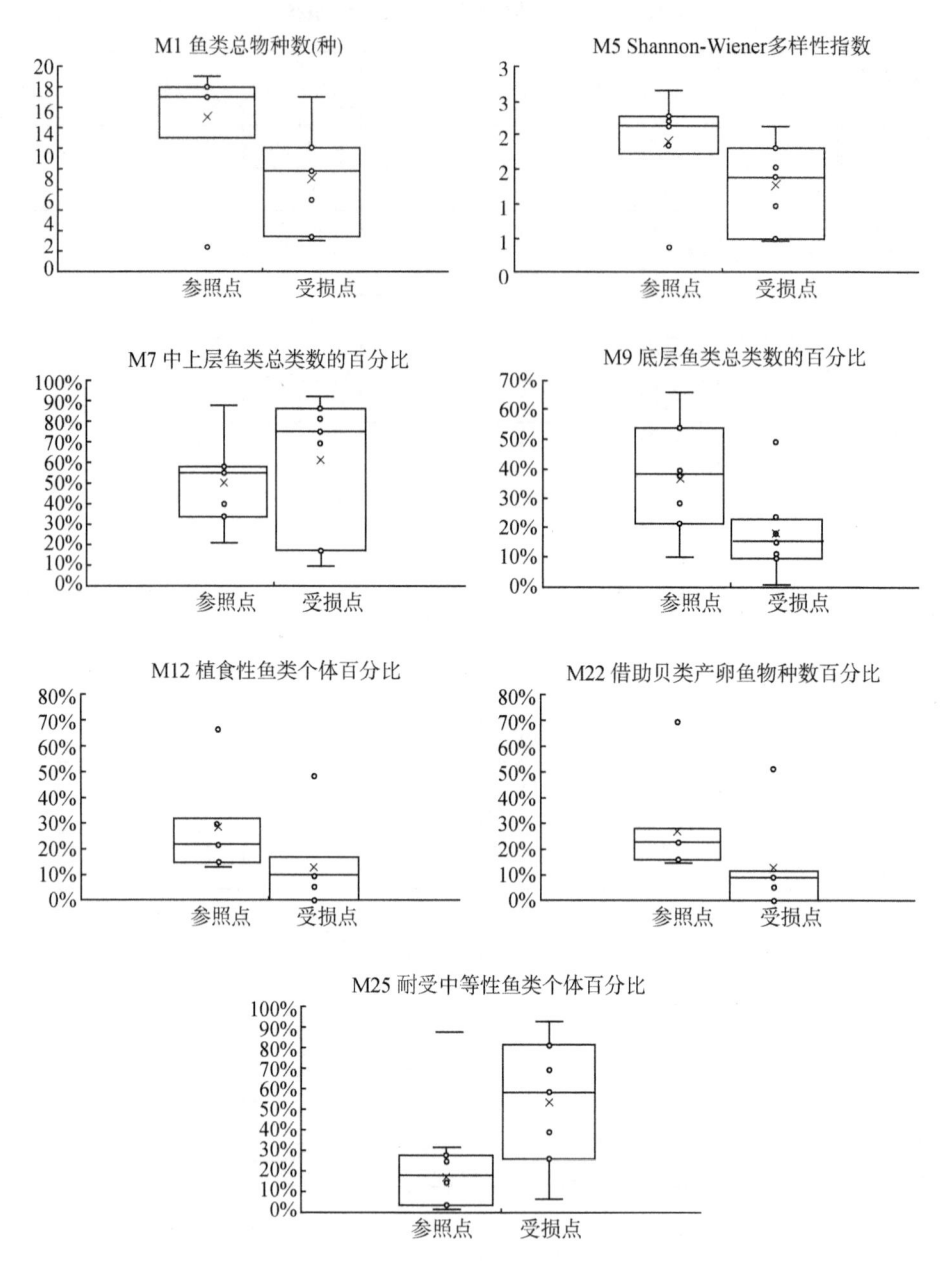

图 3.1-17 候选参数在参照点和受损点的分布情况

③ 相关性分析

7 个候选参数的 Pearson 相关分析见表 3.1-13。候选参数 M12 和 M22 相关系数为 0.953,相关性高,M12 为植食性鱼类个体百分比,M22 为借助贝类产卵鱼类物种数百分比,M22 反映出的数据更为全面,舍弃 M12,将 M22 选入

F-IBI$_L$参数组成。

表 3.1-13　6 个候选参数相关性分析

候选参数序号	M1	M5	M7	M9	M12	M22	M25
M1	1						
M5	0.603	1					
M9	−0.104	−0.282	1				
M7	0.058	0.368	−0.673	1			
M12	0.317	0.375	0.138	−0.157	1		
M22	0.289	0.35	0.157	−0.121	0.953	1	
M25	−0.305	−0.62	0.245	−0.475	−0.425	−0.156	1

(4) 河流筛选

① 分布范围分析

经过对采样点位水质现场状况判别和鱼类栖息地的生态状况判断,将河流参照点选为:2019.4 戴楼衡阳、2019.6 万集渡口、2019.8 林家闸、2019.11 皖河、2019.11 百渎港桥,其余非参照点则均为受损点。候选参数在参照点和受损点的分布情况见表 3.1-14 和表 3.1-15。

其中,M2、M3、M11、M8、M14 分布情况和对干扰的预期响应相违背,M4、M6、M11、M16—M20、M22、M23 在太湖流域没有区分度,M7、M9、M10、M12、M13、M15、M21、M24、M25 的值域区间相对狭窄,将这些参数舍弃,其余 M1、M5、M13、M15 计 4 项进入箱体判别分析。

表 3.1-14　候选参数在参照点的分布情况

候选参数序号	平均值	标准差	最小值	最大值	25%分位数	中位数	75%分位数
M1	16.80	2.59	13.00	20.00	16.00	17.00	18.00
M2	0.04	0.05	0.00	0.12	0.01	0.03	0.05
M3	0.04	0.03	0.00	0.08	0.02	0.04	0.07
M4	0.05	0.07	0.00	0.15	0.00	0.01	0.09
M5	2.15	0.22	1.90	2.35	1.93	2.23	2.33
M6	0.03	0.06	0.00	0.15	0.00	0.00	0.01
M7	0.60	0.16	0.41	0.77	0.45	0.68	0.69
M8	0.14	0.10	0.03	0.25	0.07	0.10	0.23
M9	0.23	0.07	0.15	0.35	0.20	0.20	0.23

续　表

候选参数序号	平均值	标准差	最小值	最大值	25%分位数	中位数	75%分位数
M10	0.34	0.19	0.20	0.58	0.20	0.21	0.49
M11	0.00	0.00	0.00	0.00	0.00	0.00	0.00
M12	0.36	0.19	0.18	0.56	0.21	0.27	0.55
M13	0.17	0.02	0.15	0.20	0.16	0.18	0.19
M14	0.14	0.15	0.04	0.39	0.07	0.08	0.09
M15	161.80	90.98	74.00	316.00	130.00	142.00	147.00
M16	0.00	0.00	0.00	0.00	0.00	0.00	0.00
M17	0.00	0.00	0.00	0.01	0.00	0.00	0.00
M18	0.16	0.16	0.01	0.41	0.07	0.08	0.22
M19	0.04	0.05	0.00	0.11	0.01	0.01	0.09
M20	0.00	0.00	0.00	0.01	0.00	0.00	0.00
M21	0.48	0.19	0.23	0.70	0.34	0.48	0.64
M22	0.32	0.27	0.02	0.64	0.15	0.21	0.58
M23	0.04	0.05	0.00	0.12	0.01	0.01	0.04
M24	0.78	0.06	0.68	0.84	0.77	0.77	0.83
M25	0.19	0.10	0.05	0.32	0.12	0.22	0.23

表 3.1-15　候选参数在受损点的分布情况

候选参数序号	平均值	标准差	最小值	最大值	25%分位数	中位数	75%分位数
M1	11.75	3.45	4.00	21.00	10.00	12.00	14.00
M2	0.03	0.06	0.00	0.40	0.00	0.01	0.03
M3	0.08	0.15	0.00	0.64	0.00	0.02	0.07
M4	0.01	0.02	0.00	0.07	0.00	0.00	0.01
M5	1.71	0.34	0.76	2.34	1.48	1.77	1.94
M6	0.01	0.01	0.00	0.05	0.00	0.00	0.01
M7	0.61	0.20	0.15	0.96	0.48	0.66	0.76
M8	0.13	0.15	0.00	0.78	0.03	0.08	0.22
M9	0.25	0.18	0.01	0.72	0.11	0.18	0.36
M10	0.42	0.26	0.04	0.97	0.21	0.38	0.63
M11	0.01	0.04	0.00	0.26	0.00	0.00	0.00
M12	0.19	0.19	0.00	0.71	0.04	0.12	0.29

续表

候选参数序号	平均值	标准差	最小值	最大值	25%分位数	中位数	75%分位数
M13	0.15	0.17	0.00	0.66	0.04	0.08	0.16
M14	0.24	0.17	0.00	0.84	0.10	0.22	0.35
M15	126.04	128.19	12.00	803.00	60.00	94.00	136.00
M16	0.02	0.06	0.00	0.26	0.00	0.00	0.00
M17	0.00	0.00	0.00	0.03	0.00	0.00	0.00
M18	0.13	0.14	0.00	0.78	0.04	0.08	0.14
M19	0.19	0.19	0.00	0.84	0.03	0.13	0.31
M20	0.00	0.00	0.00	0.01	0.00	0.00	0.00
M21	0.51	0.25	0.09	0.94	0.30	0.48	0.73
M22	0.17	0.19	0.00	0.70	0.03	0.09	0.28
M23	0.02	0.07	0.00	0.32	0.00	0.00	0.01
M24	0.66	0.22	0.15	0.99	0.58	0.69	0.83
M25	0.32	0.22	0.01	0.85	0.13	0.28	0.42
M26	11.75	3.45	4.00	21.00	10.00	12.00	14.00
M27	0.03	0.06	0.00	0.40	0.00	0.01	0.03

② 箱体判别分析

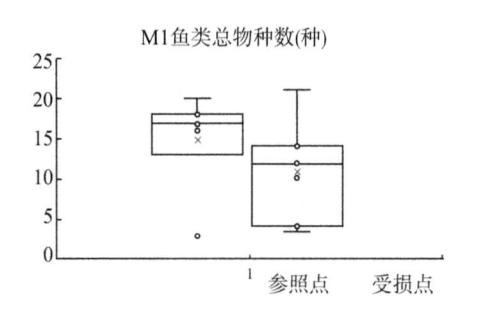

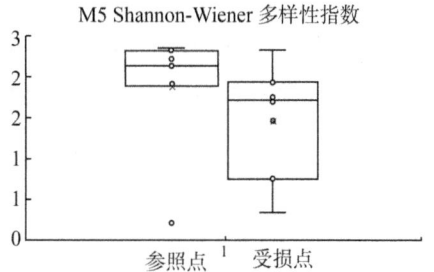

M1、M5、M13、M15 在参照点和受损点的箱体分布状况见图 3.1-18，M13 和 M15 区分度稍差，四分位数间距区分度仅"2"，但也有一定差异。各参数全部入选进入相关性分析。

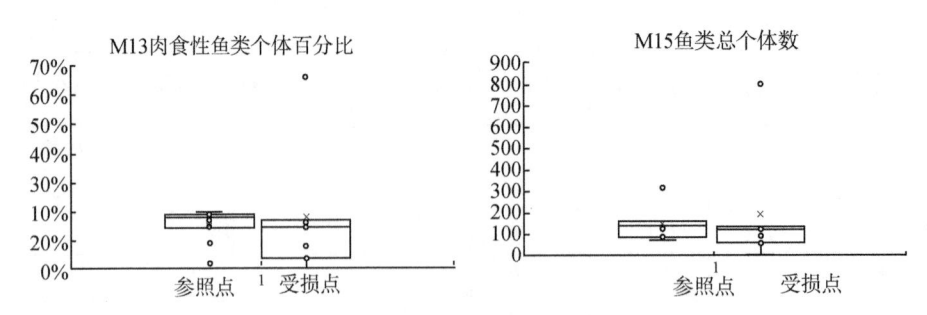

图 3.1-18　候选参数在参照点和受损点的分布情况

③ 相关性分析

4个候选参数的 Pearson 相关分析见表 3.1-16。候选参数无高相关性,故全部选入 F-IBI$_R$ 参数组成。

表 3.1-16　4个候选参数相关性分析

候选参数序号	M1	M5	M13	M15
M1	1	—	—	—
M5	0.531	1	—	—
M13	0.14	0.116	1	—
M15	0.521	−0.146	−0.175	1

(4) 太湖流域水生态目标、分级标准及评价

① 湖荡水生态目标、分级标准及评价

25个候选参数经过筛选,最终确定 M1、M5、M7、M9、M22、M25 共6个参数之和构成太湖流域湖泊鱼类生物完整性指数(F-IBI$_L$)。其参数计算公式见表 3.1-17。

表 3.1-17　太湖流域湖荡鱼类生物完整性指数参数计算公式

参数序号	参数名称	计算公式	目标(最佳期望值)
1	鱼类总物种数	M1/17	17
2	Shannon-Wiener 多样性指数	M5/2.17	2.17
3	底层鱼类占总类数的百分比	M9/52.24%	52.24%
4	中上层鱼类占总类数的百分比	(92.31%−M7)/(92.31%−36.13%)	36.13%
5	借助贝类产卵鱼类物种数百分比	M22/30.69%	30.69%
6	耐受中等性鱼类个体百分比	(93.09%−M25)/(93.09%−7.05%)	7.05%

评价以参照点的25%分位数值为"优"的健康分级标准,再采用4分法进行

分级,故太湖流域湖荡鱼类生物完整性指数体系分级标准见表 3.1-18。

表 3.1-18　太湖流域湖荡鱼类生物完整性指数体系分级标准

参数等级	分级标准
优	$F\text{-}IBI_L \geqslant 5.30$
良	$5.30 > F\text{-}IBI_L \geqslant 4.24$
中	$4.24 > F\text{-}IBI_L \geqslant 3.18$
一般	$3.18 > F\text{-}IBI_L \geqslant 2.12$
差	$F\text{-}IBI_L < 2.12$

② 河流水生态目标、分级标准及评价

25 个候选参数经过筛选,最终剩余 M1、M5、M13、M15 共 4 个参数之和构成太湖流域河流鱼类生物完整性指数(F-IBI$_R$)。其参数计算公式见表 3.1-19。

表 3.1-19　太湖流域河流鱼类生物完整性指数参数计算公式

参数序号	参数名称	计算公式	目标 (最佳期望值)
1	鱼类总物种数	M1/18	18
2	Shannon-Wiener 多样性指数	M5/2.24	2.24
3	肉食性鱼类个体百分比	M13/56.86%	56.86%
4	鱼类总个体数	M15/305	305

评价以参照点的 25%分位数值为"优"的健康分级标准,再采用 4 分法进行分级,故太湖流域河流鱼类生物完整性指数体系分级标准见表 3.1-20。

表 3.1-20　太湖流域河流鱼类生物完整性指数体系分级标准

参数等级	分级标准
优	$F\text{-}IBI_R \geqslant 3.06$
良	$3.06 > F\text{-}IBI_R \geqslant 2.45$
中	$2.45 > F\text{-}IBI_R \geqslant 1.84$
一般	$1.84 > F\text{-}IBI_R \geqslant 1.23$
差	$F\text{-}IBI_R < 1.23$

(5) 鱼类指数归一化及分级标准

为便于以同一尺度进入总体评价体系,鱼类指数需要再一次进行归一化。根据生物完整性中 95%的期望值计算方法,确定鱼类动物指数的归一化方法为:

河流鱼类指数归一化结果＝鱼类指数/3.06

湖荡鱼类指数归一化结果＝鱼类指数/5.30

如果归一化结果＞1,取为1。

3. 基于物理生境的水生态健康评价方法体系的构建

物理完整性指数主要是通过物理生境评价来完成,其中物理生境评价又可分为水体内部评价、滨岸带评价、区域及流域评价和生态水量评价4个方面。

(1) 水体内部生境评价指标的筛选

课题组结合国内外生境评价相关文献资料,筛选出适用于太湖流域的水体内部指标,主要包括沉积物状况及水生植被覆盖情况。其中沉积物评价主要从沉积物类型、清淤量、垃圾量、气味、油污等几个方面进行打分评价,水生植被覆盖情况主要从水生植被覆盖度和类型及比例等方面进行打分评价,具体评价方法如表3.1-21和表3.1-22所示。

表3.1-21　沉积物生境评价数据表

评价指标	好	较好	一般	差
沉积物类型	沉积物组成3种以上,淤泥含量30%～60%	沉积物组成2种以上,淤泥含量20%～30%或60%～70%	沉积物2种及以下,淤泥含量10%～20%或70%～80%	沉积物组成单一,无淤泥或淤泥含量90%以上
	80 75 70 65	60 55 50 45	40 35 30 25	20 15 10 5
清淤量	适量清淤30%～60%	清淤量20%～70%	清淤量10%～90%	完全清淤/不清淤
	20	10	5	0
垃圾量	无垃圾	少量垃圾	中等量垃圾	大量垃圾
	0	－2 －4 －6	－8 －10 －12	－15 －20
气味	无异味	轻微异味	中度异味	严重异味
	0	－2 －4 －6	－8 －10 －12	－15 －20
油污	无油污	轻微油污	中度油污	重度油污
	0	－2 －4 －6	－8 －10 －12	－15 －20

表3.1-22　水生植被指数评价数据表

评价指标	好	较好	一般	差
水生植被覆盖度	40%以上	20%～40%	1%～20%	无水生植被
	60 55 50 45	40 35 30 25	20 15 10 5	0

按上述方法进行打分后,可按如下方法对点位进行视觉生境评价(表3.1-23)。

表 3.1-23　视觉生境评价方法

得分分值	等级	赋分
$H>150$	无干扰	5
$120<H\leqslant 150$	轻微干扰	4
$90<H\leqslant 120$	轻度干扰	3
$60<H\leqslant 90$	中度干扰	2
$H\leqslant 60$	重度干扰	1

注：栖息地生境质量以 H 表示。

（2）区域及流域评价——土地利用类型指标的筛选

基于收集历史数据，特别是"十二五"期间太湖流域的底栖动物的收集，发现太湖的湖荡、河流、水库、溪流大型底栖无脊椎动物分布热点地区（30 种以上）分布在京杭运河以南的湖荡密集交错区、森林植被高覆盖区（图 3.1-19）。由此可见，湿地、森林面积的增加有利于物种多样性的恢复，而城镇用地的开放不利于物种的恢复。

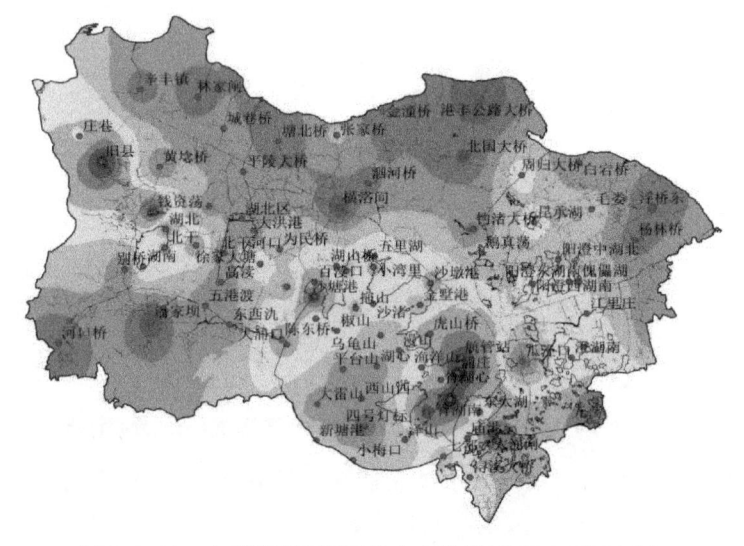

图 3.1-19　太湖流域底栖动物分布热图（物种 30 种以上）

总之，需要对土地利用类型的指标进行筛选，需要说明的是，此处的土地利用类型评价，与上述视觉生境评价中有关土地利用类型的描述不同，在视觉生境中，土地利用类型的判断主要是根据现场人员肉眼观察后根据评价数据表中的描述进行打分，比如"河岸两侧耕作土壤，需要施加化肥和农药"等。而此处的土地利用类型评价，主要针对观测点位附近 5 km 范围内的土地利用类型，依据遥感解译结果,来综合判断其对该点位的影响。课题组对太湖流域内水生态点位的土地利用类型进行拆解分析,以 0.5 km、1 km、1.5 km、2 km、2.5 km 为半径画同心圆,对不同范围内的土地类型进行赋分及设定权重,最终得出该点位土地类型评价得分。

(3) 水体联通性、生态水量指标的筛选

分析"十二五"期间太湖流域底栖动物分布特征,发现河口生物沙蚕(多毛纲)主要分布在太湖湖体、苏州段望虞河入湖通道以及太湖出湖通道。由于水动力不足,在武南区域除湖体有分布外,区域上未形成通路,在武南区域未发现沙蚕分布(图 3.1-20)。然而,在"十三五"期间,由于引江济太工程的实施,江、湖的良好联通性使水生生物及水质条件得到改善,沙蚕(多毛纲)在武南区域广泛分布(图 3.1-21),同时,多毛纲的生物多样性与江、湖的联通性具有正相关。因此,可以采用多毛纲出现的频率及其多样性作为筛选的水体联通性、生态水量指标。

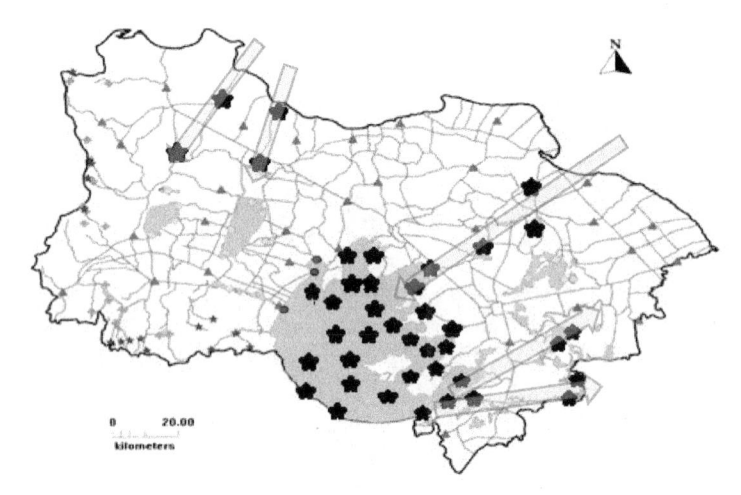

图 3.1-20 "十二"期间太湖流域沙蚕(多毛纲)空间分布情况

有多毛纲出现的区域说明水体联通性比较好,生态水量符合生物生存,反之,则说明水体联通性不好,生态水量不足。因此,认为多毛纲出现频次($P_{频次}$)及其生物多样性作为水体联通性、生态水量较好的象征。多毛纲出现频次的评价以 3 次调查作为基础进行分级及赋值。统计"十二五"和"十三"多毛纲分类单元,发现河流和湖库监测点位中多毛纲分类单元数最多的为 4 个,以此作为多毛纲多样性的目标值,利用 4 分法进行分级及赋值。多毛纲出现频次和生物多样性的评价、分级及赋值如表 3.1-24 和表 3.1-25 所示。

图 3.1-21　"十三"期间太湖流域沙蚕（多毛纲）空间分布情况

表 3.1-24　多毛纲出现频次分级标准及赋值

出现频次 $P_{频次}$	等级	赋值
3	好	1
2	较好	0.7
1	一般	0.3
0	差	0

表 3.1-25　多毛纲多样性分级标准及赋值

分类单元 Taxa	等级	赋值
4	优	1
3	良	0.75
2	中	0.50
1	一般	0.25
0	差	0

为便于以同一尺度进入总体评价体系，对水体联通性、生态水量指数两个分指标进行赋权重，水体联通性、生态水量指数计算方法如下：

水体联通性、生态水量指数＝多毛纲出现频次指数×0.5＋多毛纲多样性指数×0.5。

（4）物理完整性指数指标体系

结合水体内部指标、滨岸带指标、区域和流域指标、水文指标等形成了物理完整性指标体系，具体指标如表 3.1-26 所示。

表 3.1-26　物理完整性指标体系

目标层	系统层	状态层	指数层	权重
物理完整性指数体系	水体内部指标	沉积物状况	沉积物类型、清淤量、垃圾量、气味、油污	0.15
		水生植被	水生植被覆盖度、类型及比例	0.15
	滨岸带指标	滨岸形态及稳定性	岸堤类型、坡度及侵蚀	0.15
		滨岸植被	植被覆盖度、类型、比例及土地利用类型	0.15
	区域、流域指标	林地、湿地指数	林湿地面积占比	0.1
		城镇用地指数	城镇用地占比	0.1
	水体联通性、生态水量	多毛类指数	多毛纲出现频次（$P_{频次}$）	0.1
			多毛纲生物多样性	0.1

4. 水生态健康指数计算及分级标准

（1）水生态健康指数计算

考虑到湖泊、河流、水库的生境不同，关注的重点也有区别，针对不同水体类型分别提出水生态健康指数计算方法，指标体系绩指标权重结果见表 3.1-27。

表 3.1-27　水生态环境功能分区质量评价体系

目标层	类型	状态层	分权重	指标层	权重	目标（最佳期望值）
化学完整性（水质）	湖库	综合营养状态指数	—	叶绿素 a、总磷、总氮、透明度、高锰酸盐指数	0.4	40
	河流	综合污染指数	—	氨氮、高锰酸盐指数、总磷、总氮、溶解氧	0.4	10.5
水生生物完整性	湖库	浮游植物	0.1	总分类单元数	0.4	55（冬春季）49（夏秋季）
				藻类细胞密度		1.06×10^6（冬春季）6.23×10^5（夏秋季）
				前 3 优势种优势度		37.6%（冬春季）40.2%（夏秋季）
		浮游动物	0.1	总分类单元数		59
				Magleaf		8.56
				前 3 位优势分类单元%		38.6%
				枝角类/剑水蚤数		0.34

续 表

目标层	类型	状态层	分权重	指标层	权重	目标 (最佳期望值)
水生生物完整性	湖库	底栖动物	0.1	软体动物分类单元	0.4	8（湖泊） 10（水库）
				第1优势种优势度		24.3%（湖泊） 21.5%（水库）
				BMWP 指数		78（湖泊） 74（水库）
		鱼类	0.1	鱼类总分类单元数		17
				Shannon-Wiener 指数		2.17
				底层鱼类占比		52.24%
				中上层鱼类占比		36.13%
				借助贝类产卵鱼类物种数百分比		30.69%
				耐受中等性鱼类个体百分比		7.05%
	河流	浮游动物	2/15	总分类单元数	0.4	59
				Magleaf		8.56
				前3位优势分类单元%		38.6%
				枝角类/剑水蚤		0.34
		底栖动物	2/15	总分类单元数		8
				第1优势种优势度		30.8%
				BMWP 指数		69
		鱼类	2/15	鱼类总分类单元数		18
				Shannon-Wiener		2.24
				肉食性鱼类个体百分比		56.86%
				鱼类总个体数		305
物理完整性	湖库/河流	水体内部	0.05	沉积物状况	0.2	72
				水生植被类型及占比		86
		滨岸带	0.05	滨岸形态及稳定性		72
				滨岸植被类型及占比		73
		林湿地	0.05	林湿地占比		30
		水文生物响应指标	0.05	多毛纲出现频次		3
				多毛纲多样性		4

湖荡水生态健康指数＝浮游藻类指数×0.1＋大型底栖动物指数×0.1＋浮游动物指数×0.1＋鱼类指数×0.1＋湖荡综合营养状态指数×0.4＋物理生境

指数×0.2。

河流水生态健康指数＝大型底栖动物指数×0.2＋浮游动物指数×0.1＋鱼类指数×0.1＋河流综合污染指数×0.4＋物理生境指数×0.2。

水库水生态健康指数＝浮游藻类指数×0.1＋大型底栖动物指数×0.1＋浮游动物指数×0.1＋鱼类指数×0.1＋湖荡综合营养状态指数×0.4＋物理生境指数×0.2。

其中,浮游藻类指数、浮游动物指数、大型底栖动物指数、鱼类指数、河流综合污染指数、湖库综合营养状态指数均指归一化之后的结果。

(2) 水生态健康指数分级标准

根据以上计算公式,可得到湖荡、河流、水库的水生态健康指数分级标准见表3.1-28。

表3.1-28　水生态健康指数分级标准

等级	颜色表征	分级标准
优	蓝色	[0.925,1]
良	绿色	[0.695,0.925)
中	黄色	[0.465,0.695)
一般	橙色	[0.235,0.465)
差	红色	[0,0.235)

3.2　水生态功能分区质量评价

3.2.1　基于"十三五"研究成果的水生态环境功能区质量评价

3.2.1.1　水生态功能分区质量评价结果

分别计算丰、平、枯三季的水生态环境功能区质量指数,其中2018年平水期结果示例见表3.2-1。

在2018年平水期太湖流域水生态功能分区中,水生态功能分区质量指数从"差"到"良"均有分布,主要以中等等级为主。大浦港桥、大港桥、急水港桥、大溪水库湖心、望亭上游、浒关上游、横山水库、沙河水库、通济河紫阳桥(旧县)水生态功能分区质量指数较高,评价等级为良;浏河闸水生态功能分区质量指数最低,评价等级为差。其中,27个水生态监测点位的水生态功能分区质量指数达到2020年目标,30个水生态监测点位的水生态功能分区质量指数未达到2020年目标。生态Ⅱ级区-01镇江东部水环境维持-水源涵养功能区在本次平水期调查中水生态环境最好,生态Ⅳ级区-11 太仓北部重要生境维持-水质净化功能区为本次平水期调查中水生态环境最差。

表 3.2-1　平水期水生态环境功能分区情况表

序号	分区名称	断面名称	水生态功能分区质量指数	等级划分	颜色表征	2020年目标	是否达2020年目标
1	Ⅳ-06 无锡城市水环境维持-水文调节功能区	锡澄铁路桥	0.52	中	黄色	0.49	是
2	Ⅲ-11 太湖西岸水环境维持-水文调节功能区	殷村港	0.62	中	黄色	0.68	否
3	Ⅲ-11 太湖西岸水环境维持-水文调节功能区	大浦港桥	0.71	良	绿色	0.68	是
4	Ⅱ-03 宜兴丁蜀水环境维持-水文调节功能区	乌溪港桥	0.57	中	黄色	0.57	是
5	Ⅱ-03 宜兴丁蜀水环境维持-水文调节功能区	大港桥	0.79	良	绿色	0.57	是
6	Ⅳ-04 江阴城市重要生境维持-水文调节功能区	金潼桥	0.59	中	黄色	0.41	是
7	Ⅳ-05 江阴南部重要生境维持-水质净化功能区	峭岐大桥	0.63	中	黄色	0.47	是
8	Ⅲ-13 无锡南部城镇水环境维持-水文调节功能区	蠡桥	0.61	中	黄色	0.61	是
9	Ⅲ-14 无锡东部水环境维持-水质净化功能区	钓邾大桥	0.51	中	黄色	0.58	否
10	Ⅲ-19 苏州北部生物多样性维持-水文调节功能区	锡常大桥	0.57	中	黄色	0.42	是
11	Ⅲ-06 溧阳城镇重要生境维持-水文调节功能区	潘家坝	0.49	中	黄色	0.32	是
12	Ⅳ-02 常州城市水环境维持-水文调节功能区	五牧	0.50	中	黄色	0.22	是
13	Ⅲ-05 溧高重要生境维持-水文调节功能区	落蓬湾	0.55	中	黄色	0.58	否
14	Ⅲ-05 溧高重要生境维持-水文调节功能区	前留桥	0.50	中	黄色	0.58	否
15	Ⅱ-01 镇江东部水环境维持-水源涵养功能区	紫阳桥（旧县）	0.86	良	绿色	0.59	是
16	Ⅲ-01 丹阳城镇水环境维持-水质净化功能区	黄埝桥	0.57	中	黄色	0.43	是

续　表

序号	分区名称	断面名称	水生态功能分区质量指数	等级划分	颜色表征	2020年目标	是否达2020年目标
17	Ⅲ-03 丹武重要生境维持-水质净化功能区	新河口	0.47	中	黄色	0.41	是
18	Ⅲ-04 金坛城镇重要生境维持-水质净化功能区	太平桥	0.48	中	黄色	0.51	否
19	Ⅱ-02 滆湖西岸水环境维持-水质净化功能区	厚余	0.43	一般	橙色	0.41	是
20	Ⅲ-08 江阴西部水环境维持-水质净化功能区	东潘桥	0.50	中	黄色	0.62	否
21	Ⅲ-09 滆湖东岸水环境维持-水质净化功能区	分庄桥	0.58	中	黄色	0.34	是
22	Ⅲ-12 竺山湖北岸重要生境维持-水源涵养功能区	姚巷桥	0.63	中	黄色	0.68	否
23	Ⅲ-10 滆湖南岸水环境维持-水质净化功能区	漕桥	0.45	一般	橙色	0.38	是
24	Ⅳ-06 无锡城市水环境维持-水文调节功能区	望亭上游	0.70	良	绿色	0.49	是
25	Ⅳ-07 江阴东部重要生境维持-水质净化功能区	码头大桥	0.50	中	黄色	0.35	是
26	Ⅳ-08 张家港城镇重要生境维持-水质净化功能区	十一圩闸	0.39	一般	橙色	0.59	否
27	Ⅲ-16 常熟城镇重要生境维持-水文调节功能区	大义光明村	0.51	中	黄色	0.76	否
28	Ⅲ-15 常熟北部水环境维持-水质净化功能区	江枫桥	0.54	中	黄色	0.62	否
29	Ⅲ-15 常熟北部水环境维持-水质净化功能区	江边闸	0.45	一般	橙色	0.62	否
30	Ⅳ-11 太仓北部重要生境维持-水质净化功能区	浏河闸	0.17	差	红色	0.57	否
31	Ⅳ-12 昆太城镇重要生境维持-水文调节功能区	赵屯	0.56	中	黄色	0.55	是
32	Ⅲ-17 淀山湖东岸重要生境维持-水文调节功能区	急水港桥	0.75	良	绿色	0.45	是
33	Ⅳ-13 吴江南部重要生境维持-水文调节功能区	王江泾	0.34	一般	橙色	0.32	是

续表

序号	分区名称	断面名称	水生态功能分区质量指数	等级划分	颜色表征	2020年目标	是否达2020年目标
34	Ⅱ-04 吴江北部重要物种保护-水文调节功能区	平望新运河大桥	0.51	中	黄色	0.84	否
35	Ⅳ-14 苏州城市重要生境维持-水文调节功能区	瓜泾口北	0.52	中	黄色	0.41	是
36	Ⅲ-18 太湖东岸重要生境维持-水文调节功能区	航管站	0.48	中	黄色	0.71	否
37	Ⅲ-18 太湖东岸重要生境维持-水文调节功能区	善人桥	0.59	中	黄色	0.71	否
38	Ⅱ-06 贡湖东岸生物多样性维持-水文调节功能区	浒关上游	0.72	良	绿色	0.45	是
39	Ⅳ-01 镇江北部重要物种保护-水文调节功能区	新丰镇/辛丰镇	0.56	中	黄色	0.63	否
40	Ⅲ-02 丹阳东部水环境维持-水文调节功能区	林家闸	0.65	中	黄色	0.43	是
41	Ⅲ-20 太湖西部湖区重要生境维持-水文调节功能区	大浦口	0.43	一般	橙色	0.65	否
42	Ⅱ-09 太湖湖心区重要物种保护-水文调节功能区	平台山	0.45	一般	橙色	0.56	否
43	Ⅱ-09 太湖湖心区重要物种保护-水文调节功能区	西山西	0.51	中	黄色	0.56	否
44	Ⅱ-08 梅梁湾-贡湖重要物种保护-水文调节功能区	梅梁湖心	0.53	中	黄色	0.68	否
45	Ⅱ-08 梅梁湾-贡湖重要物种保护-水文调节功能区净化功能区	沙渚南	0.53	中	黄色	0.68	否
46	Ⅱ-10 太湖南部湖区重要生境维持-水文调节功能区	漾西港	0.46	一般	橙色	0.58	否
47	Ⅰ-05 太湖东部湖区重要物种保护-水文调节功能区	漫山	0.61	中	黄色	0.73	否
48	Ⅲ-20 太湖西部湖区重要生境维持-水文调节功能区	竺山湖心	0.61	中	黄色	0.65	否
49	Ⅰ-05 太湖东部湖区重要物种保护-水文调节功能区	胥湖心	0.62	中	黄色	0.73	否
50	Ⅰ-01 金坛洮湖重要物种保护-水文调节功能区	北干河口区	0.46	一般	橙色	0.66	否

续 表

序号	分区名称	断面名称	水生态功能分区质量指数	等级划分	颜色表征	2020年目标	是否达2020年目标
51	Ⅱ-07 滆湖重要物种保护-水文调节功能区	太滆河口	0.50	中	黄色	0.46	是
52	Ⅲ-16 常熟城镇重要生境维持-水文调节功能区	昆承湖心	0.68	中	黄色	0.76	否
53	Ⅰ-04 阳澄湖生物多样性维持-水文调节功能区	阳澄湖心	0.64	中	黄色	0.73	否
54	Ⅰ-03 宜兴南部生物多样性维持-水源涵养功能区	西氿大桥	0.58	中	黄色	0.7	否
55	Ⅰ-03 宜兴南部生物多样性维持-水源涵养功能区	横山水库	0.73	良	绿色	0.7	是
56	Ⅰ-02 溧阳南部重要生境维持-水源涵养功能区	大溪水库库中	0.75	良	绿色	0.73	是
57	Ⅰ-02 溧阳南部重要生境维持-水源涵养功能区	沙河水库库中	0.71	良	绿色	0.73	否

在2019年枯水期太湖流域水生态功能分区中，水生态功能分区质量指数从"一般"到"良"均有分布，主要以中等等级为主。殷村港、乌溪港桥、大港桥、落蓬湾、航管站、善人桥、前留桥、沙河水库库中、大溪水库库中、通济河紫阳桥(旧县)水生态功能分区质量指数较高，评价等级为良；所有点位中没有出现评价等级为差的情况。其中，29个水生态监测点位的水生态功能分区质量指数达到2020年目标，28个水生态监测点位的水生态功能分区质量指数未达到2020年目标。

Ⅱ-03 宜兴丁蜀水环境维持-水文调节功能区在本次枯水期调查中水生态环境最好，Ⅳ-02 常州城市水环境维持-水文调节功能区为本次枯水期调查中水生态环境最差。

在2019年丰水期太湖流域水生态功能分区中，水生态功能分区质量指数从"一般"到"良"均有分布，主要以中等等级为主。大浦港桥、乌溪港桥、大港桥、钓郏大桥、殷村港、航管站、潘家坝、善人桥、瓜泾口北、沙河水库库中、大溪水库库中和通济河紫阳桥(旧县)水生态功能分区质量指数较高，评价等级为良；所有点位中没有出现评价等级为差的情况。其中，29个水生态监测点位的水生态功能分区质量指数达到2020年目标 28个水生态监测点位的水生态功能分区质量指数未达到2020年目标。

Ⅱ-01 镇江东部水环境维持-水源涵养功能区本次丰水期调查中水生态环境最好，Ⅲ-20 太湖西部湖区重要生境维持-水文调节功能区为本次枯水期调查中水生态环境最差。

3.2.1.2 各分区水生态环境质量评价状况及达标情况

分别利用底栖动物、浮游植物和浮游动物完整性指数对各水生态环境功能分区进行评价。由图3.3-1可知,四个功能分区均以"中"和"一般"为主,功能Ⅱ区的"良"的比例相对其他分区较高,四个功能分区均没有"优"的点位,整体评价结果显示太湖流域总体底栖动物生物完整性较为一般。而浮游植物生物完整性评价较好(图3.3-2),功能Ⅰ区由"良"和"一般"组成,功能Ⅱ区的"优"等级占比均为"33.3％"。相反的是,浮游动物完整性指数整体评价较差,功能Ⅰ区和Ⅱ区的"差"等级比例高于其他两个分区(图3.3-3)。

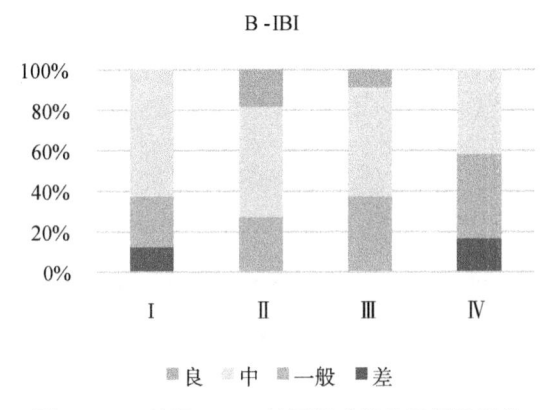

B-IBI

■良 ■中 ■一般 ■差

图3.3-1 基于B-IBI的不同功能分区质量评价

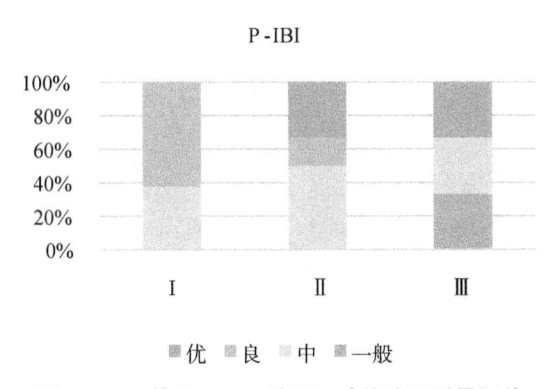

P-IBI

■优 ■良 ■中 ■一般

图3.3-2 基于P-IBI的不同功能分区质量评价

整合生物、水质和物理生境完整性指数进行水生态环境功能分区评价,结果表明四个功能区都没有"优"的点位,功能Ⅲ区"中"的点位的比例要明显高于其他三个功能区,"良"评价等级的占比从功能Ⅰ区至功能Ⅳ区逐渐降低,功能Ⅳ区出现"差"评价等级,但占比很低。如图3.3-4所示。

Z - IBI

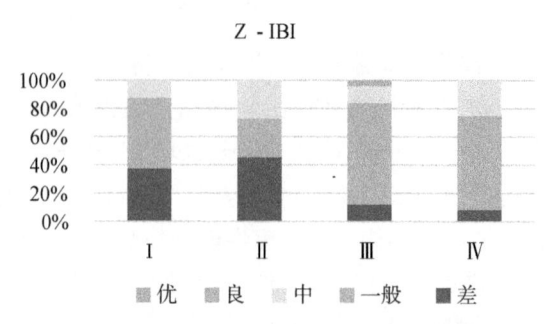

图 3.3-3　基于 Z-IBI 的不同功能分区质量评价

水生态环境功能分区-分区评价

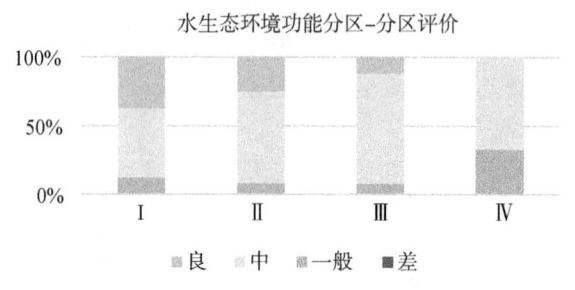

图 3.3-4　基于"十三五"水生态环境功能分区质量评价体系的不同功能分区质量评价

对标《江苏省太湖流域水生态环境功能区划(试行)》2020 年考核目标,49 个水生态功能分区的达标率为 52.3%。在四个功能分区中,Ⅳ类分区的达标率最高,Ⅰ类的达标率最低(图 3.3-5)。在空间上,太湖湖体及太湖流域东北部不达标,另有Ⅰ-01、Ⅰ-03、Ⅲ-04、Ⅲ-04、Ⅳ-01、Ⅲ-08 分区不达标,其他区域均达标(图 3.3-6)。

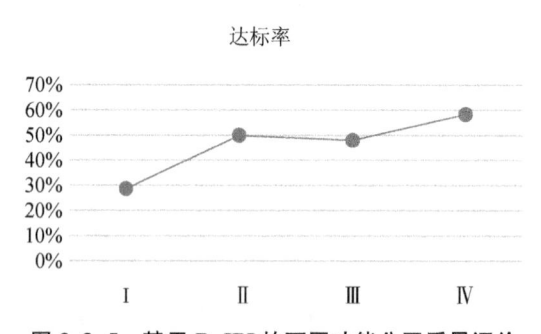

达标率

图 3.3-5　基于 B-IBI 的不同功能分区质量评价

3.2.2　基于 eDNA 生物指数的水生态功能分区质量评价

1. 基于浮游植物 eDNA 完整性评价结果

根据前节的计算方式,得出 2019 年 8 月各位点浮游植物最终得分结果,如

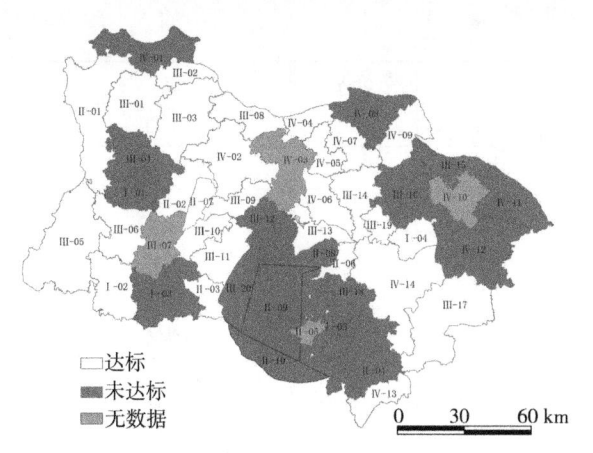

图 3.3-6　四类分区达标情况空间分布图

表 3.2-4 所示。其中评价等级为"优"的点位有 3 个,占比为 5.08%,分别是塘马水库、傀儡湖和姚巷桥,河流、湖荡和水库各占一个。无评价等级为"差"的点位。评价等级为"良"的点位有 29 个,占比49.15%,评价等级为"中"的点位有 24 个,占比 40.68%,评价等级为"一般"的点位仅有 3 个,占比 5.08%。

表 3.2-4　各位点浮游植物完整性指数得分情况

点位	得分	评价等级	点位	得分	评价等级
姚巷桥	1.000 0	优	五牧	0.717 2	良
傀儡湖	1.000 0	优	平望新运河大桥	0.713 8	良
塘马水库	0.951 5	优	天目湖	0.704 8	中
大港桥	0.941 1	良	兰山嘴	0.702 8	中
黄埝桥	0.892 8	良	西山西	0.695 5	中
乌溪港桥	0.857 5	良	洪泽湖-临淮	0.693 9	中
锡澄铁路桥	0.853 4	良	阳澄湖心	0.691 9	中
急水港桥	0.850 5	良	辛丰镇	0.690 7	中
潘家坝	0.838 6	良	十四号灯标	0.689 7	中
峭岐大桥	0.827 7	良	竺山湖心	0.676 2	中
旧县	0.826 1	良	东西山铁塔	0.670 3	中
大溪水库	0.824 5	良	漾西港	0.639 3	中
落蓬湾	0.818 5	良	锡常大桥	0.634 6	中
江边闸	0.813 6	良	东西氿	0.634 1	中
新河口	0.807 8	良	钱资荡	0.633 3	中
观山桥	0.807 6	良	钓渚大桥	0.626 2	中
五里湖	0.794 7	良	浦庄	0.624 2	中

续 表

点位	得分	评价等级	点位	得分	评价等级
漕桥	0.793 1	良	望亭上游	0.608 2	中
林家闸	0.786 8	良	胥湖心	0.601 9	中
沙墩港	0.783 3	良	浏河闸	0.599 7	中
码头大桥	0.782 0	良	小梅口	0.589 5	中
漫山	0.779 5	良	东潘桥	0.589 3	中
长荡湖北干	0.771 7	良	大浦港桥	0.565 9	中
蠡桥	0.748 7	良	赵屯	0.561 6	中
瓜泾口	0.746 9	良	浒关上游	0.540 8	中
茅东水库	0.731 1	良	梅梁湖心	0.511 7	中
大义光明村	0.728 5	良	元荡	0.455 7	一般
航管站	0.727 7	良	王江泾	0.372 4	一般
太浦闸	0.723 7	良	大浦口	0.368 2	一般
唐港大桥	0.718 1	良	—	—	—

2. 浮游动物生物完整性指数的计算结果及评价结果

2019年8月各位点浮游动物最终得分结果如表3.2-5。其中评价等级为"优"的点位有2个，占比为3.4%，分别是十四号灯标和瓜泾口；评价等级为"差"的点位有6个，占比为10.17%，其中以河流水库居多；评价等级为"良"的点位有29个，占比49.15%；评价等级为"中"和"一般"的点位均有11个，占比18.64%。

表3.2-5　各位点浮游动物完整性指数得分情况

点位	得分	评价等级	点位	得分	评价等级
十四号灯标	0.992 043	优	大义光明村	0.722 155	良
瓜泾口	0.960 683	优	钱资荡	0.692 696	中
林家闸	0.947 397	良	沙墩港	0.667 928	中
落蓬湾	0.936 93	良	茅东水库	0.666 535	中
唐港大桥	0.936 461	良	五牧	0.661 6	中
天目湖	0.931 542	良	竺山湖心	0.644 588	中
漾西港	0.914 15	良	码头大桥	0.633 677	中
五里湖	0.910 36	良	浒关上游	0.596 276	中
钓渚大桥	0.909 94	良	江边闸	0.590 44	中
大浦口	0.907 492	良	急水港桥	0.580 841	中

续 表

点位	得分	评价等级	点位	得分	评价等级
大溪水库	0.906 548	良	乌溪港桥	0.546 869	中
元荡	0.901 97	良	洪泽湖-临淮	0.500 769	中
西山西	0.892 798	良	黄埝桥	0.490 298	一般
平望新运河大桥	0.888 033	良	蠡桥	0.487 759	一般
兰山嘴	0.872 136	良	王江泾	0.470 266	一般
塘马水库	0.868 221	良	长荡湖北干	0.461 287	一般
小梅口	0.856 379	良	大浦港桥	0.460 723	一般
漫山	0.847 803	良	锡澄铁路桥	0.453 011	一般
航管站	0.829 935	良	望亭上游	0.452 996	一般
浦庄	0.815 954	良	旧县	0.451 562	一般
赵屯	0.814 877	良	辛丰镇	0.425 421	一般
浏河闸	0.797 694	良	锡常大桥	0.424 392	一般
太浦闸	0.788 94	良	东西氿	0.419 332	一般
傀儡湖	0.787 072	良	大港桥	0.383 959	差
峭岐大桥	0.774 807	良	姚巷桥	0.383 766	差
观山桥	0.767 493	良	新河口	0.371 205	差
潘家坝	0.759 748	良	东潘桥	0.367 93	差
胥湖心	0.753 887	良	阳澄湖心	0.265 674	差
梅梁湖心	0.753 024	良	漕桥	0.145 52	差
东西山铁塔	0.743 978	良	—	—	—

3. 底栖动物生物完整性指数的计算结果及评价结果

2019年8月各位点底栖动物完整性最终得分结果如表3.2-6所示,其中评价等级为"优"的点位仅有钓渚大桥1个,占比为1.69%。评价等级为"差"的点位有20个,占比33.9%,占据比例较大,评价等级为"良"的点位有3个,占比5.08%,评价等级为"中"的点位有15个,占比25.42%,评价等级为"一般"的点位有20个,占比33.9%。

表 3.2-6 各位点底栖动物完整性指数得分情况

点位	得分	评价等级	点位	得分	评价等级
钓渚大桥	1.000 0	优	黄埝桥	0.372 8	一般
太浦闸	0.757 6	良	十四号灯标	0.357 3	一般
航管站	0.753 0	良	元荡	0.313 6	一般

续 表

点位	得分	评价等级	点位	得分	评价等级
乌溪港桥	0.711 3	良	梅梁湖心	0.287 7	一般
浦庄	0.696 2	中	姚巷桥	0.278 3	一般
新河口	0.691 8	中	洪泽湖-临淮	0.271 7	一般
王江泾	0.678 4	中	竺山湖心	0.263 1	一般
漫山	0.644 5	中	小梅口	0.261 6	一般
平望新运河大桥	0.642 3	中	五牧	0.241 5	一般
辛丰镇	0.638 7	中	阳澄湖心	0.221 9	差
塘马水库	0.624 5	中	大浦口	0.220 0	差
瓜泾口	0.618 4	中	沙墩港	0.207 0	差
落蓬湾	0.610 4	中	五里湖	0.180 0	差
旧县	0.609 6	中	兰山嘴	0.179 7	差
急水港桥	0.578 3	中	钱资荡	0.166 4	差
大浦港桥	0.575 5	中	长荡湖北干	0.165 7	差
潘家坝	0.530 3	中	码头大桥	0.160 3	差
大港桥	0.519 7	中	锡常大桥	0.143 8	差
唐港大桥	0.517 0	中	林家闸	0.136 8	差
傀儡湖	0.479 1	一般	浒关上游	0.115 1	差
胥湖心	0.458 5	一般	江边闸	0.107 8	差
观山桥	0.439 0	一般	峭岐大桥	0.101 0	差
漕桥	0.438 9	一般	东潘桥	0.073 5	差
望亭上游	0.431 4	一般	蠡桥	0.072 1	差
赵屯	0.429 2	一般	锡澄铁路桥	0.057 4	差
漾西港	0.428 3	一般	茅东水库	0.041 6	差
浏河闸	0.412 5	一般	大义光明村	0.005 3	差
大溪水库	0.397 8	一般	东西山铁塔	0.005 3	差
东西氿	0.396 3	一般	西山西	0.004 7	差
天目湖	0.394 7	一般	—	—	—

4. 鱼类动物生物完整性指数的计算及评价结果

2019年8月各位点鱼类动物最终得分结果如表3.2-7。其中，无评价等级为"差"的点位，评价等级为"优"的点位有5个，分别是东西氿、傀儡湖、峭岐大桥、望亭上游和阳澄湖心，占比为8.47%，其中以河流点位居多；评价等级为"良"的点位有27个，占比45.76%；评价等级为"中"的点位有22个，占比

37.29%,评价等级为"一般"的点位有 5 个,占比 8.47%。

表 3.2-7　各位点鱼类动物完整性指数得分情况

点位	得分	评价等级	点位	得分	评价等级
东西氿	1.000 0	优	江边闸	0.715 6	良
傀儡湖	1.000 0	优	观山桥	0.712 5	良
崤岐大桥	1.000 0	优	五里湖	0.702 1	中
望亭上游	0.975 0	优	小梅口	0.698 3	中
阳澄湖心	0.951 5	优	旧县	0.697 5	中
落蓬湾	0.945 6	良	浒关上游	0.685 5	中
乌溪港桥	0.939 5	良	浏河闸	0.684 6	中
东西山铁塔	0.936 5	良	急水港桥	0.680 7	中
锡澄铁路桥	0.923 8	良	大义光明村	0.656 4	中
新河口	0.912 3	良	长荡湖北干	0.610 9	中
大溪水库	0.897 6	良	洪泽湖-临淮	0.609 5	中
蠡桥	0.894 0	良	大浦口	0.608 5	中
林家闸	0.889 7	良	西山西	0.606 1	中
平望新运河大桥	0.888 8	良	漾西港	0.602 2	中
太浦闸	0.849 1	良	王江泾	0.578 7	中
梅梁湖心	0.844 6	良	锡常大桥	0.570 5	中
竺山湖心	0.835 3	良	沙墩港	0.570 4	中
大港桥	0.817 2	良	唐港大桥	0.560 2	中
钓渚大桥	0.814 1	良	漕桥	0.553 5	中
天目湖	0.803 4	良	十四号灯标	0.548 1	中
姚巷桥	0.797 7	良	码头大桥	0.539 7	中
五牧	0.778 5	良	东潘桥	0.532 4	中
浦庄	0.750 0	良	兰山嘴	0.530 1	中
辛丰镇	0.749 4	良	钱资荡	0.528 6	中
漫山	0.746 7	良	胥湖心	0.399 1	一般
大浦港桥	0.736 7	良	潘家坝	0.377 6	一般
瓜泾口	0.731 1	良	茅东水库	0.370 5	一般
赵屯	0.729 9	良	航管站	0.343 2	一般
黄埝桥	0.725 6	良	塘马水库	0.311 4	一般
元荡	0.722 6	良	—	—	—

5. 水生生物综合完整性指数的计算方法

2019年8月各位点水生生物完整性最终得分结果如表3.2-8。其中,评价等级为"优"的点位有3个,占比为5.08%,分别是落蓬湾、钓渚大桥和傀儡湖,其中落蓬湾和钓渚大桥属于河流,傀儡湖属于其他湖荡,没有评价等级为"差"的点位;评价等级为"良"的点位有17个,占比28.81%;评价等级为"中"的点位有34个,占比57.63%。总体来看,多数点位的水生生物综合完整性还是处于中等水平。"一般"有5个,占比8.47%。

表 3.2-8　2019 年 8 月各位点水生生物综合完整性指数得分情况

位点	水生生物综合完整性指数	评价等级	位点	水生生物综合完整性指数	评价等级
大溪水库	0.756 6	良	航管站	0.663 5	良
漫山	0.754 6	良	潘家坝	0.626 6	中
浦庄	0.721 6	良	黄埝桥	0.620 4	中
天目湖	0.708 6	良	姚巷桥	0.614 9	中
塘马水库	0.688 9	良	东西氿	0.612 5	中
观山桥	0.681 6	良	竺山湖心	0.604 8	中
东西山铁塔	0.589 0	中	元荡	0.598 5	中
胥湖心	0.553 4	中	大浦港桥	0.584 7	中
阳澄湖心	0.532 7	中	江边闸	0.556 9	中
长荡湖北干	0.502 4	中	蠡桥	0.550 6	中
茅东水库	0.452 4	一般	大义光明村	0.528 1	中
平望新运河大桥	0.783 3	良	大浦口	0.526 1	中
太浦闸	0.779 8	良	钱资荡	0.505 3	中
乌溪港桥	0.763 8	良	漕桥	0.482 8	一般
大港桥	0.665 5	良	锡常大桥	0.443 3	一般
五里湖	0.646 8	中	东潘桥	0.390 8	一般
十四号灯标	0.646 8	中	傀儡湖	0.816 5	优
旧县	0.646 2	中	瓜泾口	0.764 3	良
漾西港	0.646 0	中	峭岐大桥	0.675 9	良
小梅口	0.601 5	中	赵屯	0.633 9	中
梅梁湖心	0.599 3	中	辛丰镇	0.626 0	中
兰山嘴	0.571 2	中	浏河闸	0.623 6	中
沙墩港	0.557 3	中	望亭上游	0.616 9	中
西山西	0.549 8	中	五牧	0.599 7	中

续　表

位点	水生生物综合完整性指数	评价等级	位点	水生生物综合完整性指数	评价等级
浒关上游	0.484 4	一般	锡澄铁路桥	0.571 9	中
钓渚大桥	0.837 6	优	码头大桥	0.528 9	中
落蓬湾	0.827 8	优	王江泾	0.524 9	中
新河口	0.695 8	良	唐港大桥	0.682 9	良
林家闸	0.690 2	良	洪泽湖-临淮	0.519 0	中
急水港桥	0.672 6	良	—	—	—

第四章

太湖流域水生态环境功能分区管理考核与业务化研究

4.1 太湖流域水生态环境功能分区管理考核办法研究

4.1.1 太湖流域水生态环境功能分区管理考核技术

4.1.1.1 总体技术路线

基于国内外生态环境管理的相关研究和已有考核的系统分析结论,针对《区划》水生态管控、空间管控和物种保护三大类管理目标,建立了包括水质、水生态健康指数、总量控制目标、生态红线管控、土地利用(湿地、林地)、物种保护目标完成情况(底栖敏感种、鱼类敏感种和保护物种)的考核指标体系,其中总量控制目标、生态红线管控、土地利用指标可反映人口、经济、农业等社会经济方面影响,水质、水生态健康指数和物种保护目标完成情况指标可综合体现自然环境状态,指标体系涵盖了省、市多层面、生态环境多目标和水陆多要素;从解决指标重叠问题和优化专业领域权重两方面切入改进层次分析法,优化各指标权重分配;考核周期为一年,每五年进行一次回顾性综合考核。结合太湖流域的实际情况,以 49 个水生态环境功能分区为基础,综合运用预测分析和实地调研等多种定量与定性相结合的方法,明确了各项指标的考核内容与考核细则;通过专家咨询、部门调研和情景分析,确定了各项指标的责任部门、任务分工、协调机制以及相应的奖惩措施,完成了具备系统性、全面性和实操性的流域水生态环境功能分区管理考核技术。太湖流域水生态环境功能分区管理考核技术路线如图 4.1-1 所示。

第四章　太湖流域水生态环境功能分区管理考核与业务化研究 | 087

太湖流域水生态环境功能分区管理考核技术

考核指标体系建立

- 水生态环境
  - 水质
  - 水生态健康指数
  - 总量控制目标
- 空间管控目标完成情况
  - 生态红线管控
  - 土地利用
- 物种保护目标完成情况
  - 底栖敏感种、鱼类敏感种、保护物种

基于改进层次分析法的指标权重分配方法

专家打分

改进的层次分析法

1. 采用相关系数改进法优化权重，解决指标不独立问题

$$\omega'_a=\omega_a(1-|r_{ab}|)+\frac{\omega_a}{\omega_a+\omega_b}S_{ab} \quad \omega'_b=\omega_b(1-|r_{ab}|)+\frac{\omega_a}{\omega_a+\omega_b}S_{ab}$$

$$S_{aba}=|r_{ab}|\min(\omega_a,\omega_b)$$

优化后的各指标权重为：

$$\varphi_i=\omega'_i/\sum_{j=1}^{h}\omega'_j$$

2. 提高专家专业领域权重，进一步优化改进

设共有 n 位专家，其中 j 位专家为准则层A方面专家，则

$$\varphi_a=\Sigma\ (1+20\%)^h\omega_{aj}+\Sigma\omega_{a(n\_j)}\ (1-\frac{(1+20\%)}{n})j/(n-j)$$

指标赋分结果及考核等级

指标			分数
水生态环境 (70分)	水质 (30分)	现状	15
		目标完成情况	15
	水生态健康指数 (30分)	现状	15
		目标完成情况	15
	总量控制目标达标情况		10
空间管控目标完成情况 (20分)	生态红线要求完成情况		10
	生态用地管控目标完成情况		10
物种保护目标完成情况 (10分)			10

分数	[0, 60)	[60, 70)	[70, 80)	[80, 100]
等级	不合格	合格	良好	优秀

图 4.1-1　太湖流域水生态环境功能分区管理考核技术路线

4.1.1.2 考核指标体系构建

以《区划》中规定的生态管控、空间管控和物种保护三大类管理目标作为基础指标，按照"水陆统筹-技术创新-考核方案-业务化应用"的思路，增加水质和水生态现状指标，建立了多目标多层次考核指标体系，包括水质、水生态健康指数、总量控制目标、生态红线管控、土地利用、物种保护目标完成情况（底栖敏感种、鱼类敏感种和保护物种）的考核指标体系。考核框架如图 4.1-2 所示，具体释义见表 4.1-1。其中总量控制目标、生态红线管控、土地利用指标可反映人口、经济、农业等社会经济方面影响，水质、水生态健康指数和物种保护目标完成情况指标可综合体现自然环境状态，指标体系涵盖了省、市多层面，生态环境多目标和水陆多要素。

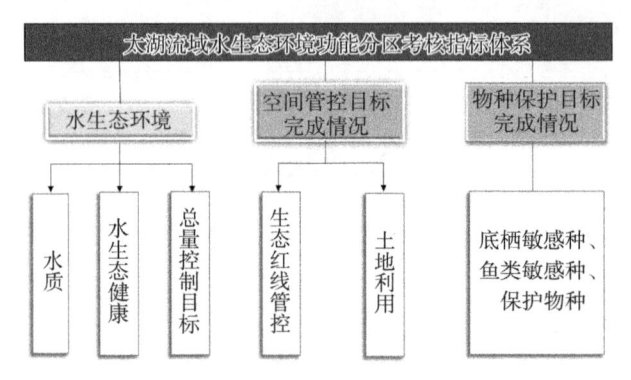

图 4.1-2 太湖流域水生态功能分区考核指标体系

表 4.1-1 太湖流域水生态功能分区考核指标体系

指标			含义
水生态环境	水质	现状	现状水质浓度
		目标完成情况	水质目标达标情况
	水生态健康	现状	利用水生态健康指数表征现状，由藻类、底栖生物、水质、富营养化指数等组成
		目标完成情况	各分区内监测点位水生态健康指数达到当年目标指数的点位数比例
	总量控制目标达标情况		纳入环保部门环境统计的工业、生活、种植业、养殖业等污染源最终排入环境的污染物量与年度削减目标比较情况
空间管控目标完成情况	生态红线要求完成情况		生态红线区的管理情况，包括生态红线管控成效、补偿资金使用情况、生态红线区域保护成效、创新工作、亮点工程、示范作用等方面
	生态用地管控目标完成情况		各水生态功能分区的湿地（包括湖泊湿地、河流湿地、人工湿地）、林地面积的占比情况
物种保护目标完成情况			以底栖敏感种、鱼类敏感种、保护物种指标作为参考的各功能分区水生物种保护情况

4.1.1.3 基于改进层次分析法的指标权重分配方法

本次将在原层次分析法基础上进行改进,利用改进的层次分析法确定指标权重。

1. 层次分析法选择依据及不足分析

(1) 选择依据

对水生态功能分区考核办法来说,确定指标权重是完善指标综合评价体系一个重要环节。权重的合理与否直接关系到考核评价结果是否客观、合理。目前,确定指标权重的方法主要有专家打分法、层次分析法、主成分分析法和模糊综合评价法等。

常用的方法中,专家打分法确定指标权重操作简便,打分直观,但精确性较低,当同时比较多个指标之间的强弱关系时,难以精确把握指标之间的差异程度,且缺乏统计检验依据;主成分分析法(PCA)通过对原始数据降维,将多个评价指标转化为少数几个综合指标进行综合评价,能显著地表现评价指标的差异性,但对原始数据的完整性要求较高,且很少反映决策者的意见;模糊综合评价法(FCEM)既能反映决策人员的主观意志,又能反映决策问题的客观实际,但缺点是计算过程较为复杂,对于架构并不复杂的指标体系来说过于冗余,并不能体现优越性;层次分析法(AHP),能较客观地对多指标进行综合评价,可以在多指标中找出主要的影响指标,具有较好的区分度,计算的指标权重的分布域更宽,指标与指标之间的区分度也相对更大。

在区划考核确定指标权重的时候,需要考虑人的主观判断,也需要考虑数据的可得性和计算的简便性,不能单纯依靠客观赋权法。而层次分析法可以将定性和定量分析相结合来确定指标权重,其最大的优点在于将人的主观判断用数量的形式进行表达和处理,以确定评价指标的权重,能够使评价指标之间的相对重要性得到合理体现。因此,本研究选用层次分析法来确定太湖水生态环境功能分区考核指标体系的权重。

(2) 层次分析法研究现状及不足分析

层次分析法(AHP)是20世纪70年代由美国Saaty教授提出的,该方法通过定量和定性相结合进行分析,运用运筹思想将复杂的问题分解为各个组成因素,并按支配关系分组形成层次结构,最终综合各因素之间的相互影响关系来判断各因素的相对重要性。可将决策者的经验进行量化,通过两两因素比较的方式确定每个层次中各因素的相对重要性,最终能得到决策因素对目标的重要程度的排序情况。

目前运用层次分析法的文献颇多,但纵观当前对于层次分析法的研究可知,存在以下不足之处:一是未考虑专家权重。各指标最终权重为所有专家打分所得权重的算术平均值,未考虑不同级别、不同专业专家打分的差异性;二是指标不独立。不同指标之间存在关联性,计算时未考虑这部分,导致权重分配存在不均衡问题。

2. 层次分析改进思路

针对目前层次分析法存在的不足之处,本研究拟从以下两个方面进行改进:一是针对指标不独立的问题,利用相关系数,调整优化指标之间的重叠部分,重新赋予相应权重,以改进指标之间的不独立的问题;二是针对未考虑专家权重的问题,提供专家专业领域权重,进一步优化权重分配结果。

3. 改进层次分析法计算步骤

改进层次分析法计算步骤如下,其中改进步骤为第(5)步和第(7)步。

(1)根据建立的指标体系,确定目标层、准则层和指标层。建立指标体系,确定其目标层(最高层)、准则层和指标层(最低层),具体见图4.1-3。

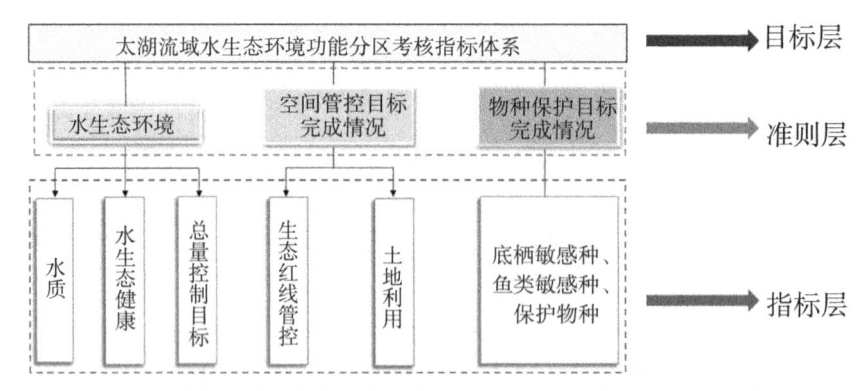

图4.1-3 太湖流域水生态环境功能分区管理考核目标层、准则层和指标层

(2)设计专家打分表。基于目标层、准则层和指标层划分结果,设计专家打分表格,表格由目标层至指标层层层递进。具体见表4.1-2～表4.1-4。

表4.1-2 水生态环境功能分区考核指标重要程度评判表(一级)

一级指标:准则层相对于太湖流域水生态环境功能分区考核的重要程度判断			
	水生态环境	空间管控目标完成情况	物种保护目标完成情况
水生态环境	1	—	—
空间管控目标完成情况	—	1	—
物种保护目标完成情况	—	—	1

表 4.1-3 水生态环境功能分区考核水生态环境指标重要程度评判表(二、三级)

二级指标:以下三项相对于水生态环境的重要程度判断				
	水质	水生态健康	总量控制目标
水质	1	—	—
水生态健康	—	1	—
总量控制目标	—	—	1
三级指标 以下两项相对于水质的重要程度判断			
	水质现状	水质目标完成情况	
水质现状	1	—	
水质目标完成情况	—	1	
三级指标 以下两项相对于水生态健康的重要程度判断			
	水生态健康现状	水生态健康目标完成情况	
水生态健康现状	1	—	
水生态健康目标完成情况	—	1	

表 4.1-4 水生态环境功能分区考核空间管控目标完成情况指标重要程度评判表(二级)

二级指标:以下两项相对于管控目标完成情况的重要程度判断		
	生态红线管控	土地利用
生态红线管控	1	—
土地利用	—	1

（3）专家打分。邀请相关的不同专业方向、不同工作单位的专家进行打分。打分时根据两项指标的重要程度对比情况和 AHP 标度表(表 4.1-5)确定分数。

表 4.1-5 AHP 标度表

标度	定义(比较因数 i 与 j)
1	i 与 j 一样重要
3	i 比 j 稍微重要
5	i 比 j 较强重要
7	i 比 j 强烈重要
9	i 比 j 绝对重要
2、4、6、8	两相邻判断的中间值
$1/a_{ij}$	当比较因数 j 比 i 时

（4）构造判断矩阵,进行层次单排序及其一致性检验。根据各位专家各指标打分结果分别列出判断矩阵,利用 MATLAB 代码进行判断矩阵层次单排序

及其一致性检验,如果 $CR<0.1$,则判断矩阵通过一致性检验,记录权重值,否则调整和修正判断矩阵,使其满足 $CR<0.1$ 后再记录权重值。

计算判断矩阵一致性指标 CI:

$$CI = \frac{\lambda_{\max} - n}{n - l} \qquad (4.1\text{-}1)$$

式中,$\lambda_{\max}$ 指矩阵的最大特征值,为衡量 CI 的大小,引入随机一致性指标 RI:

$$RI = \frac{CI_1 + CI_2 + \ldots + CI_n}{n} \qquad (4.1\text{-}2)$$

随机一致性指标 RI 和判断矩阵的阶数 n 有关,一般情况下,矩阵阶数越大,则出现一致性随机偏离的可能性也越大,其对应关系见表 4.1-6。

表 4.1-6 平均随机一致性指标 RI 标准值参照表

矩阵阶数	1	2	3	4	5	6	7	8	9	10
RI	0	0	0.58	0.90	1.12	1.24	1.32	1.41	1.45	1.49

考虑到一致性的偏离可能是由于随机原因造成的,因此在检验判断矩阵是否具有满意的一致性时,还需将 CI 和随机一致性指标 RI 进行比较,得出检验系数 CR,公式如下:

$$CR = \frac{CI}{RI} \qquad (4.1\text{-}3)$$

一般,如果 $CR<0.1$,则认为该判断矩阵通过一致性检验,否则就要调整和修正判断矩阵,使其满足 $CR<0.1$ 从而具有满意的一致性。

(5) 进行层次总排序。先计算指标层对于准则层相对重要性的权重,然后计算次指标层对于指标层相对重要性的权重。

(6) 修正不同专业专家打分的差异性,分别求得各指标最终权重。依据专家专业的不同进一步优化改进,最终加权平均求得各项指标的最终权重。具体改进方法如下:

设 a 为水生态环境准则层下指标,共有 n 位专家,其中 j 位专家为水生态环境方面专家,则在计算水生态环境准则层下指标权重时:

$$\varphi_a = \sum \frac{1}{n}(1+20\%) \omega_{aj} + \sum \omega_{a(n-j)} \left(1 - \frac{(1+20\%)}{n}\right) j/(n-j)$$
$$(4.1\text{-}4)$$

式中,ω_{aj} 为 j 位专家打分所求指标 a 的权重,$j=1,2,\ldots\ldots,j<n$;

$\omega_{a(n-j)}$ 为其余 $(n-j$ 位)专家打分所求指标 a 的权重。

(7) 采用相关系数改进法优化指标层各指标权重,解决独立样本问题。公式如下:设每个准则层下有 h 个若干指标,假设指标 AB 之间存在关联性。指标 A 的值为 $[a_1,\cdots,a_n]$,指标 B 的值为 $[b_1,\cdots b_m]$,利用指标值计算得到两两相关系数分别为 r_{ab};设 ω_a、ω_b 分别为指标 A、B 的特征向量(该层权重),则:

$$\omega'_a = \omega_a(1-|r_{ab}|)+\frac{\omega_a}{\omega_a+\omega_b}S_{ab} \qquad (4.1\text{-}5)$$

$$\omega'_b = \omega_b(1-|r_{ab}|)+\frac{\omega_b}{\omega_a+\omega_b}S_{ab} \qquad (4.1\text{-}6)$$

其中 S_{ab} 为两指标权重重叠部分,计算方法如下:

$$S_{ab} = |r_{ab}|\min(\omega_a,\omega_b) \qquad (4.1\text{-}7)$$

以此类推,将两两之间指标均按照此方法消除关联性后,优化后的各指标权重为:

$$\varphi_i = \omega'_i / \sum_{i=1}^{h}\omega'_i \qquad (4.1\text{-}8)$$

4. 权重计算结果

本研究邀请了高校学者、政府管理人员以及环保企业相关部门的从业人员共 20 人进行打分,且职称一般为研究员、教授、教授级高工,因此本次层次分析法打分具有专业性、可靠性。本次打分,共回收 18 分有效打分表。

按照前节第(1)~(5)步骤计算权重后,分别进行(6)和(7)专家专业性和指标独立性订正,进一步优化权重分配结果。其中指标独立性订正为在进行相关性分析后,选取相关等级为中等程度相关及以上的指标(相关系数大于 0.4)进行独立性订正,其余未订正指标权重进行相应加权调整,得到本次基于改进层次分析法的太湖流域水生态环境功能分区管理考核指标权重,见表 4.1-7。

表 4.1-7 太湖流域水生态环境功能分区考核指标权重

指标			原权重(%)	基于改进层次分析法订正后权重(%)
水生态环境	水质	现状	17.2	15.3
		目标完成情况	15.9	15.1
	水生态健康指数	现状	16.9	15.2
		目标完成情况	15.6	15.1
	总量控制目标达标情况		8.7	10.0

续　表

指标		原权重(%)	基于改进层次分析法订正后权重(%)
空间管控目标完成情况	生态红线要求完成情况	8.5	9.7
	生态用地管控目标完成情况	8.6	9.8
物种保护目标完成情况		8.6	9.8

4.1.1.4　考核赋分细则

基于确定的各指标权重,采用综合指数法计算综合分数,根据综合指标的权重进行加权叠加计算,最终可计算出太湖流域水生态区划管理考核的量化结果。综合指数一般计算式为:

$$Q = \sum W_i \times X_i \tag{4.1-9}$$

式中,W_i 为指标的综合权重;X_i 为下一级指标所在的上一级指标的总分所占评价总分的比例对应的量化分值。

以 100 分为目标,将太湖流域水生态功能分区管理考核各项指标权重取整,各项指标赋分情况如下:

(1) 水生态现状与管理目标完成情况指标分值为 70 分。水质指标为 30 分,其中水质现状、水质目标完成情况指标各为 15 分;水生态健康指标为 30 分,其中水生态健康现状、水生态健康目标达标情况指标各为 15 分;总量控制目标达标情况指标为 10 分。水质及水生态健康指标的统计口径为各水生态环境功能分区。按各断面(点位)进行评分,分区得分取各断面的均值,行政区得分可按其内部分区面积的比例折算获得;总量控制指标按照省生态环境厅水生态环境管理处每年对各县级市(区)开展的总量削减考核工作,直接对行政区进行评分。

(2) 空间管控目标完成情况指标分值为 20 分。生态红线管控要求完成情况指标、生态用地管控目标完成情况指标各为 10 分。

生态红线管控指标按照省生态环境厅自然生态保护处每年对各县级市(区)开展的生态红线区域监督管理考核工作,直接对行政区进行评分。生态用地指标的统计口径为各水生态环境功能分区内部的行政区,按照其林地、湿地面积占比目标完成情况对各单元进行评分,行政区得分按照行政区内分区面积的比例折算获得。

(3) 物种保护目标完成情况指标分值为 10 分。指标的统计口径为各水生态环境功能分区。对照物种保护目标类别,依据省监测中心每年开展的水生态健康监测与评估结果,按照检出物种类别数进行评分,行政区得分按照行政区内分区面积的比例折算获得。

各指标目标完成情况以太湖治理目标责任书考核结果进行校核,当年通过太湖治理目标责任书考核的,各指标目标完成情况基础分按其总分的60%计。

以《江苏省太湖流域水生态环境功能区划(试行)》(以下简称《区划》)管理目标完成情况考核结果得分划分等级:分为优秀、良好、合格、不合格4个等级。满分为100分,80分及以上为优秀、70分(含)到80分为良好、60分(含)到70分为合格、60分以下为不合格。

表4.1-8 考核等级表

分数	[0,60)	[60,70)	[70,80)	[80,100]
等级	不合格	合格	良好	优秀

4.1.2 太湖流域水生态环境功能区划考核实施细则

1. 水生态管理目标完成情况

(1) 水质现状与目标完成情况

① 指标解释

考核水生态环境功能分区内的河流河段、湖库水质现状情况,以及区划目标完成情况。

② 指标分值

水质现状指标为15分,水质目标完成情况指标为15分。

③ 数据来源

a. 考核断面。按照《区划》中涉及的断面进行考核。省级以上考核断面数据依据《江苏省水污染防治行动计划》考核结果进行统计,省级以下考核断面数据依据各市考核结果统计。各设区市、县级市(区)的水质考核断面如表4.1-9所示。

表4.1-9 太湖流域水质考核断面

序号	设区市	县级市(区)	控制断面
1	常州	金坛区	长荡湖心、北干河口区、别桥、太平桥、芳泉村
		常州市区	新孟河闸、连江桥、德胜河、桥青洋桥、东潘桥、九号桥、钟楼大桥、新河口
		武进区	姚巷桥、太湖西部区、平台山、裴家、厚余、戚墅堰、五牧、万塔、钟溪大桥、分庄桥、雅浦桥、太滆运河区、东尖大桥、黄埝桥、百渎港
		溧阳市	前留桥、潘家坝、杨巷桥、塘东桥、大溪水库湖心及库中
2	南京	高淳区	落蓬湾

续　表

序号	设区市	县级市(区)	控制断面
3	苏州	常熟市	官塘、昆承湖心、江枫桥、白宕桥、江边闸、沈家市、张桥、北桥大桥、大义光明村
		昆山市	巴城湖入口、赵屯、青阳北路桥、正仪铁路桥、千灯浦口、急水港桥、朱库港口、振东渡口
		苏州市区	浒关上游、轻化仓库、朱家村、阳澄东湖南、外跨塘、北桥大桥、鹅真塘、阳澄湖心、312国道桥
		吴江区	太浦河桥、元荡湖心、王江泾、瓜泾口西、界标、太浦闸、平望新运河大桥
		吴中区	江里庄、瓜泾口北、越溪桥、航管站、善人桥、渡水桥、虎山桥(铜坑闸)、太湖东部区、太湖湖心区、漾西港
		太仓市	振东渡口、仪桥、浏河闸、荡茜河桥、新丰桥镇
		张家港市	十一圩闸、张家港闸、顾家桥、大义光明村
4	无锡	江阴市	卫东桥、金潼村、长济桥、湖庄桥、栏杆桥、崤岐大桥、晃山桥、码头大桥
		无锡市区	庙港闸、东尖大桥、泗河桥、锡澄铁路桥、阳山大桥、高桥、望亭上游、张塘桥、锡澄铁路桥、大溪港、蠡桥、小溪港桥、承泽坎桥、庙桥、钓邾大桥、312国道桥、鸿桥(景宜桥)、太湖湖心区、太湖北部区、锡常大桥
		宜兴市	漕桥、太湖西部区、西氿大桥、横山水库、静堂大桥、和桥水厂、社㳇港桥、官㳇桥、殷村港桥、陈东桥、大浦港桥、洪巷桥、东氿、沙塘港桥、芳泉村、团氿、乌溪港桥、大港桥、百㳇港
5	镇江	丹阳市	泥炭桥、前塍庄、林家闸、吕城、殷家桥、黄埝桥、紫阳桥
		丹徒区	辛丰镇、王家桥、紫阳桥
		镇江市区	谏壁桥、新河桥、葛村桥

　　b. 考核因子与监测方法。《地表水环境质量标准》(GB 3838—2002)表1中除水温、粪大肠菌群、总氮以外的21项指标,分别是pH、溶解氧、高锰酸盐指数、生化需氧量、氨氮、石油类、挥发酚、汞、铅、总磷、化学需氧量、铜、锌、氟化物、硒、砷、镉、铬(六价)、氰化物、阴离子表面活性剂、硫化物等。参照《国家地表水环境质量监测网监测任务作业指导书(试行)》(环办监测函〔2017〕249号)开展监测,待地方标准发布后按地方标准执行。

　　c. 按照单因子评价法,对单个断面进行水质评价。

　　d. 数据由省生态环境厅水生态环境管理处提供。

　　e. 水质按月(或双月)监测,水质目标达标情况按年考核,季节性河流的断流断面,以该断面实际有水的月份计算断面监测数据的年均值。

　　④ 考核计分方法

　　水质现状指标:对各水生态环境功能分区涉及的水质断面年均水质类别进行考核,Ⅰ类水加15分;Ⅱ类加12分;Ⅲ类加8分;Ⅳ类加3分;Ⅴ类不加分。

功能分区得分为各断面得分均值。按各分区在行政区中的面积比例,核算得县(区)水质现状得分。

水质目标完成情况指标:对各水生态环境功能分区进行考核,分区内断面水质达到当年目标设定类别的断面数比例低于50%的,不加分;50%(包含)到60%的,加1分;60%(包含)到70%的,加2分;70%(包含)到80%的,加3分;80%(包含)到90%的,加4分;90%(包含)到100%的,加5分;达标比例为100%的,加6分。存在国考断面优于当年水质目标的,另加1分/个,以指标值为上限;国考断面不达标的,另减1分/个,扣完为止。按各分区在行政区中的面积比例,核算得县(区)水质现状得分。

(2) 水生态健康现状与目标完成情况

① 指标解释

水生态健康指数为综合评价指数,由藻类、底栖生物、水质、富营养化指数等组成,用于评价各功能分区的水生态现状情况。

② 指标分值

水生态健康现状指标为15分,水生态健康目标完成情况指标为15分。

③ 数据来源

a. 考核断面。依据《区划》中涉及的水生态监测点位对各县级市(区)水生态健康情况进行考核。各设区市、县级市(区)水生态考核断面如表4.1-10所示。

表4.1-10　太湖流域水生态监测点位

序号	设区市	县(区)	水生态监测点位名称
1	常州	金坛区	北干河口区、紫阳桥(旧县)、太平桥
		溧阳市	大溪水库湖心及库中、前留桥、潘家坝
		武进区	厚余、太滆运河区、分庄桥、姚巷桥、竺山湖心、竺山湖心、五牧
		新北区	新河口、东潘桥
2	南京	高淳区	落蓬湾
3	苏州	常熟市	江边闸、昆承湖心、大义光明村、江枫桥
		昆山市	急水港桥、赵屯
		苏州市区	漫山、浒关上游、胥湖心、西山西、平台山、漾西港、阳澄湖心
		太仓市	浏河闸
		吴江区	平望新运河大桥、王江泾
		吴中区	航管站、善人桥、瓜泾口北
		张家港市	十一圩闸

续 表

序号	设区市	县(区)	水生态监测点位名称
4	无锡	江阴市	金潼桥、峭岐大桥、码头大桥
		无锡市区	梅梁湖心、沙渚南、蠡桥、钓䱷大桥、锡常大桥、锡澄铁路桥、望亭上游
		宜兴市	横山水库、乌溪港桥、大港桥、西沈大桥、漕桥、殷村港、大浦港桥、大浦口
5	镇江	丹徒区	辛丰镇
		丹阳市	黄埝桥、林家闸

b. 考核因子与监测方法。河流的水生态健康指数因子包括淡水大型底栖无脊椎动物指数、河流综合污染指数。湖库的水生态健康指数因子包括淡水大型底栖无脊椎动物指数、淡水浮游藻类指数、综合营养状态指数。监测方法参照《水生态健康监测技术规程淡水大型底栖无脊椎动物(试行)》、《水生态健康监测与评价技术规程淡水浮游藻类(试行)》(苏环办〔2016〕184 号)执行，待地方标准发布后按地方标准执行。

c. 计算方法

河流水生态健康指数＝淡水大型底栖无脊椎动物指数×0.5＋河流综合污染指数×0.5。

湖库水生态健康指数＝淡水大型底栖无脊椎动物指数×0.25＋淡水浮游藻类指数×0.25＋综合营养状态指数×0.5。

其中，淡水大型底栖无脊椎动物指数＝软体动物分类单元数＋优势度指数＋BMWP 指数；

淡水浮游藻类指数＝总分类单元数＋细胞密度＋前三优势种细胞优势度。

河流综合污染指数：$P = \sum_{i=1}^{5} P_i$，$P_i = C_i/C_s$（溶解氧、氨氮、高锰酸盐指数、总磷和总氮），式中，P_i 为某一水质指标的单项污染指数，C_i 为某一水质指标的监测值，C_s 为某一水质指标的标准值。

综合营养状态指数：$TLI = \sum_{j=1}^{m} W_j \cdot TLI_j$，式中，$TLI$ 为综合营养状态指数，W_j 为 j 指标单项营养状态指数的权重，TLI_j 为 j 指标的单项营养状态指数。

d. 分级标准。水生态健康指数分级标准如表 4.1-11 所示：

表 4.1-11 水生态健康指数分级标准

类型	优	良	中	一般	差
河流	[0.925,1]	[0.695,0.925)	[0.465,0.695)	[0.235,0.465)	[0,0.235)
湖库	[0.925,1]	[0.695,0.925)	[0.465,0.695)	[0.235,0.465)	[0,0.235)

e. 数据由省生态环境厅省环境监测中心、驻市环境监测中心等部门提供。

f. 水生态健康监测一年开展两次,分别计算指数后取年均值,代表该监测点位当年水生态健康情况。

④ 考核计分方法

水生态健康现状:对各水生态环境功能分区涉及的水生态监测点位年均健康指数进行考核,水生态指数为"优"的加 15 分;为"良"的加 12 分;为"中"的加 8 分;为"一般"的加 3 分,为"差"的不加分。分区得分为各点位得分均值。按各分区在行政区中的面积比例,核算得县(区)水生态健康现状得分。

水生态健康目标完成情况:对各功能分区进行考核,各分区内监测点位水生态健康指数达到当年目标指数的点位数比例低于 50%的,不加分;50%(含)到 80%的,加 2 分;80%(含)到 100%的,加 4 分;达标比例达到 100%的,加 6 分。按各分区在行政区中的面积比例,核算得县(区)水生态健康现状得分。

(3) 总量控制目标考核

① 指标解释

以各县级市(区)为单元考核各生态环境功能分区的污染物排放情况,包括纳入环保部门环境统计的工业、生活、种植业、养殖业等污染源所产生,最终排入环境的污染物量。

② 考核要求

各县级市(区)范围为内,四类污染物排放总量完成年度削减目标。

③ 指标分值

总量控制目标完成情况在考核中分值为 10 分。

④ 数据来源

考核因子。总量控制目标的考核因子有 COD、氨氮、总磷、总氮。按照生态环境厅水生态环境管理处每年对各县级市(区)开展的总量削减考核工作,评价其削减目标完成情况,直接对行政区进行评分。

⑤ 考核计分方法

直接对行政区进行评分,设基础分为 6 分,各县级市(区)的 COD、氨氮、总磷、总氮年度排放总量对比当年减排目标;完成一项的,加 1 分;完成两项的,加 2 分;完成三项的,加 3 分;完成四项的,加 4 分。

2. 空间管控目标完成情况

(1) 生态红线管控目标完成情况

① 指标解释

评估各县级市(区)对域内生态红线区的管理情况,包括生态红线管控成效、补偿资金使用情况、生态红线区域保护成效、创新工作、亮点工程、示范作用等方面。

② 考核要求

生态红线一级、二级管控区面积分别达到目标设定值,且满足《江苏省生态红线区域保护规划》对生态红线区域实施的分级管理要求,满足《江苏省国家级生态保护红线规划》的保障措施要求。确保生态空间屏障不下降,生态功能不退化。

③ 指标分值

生态红线管控要求指标完成情况分值为 10 分。

④ 考核计分方法

直接对行政区进行评分,设基础分为 6 分,依据自然处对各县级市(区)生态红线的评分结果,区县得分低于 90 的,不加分;90(含)到 95 的,加 1 分;95(含)到 100 的,加 2 分;100(含)到 105 的,加 3 分;得分高于 105 的,加 4 分。

(2) 生态用地目标完成情况

① 指标解释

以水生态环境功能分区内的县级市(区)为单元,考核其范围内涉及的各水生态功能分区的湿地(包括湖泊湿地、河流湿地、人工湿地)、林地面积的占比情况。

② 考核要求

县级市(区)内涉及的各生态功能分区的湿地、林地面积占比达到区划中目标要求。确保生态空间屏障不下降,生态功能不退化。

③ 指标分值

生态用地指标的分值为 10 分。

④ 数据来源

采用遥感解译数据分析各功能分区内部行政区的湿地、林地现状,进行土地利用情况考核。

遥感数据来自江苏省环境监测中心生态遥感监测部。

⑤ 考核计分方法

对各生态功能分区内部的行政区开展林地、湿地面积占比的统计。按照其林地、湿地面积占比目标完成情况对各单元进行评分。设基础分为 6 分,林地或湿地占比中只有一项达当年管理目标的,加 2 分;两项均达当年管理目标的,加 4 分;行政区得分按照其内部各分区面积的比例折算获得。

3. 物种保护目标完成情况

(1) 指标解释

根据流域珍稀濒危物种分布,以及不同水质、水生态系统的特有种与敏感指示物种,以底栖敏感种、鱼类敏感种、保护物种指标作为参考性,考核各功能分区水生物种保护情况。

(2) 考核要求

各功能分区河流、湖库逐步出现特有物种及敏感物种,物种多样性增加,水生生物多样性保护能力和水平提升。

(3) 指标分值

底栖敏感种、鱼类敏感种、保护物种指标分值为 10 分。

(4) 数据来源与监测方法

采用底栖动物和鱼类监测方法鉴定评价物种保护情况。其中,底栖动物监测方法参照《水生态健康监测技术规程淡水大型底栖无脊椎动物(试行)》《水生态健康监测与评价技术规程淡水浮游藻类(试行)》(苏环办〔2016〕184 号)执行;鱼类监测方法参考《生物多样性观测技术导则 内陆水域鱼类》(HJ 710.7—2014),待地方标准发布后按地方标准要求实施监测。

(5) 考核计分方法

对各功能分区进行考核,对照当年物种保护目标类别,按照检出物种类别数赋分,基础分为 6 分,检出 1 类目标物种的,加 1 分;检出 2 类的,加 2 分;检出 3 类的,加 3 分;检出 4 类及以上的,加 4 分。按各分区在行政区中的面积比例,核算得各行政区水质目标完成情况得分。

4.1.3 太湖流域水生态环境功能分区现状

4.1.3.1 水生态环境现状

1. 水质现状

太湖流域水质断面数共计 152 个,根据 2020 年水质数据统计,共计 28 个断面达到 II 类水水质,108 个断面水质为 III 类,12 个断面水质为 IV 类,4 个断面水质为 V 类,不存在 I 类及劣 V 类水质断面。所有水质类别的断面组成情况如图 4.1-4 所示。

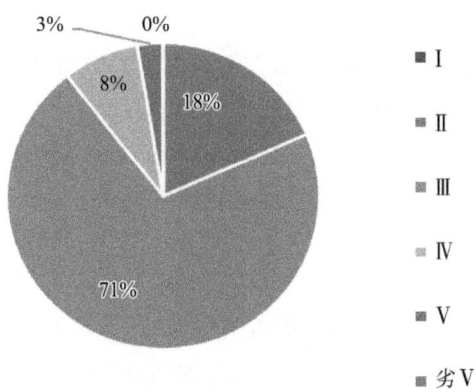

图 4.1-4 2020 年江苏省太湖流域各类水质类别断面组成图

对照各断面水质目标,共计8个断面未达标,主要分布在苏州市、常州市,需要对其水质引起高度关注。

2. 水生态现状

太湖流域水生态断面数共计57个,根据2020年水生态数据统计,共计4个断面水生态健康指数级别为良,分别位于常州金坛区和新北区、南京高淳区以及苏州市区,通济河紫阳桥(旧县)断面的水生态健康指数高达0.75;39个断面水生态健康指数级别为中,14个断面水生态健康指数级别为一般,不存在水生态健康指数级别为优或者差的断面。具体分布情况见图4.1-5和表4.1-12。对照各断面水生态健康指数目标,共计21个断面达到目标要求,尚有39个断面未达到考核要求。

表4.1-12　2020年江苏省太湖流域水生态断面健康指数分级情况

类型	优	良	中	一般	差
河流	[0.925,1]	[0.695,0.92)	[0.465,0.695)	[0.235,0.465)	[0,0.235)
现状个数	0	4	39	14	0

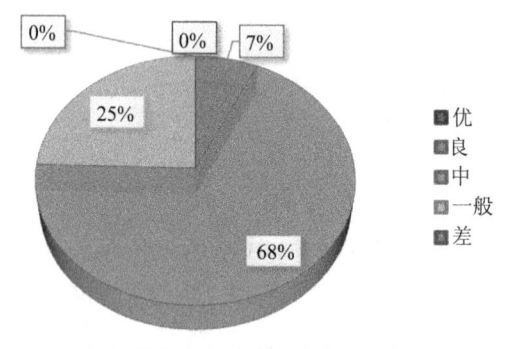

图4.1-5　2020年江苏省太湖流域水生态健康指数级别断面组成图

3. 总量控制现状

总量控制是以各县级市(区)为单元考核各生态环境功能分区的污染物排放情况,考核因子有COD、氨氮、总磷、总氮。

根据生态环境厅水生态环境管理处2020年对各县级市(区)总量削减考核的结果,所有县级市(区)都已达到目标削减量的要求。

4.1.3.2　空间管控现状

1. 生态红线现状

依据省生态环境厅自然生态保护处对各县级市(区)开展的生态红线区域监督管理考核结果,各县级市(区)得分等级大部分处于中等水平,占比79%。其中生态红线考核结果最好的县级市(区)为吴中区,得分最低的是太仓市。

2. 生态用地现状

本研究委托浙江国遥地理信息技术有限公司,以 2019 年 10 米分辨率卫星遥感影像为基础,结合传统遥感土地利用分类、定量分析等新技术,对江苏省太湖流域进行土地利用分类解译。作业区涉及江苏省南京市、镇江市、无锡市、苏州市、常州市 5 市,面积约 19 342 km^2。共分为旱地、水田、城镇建设用地、农村建设用地、工矿仓储用地、交通用地、林地、草地、园地、人工湿地、河流湿地、湖泊湿地、其他土地 13 类。

解译得太湖流域总面积 19 322.31 km^2,其中湿地(人工湿地、河流湿地、湖泊湿地)面积为 5 180.38 km^2,占总面积的 26.81%。林地面积为 1 332.88 km^2,占总面积的 6.9%,占比情况见图 4.1-6。

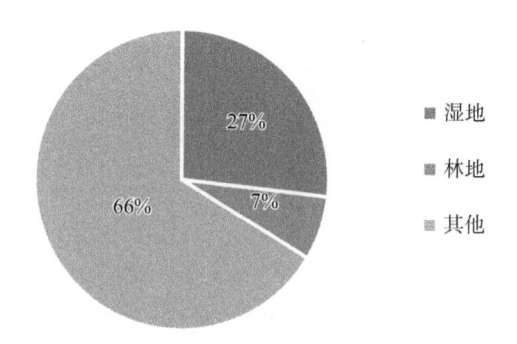

图 4.1-6　2019 年江苏省太湖流域林湿地面积占比情况

4.1.3.3　保护物种现状

物种保护目标是根据流域珍稀濒危物种分布,不同水质、水生态系统的特有种与敏感指示物种等研究成果制定的。2016 年省政府发布的《区划》中,49 个分区仅有 10 个分区有现状(2016 年)保护物种名录,主要为膀胱螺、圆顶珠蚌、椭圆背角无齿蚌、中国尖嵴蚌、背瘤丽蚌、背角无齿蚌,并提出 2020 及 2030 年目标要求,主要有黄尾鲷、尖头鱥、中华花鳅、长吻鮠、波氏吻虾虎鱼等。

从监测结果看,2020 年 58 个点位中,检出保护物种的断面有 19 个,占比 33%,主要为河蚬、纹沼螺、长角涵螺、蜻蜓目以及背角无齿蚌,其中河蚬占所有检出保护物种的 74%。

4.1.4　太湖流域水生态环境功能区划考核结果

4.1.4.1　太湖流域水生态环境功能分区考核结果

根据《太湖流域水生态环境功能区划考核办法》,计算 2017 年太湖流域各功能分区级别得分均值Ⅰ级区 76.24 分、Ⅱ级区 72.23 分、Ⅲ级区 71.17 分、Ⅳ级区 68.16 分,可以发现 2017 的考核结果与功能区划等级基本一致,说明考核方法可靠、有效。

进而根据考核办法计算得到 2017—2020 年太湖流域水生态功能分区的考核结果。从四年总体趋势来看(图 4.1-7),分区考核结果存在下降波动但整体趋好,2020 年均分为四年最高,达到 73.1 分。2019 年分数回落主要是因为部分断面水质变差,导致水质指标(包括水质现状和水质目标完成情况)分数降低,因此整体均分下降。经过快速响应、系统治理后,2020 年分数再次回升至四年最高水平。

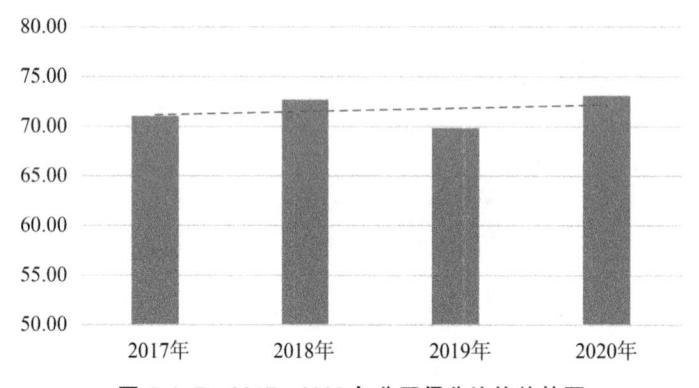

图 4.1-7　2017—2020 年分区得分均值趋势图

太湖流域水生态功能分区各年具体考核结果如图 4.1-8 和表 4.1-13 所示。由功能分区考核结果可见,考核评价为优秀的功能区 2017 年 4 个、2018 年 6 个、2019 年 4 个、2020 年 7 个,考评优秀水功能区个数有所上升,分区水生态环境有所改善,间接说明近些年实施的治理措施取得一定成效。

此外,除 2018 年外均存在个别不合格分区,2017 年 3 个,分别为 Ⅱ-08 梅梁湾-贡湖重要物种保护-水文调节功能区、Ⅲ-20 太湖西部湖区重要生境维持-水文调节功能区、Ⅳ-05 江阴南部重要生境维持-水质净化功能区;2019 年 3 个,分别为 Ⅱ-07 滆湖重要物种保护-水文调节功能区、Ⅲ-04 金坛城镇重要生境维持-水质净化功能区、Ⅲ-20 太湖西部湖区重要生境维持—水文调节功能区;2020 年 2 个,同样为 Ⅱ-07 滆湖重要物种保护—水文调节功能区和 Ⅲ-20 太湖西部湖区重要生境维持—水文调节功能区。上述功能区不达标是由于考核断面水质现状超标现象严重,相应的水生态现状也不容乐观。其中 Ⅲ-20 连续 3 年超标,主要是因为太湖西部区为主要入湖河流分布区,常年污染较重,导致整体水生态环境质量较差。

表 4.1-13　2017—2020 年太湖流域水生态功能分区考核结果

序号	地级市	最终考核区县	功能分区	2017年 分区得分	2017年 区县考核得分	2018年 分区得分	2018年 区县考核得分	2019年 分区得分	2019年 区县考核得分	2020年 分区得分	2020年 区县考核得分
1	南京	高淳区	Ⅲ-05 溧高重要生境维持-水文调节功能区	72.50	72.50	80.24	79.00	80.00	80.00	78.00	78.00
2	镇江	丹徒区	Ⅳ-01 镇江北部水环境维持-水文调节功能区	67.18	80.73	69.31	79.94	72.00	80.75	73.60	81.08
			Ⅱ-01 镇江东部水环境维持-水源涵养功能区	84.30		80.97		83.00		83.00	
		镇江市区	Ⅳ-01 镇江北部重要物种保护-水文调节功能区	67.18	67.00	69.31	67.00	72.00	72.00	73.60	73.60
		句容市	Ⅱ-01 镇江东部水环境维持-水源涵养功能区	84.30	84.00	80.97	83.00	83.00	83.00	83.00	83.00
			Ⅲ-01 丹阳城镇水环境维持-水质净化功能区	68.00		76.17		71.00		82.00	
		丹阳市	Ⅲ-02 丹阳东部水环境维持-水质净化功能区	84.00	72.23	76.17	76.17	83.00	73.33	83.00	82.81
			Ⅲ-03 丹武重要生境维持-水质净化功能区	72.41		75.67		72.41		84.61	
3	常州	常州市区	Ⅳ-02 常州城市水环境维持-水文调节功能区	71.66	71.47	73.64	74.95	72.86	71.05	72.29	76.41
			Ⅳ-03 锡武镇水环境维持-水质净化功能区	62.27		71.05		64.62		67.12	
			Ⅲ-08 江阴西部水环境维持-水质净化功能区	68.69		73.52		68.43		76.76	
			Ⅲ-03 丹武重要生境维持-水质净化功能区	72.41		75.67		72.41		84.61	
		武进区	Ⅳ-02 常州城市水环境维持-水文调节功能区	71.66	72.09	73.64	72.23	72.86	68.52	72.29	72.51
			Ⅱ-09 滆湖东岸水环境维持-水质净化功能区	69.00		72.23		73.00		78.00	
			Ⅱ-02 滆湖西岸水环境维持-水质净化功能区	76.67		71.80		66.50		78.00	
			Ⅲ-12 竺山湖北岸重要生境维持-水源涵养功能区	70.89		70.14		67.89		72.89	
			Ⅳ-03 锡武镇水环境维持-水质净化功能区	62.27		71.05		64.62		67.12	
			Ⅱ-07 滆湖重要物种保护-水文调节功能区	79.19		71.74		58.63		58.63	

续表

序号	地级市	最终考核区县	功能分区	2017年 分区得分	2017年 区县考核得分	2018年 分区得分	2018年 区县考核得分	2019年 分区得分	2019年 区县考核得分	2020年 分区得分	2020年 区县考核得分
3	常州	武进区	Ⅲ-20 太湖西部湖区重要生境维持-水文调节功能区	56.48	72.09	70.87	72.23	54.74	68.52	54.74	72.51
			Ⅱ-09 太湖湖心区重要物种保护-水源涵养-水文调节功能区	71.61		73.32		68.94		68.94	
		金坛区	Ⅱ-01 镇江东部水环境维持-水源涵养功能区	84.30	72.45	80.97	80.25	83.00	61.88	83.00	72.81
			Ⅲ-04 金坛城镇重要生境维持-水质净化功能区	66.00		80.25		52.00		74.00	
			Ⅰ-01 金坛洮湖重要物种保护-水文调节功能区	72.75		80.25		60.75		62.00	
		溧阳市	Ⅲ-05 溧高重要生境维持-水文调节功能区	74.09	75.20	80.24	80.56	80.00	77.54	78.00	73.88
			Ⅲ-06 溧阳城镇重要生境维持-水源涵养功能区	69.33		80.56		70.33		71.00	
			Ⅰ-02 溧阳南部重要生境维持-水文调节功能区	90.00		80.56		80.00		69.00	
4	无锡	无锡市区	Ⅳ-06 无锡城市水环境维持-水文调节功能区	61.00	67.75	68.48	68.48	61.75	66.36	71.75	70.25
			Ⅲ-12 兰山湖北岸重要生境维持-水源涵养功能区	70.89		70.14		67.89		72.89	
			Ⅳ-03 锡武城镇水环境维持-水质净化功能区	62.27		71.05		64.62		67.12	
			Ⅲ-13 无锡南部城镇水环境维持-水文调节功能区	79.00		68.48		66.50		72.67	
			Ⅲ-14 无锡东部水环境维持-水质净化功能区	79.33		68.48		70.00		74.00	
			Ⅲ-19 苏州北部生物多样性维持	61.36		70.95		67.00		78.00	
			Ⅱ-08 梅梁湾-贡湖重要物种保护-水文调节功能区	54.00		69.38		67.58		62.58	
			Ⅲ-20 太湖西部湖区重要生境维持-水文调节功能区	56.48		70.87		54.74		54.74	
			Ⅱ-09 太湖湖心区重要物种保护-水源涵养-水文调节功能区	71.61		73.32		68.94		68.94	

续表

序号	地级市	最终考核区县	功能分区	2017年分区得分	2017年区县考核得分	2018年分区得分	2018年区县考核得分	2019年分区得分	2019年区县考核得分	2020年分区得分	2020年区县考核得分
4	无锡	宜兴市	Ⅲ-20 太湖西部湖区重要生境维持-水文调节功能区	56.48	70.38	70.87	69.62	54.74	68.04	54.74	70.49
			Ⅱ-09 太湖湖心区重要物种多样性保护-水文调节功能区	71.61		73.32		68.94		68.94	
			Ⅰ-03 宜兴南部生物多样性维持-水源涵养功能区	74.00		69.62		72.00		72.00	
			Ⅲ-07 宜兴西部重要生境维持-水文调节功能区	76.00		69.62		72.00		72.00	
			Ⅱ-02 滆湖西岸水环境维持-水质净化功能区	76.67		71.80		66.50		78.00	
			Ⅲ-10 滆湖南岸水环境维持-水质净化功能区	69.00		69.62		68.00		79.00	
			Ⅲ-11 太湖西岸水环境维持-水质净化功能区	67.64		69.62		66.05		69.55	
			Ⅱ-03 宜兴丁蜀水环境维持-水文调节功能区	74.50		69.62		68.00		72.50	
			Ⅱ-07 滆湖重要物种保护-水质净化功能区	79.19		71.74		58.63		58.63	
		江阴市	Ⅳ-03 锡武城镇水环境维持-水质净化功能区	62.27	69.18	71.05	72.34	64.62	73.21	67.12	78.49
			Ⅳ-08 江阴西部水环境维持-水文调节功能区	68.69		73.52		68.43		76.76	
			Ⅳ-04 江阴城市重要生境维持-水文调节功能区	70.00		72.34		77.00		80.00	
			Ⅳ-05 江阴南部重要生境维持-水源涵养功能区	57.00		72.34		69.00		80.00	
			Ⅳ-07 江阴东部重要生境维持-水质净化功能区	76.00		72.34		79.33		81.00	

续 表

序号	地级市	最终考核区县	功能分区	2017年 分区得分	2017年 区县考核得分	2018年 分区得分	2018年 区县考核得分	2019年 分区得分	2019年 区县考核得分	2020年 分区得分	2020年 区县考核得分
5	苏州	吴江区	Ⅳ-14 苏州城市重要生境维持-水文调节功能区	72.81	68.71	73.29	73.94	75.50	72.37	79.05	76.72
			Ⅳ-13 吴江南部重要生境维持-水文调节功能区	67.00		73.94		74.00		79.00	
			Ⅱ-04 吴江北部重要物种保护-水文调节功能区	68.00		73.94		65.50		73.00	
			Ⅲ-18 太湖东岸重要生境维持-水文调节功能区	86.89		74.15		75.30		75.20	
			Ⅰ-05 太湖东部湖区重要物种保护-水文调节功能区	79.97		74.06		73.33		78.61	
			Ⅲ-17 淀山湖东岸重要生境维持-水文调节功能区	67.87		73.27		78.75		79.75	
		吴中区	Ⅳ-14 苏州城市重要生境维持-水文调节功能区	72.81	74.64	73.29	74.18	75.50	72.28	79.05	73.13
			Ⅱ-09 太湖湖心区重要物种保护-水文调节功能区	71.61		73.32		68.94		68.94	
			Ⅱ-05 西山岛重要生境维持-水文调节功能区	71.00		74.18		68.00		68.00	
			Ⅲ-18 太湖东岸重要生境维持-水文调节功能区	86.89		74.15		75.30		75.20	
			Ⅲ-20 太湖西部湖区重要物种保护-水文调节功能区	56.48		70.87		54.74		54.74	
			Ⅱ-10 太湖南部湖区重要物种保护-水文调节功能区	72.00		74.18		73.00		68.00	
			Ⅰ-05 太湖东部湖区重要物种保护-水文调节功能区	79.97		74.06		73.33		78.61	
			Ⅲ-17 淀山湖东岸重要生境维持-水文调节功能区	67.87		73.27		78.75		79.75	

续表

序号	地级市	最终考核区县	功能分区	2017年 分区得分	2017年 区县考核得分	2018年 分区得分	2018年 区县考核得分	2019年 分区得分	2019年 区县考核得分	2020年 分区得分	2020年 区县考核得分
5	苏州	苏州市区	Ⅳ-14 苏州城市重要生境维持-水文调节功能区	72.81	67.83	73.29	72.84	75.50	70.10	79.05	76.72
			Ⅱ-06 贡湖东岸生物多样性维持-水文调节功能区	71.00		72.84		66.50		69.00	
			Ⅱ-08 梅梁湾-贡湖重要物种保护-水文调节功能区	54.00		69.38		67.58		62.58	
			Ⅱ-09 太湖湖心区重要物种保护-水文调节功能区	71.61		73.32		68.94		68.94	
			Ⅰ-05 太湖东部湖区重要生境维持-水文调节功能区	79.97		74.06		73.33		78.61	
			Ⅲ-19 苏州北部生物多样性维持-水文调节功能区	61.36		70.95		67.00		78.00	
			Ⅰ-04 阳澄湖生境维持-水文调节功能区	64.50		72.84		63.50		63.50	
		昆山市	Ⅲ-17 淀山湖东岸重要生境维持-水文调节功能区	67.87	65.77	73.27	72.40	78.75	72.67	79.75	73.13
			Ⅳ-12 昆太城镇重要生境维持-水文调节功能区	63.71		71.60		67.26		79.76	
		太仓市	Ⅳ-12 昆太城镇重要生境维持-水文调节功能区	63.71	72.51	71.60	69.60	67.26	64.40	79.76	
			Ⅳ-11 太仓东部重要水环境维持-水质净化功能区	77.33		69.60		64.67		69.33	
		常熟市	Ⅲ-15 常熟北部重要生境维持-水文调节功能区	70.00	68.78	69.12	69.12	73.00	72.26	75.00	
			Ⅲ-16 常熟城镇重要生境维持-水文调节功能区	67.50		69.12		69.75		68.75	
			Ⅳ-10 常熟东部水环境维持-水质净化功能区	68.00		69.12		76.00		67.00	
		张家港市	Ⅳ-08 张家港重要生境维持-水质净化功能区	77.33	72.00	68.86	68.86	65.33	66.92	68.33	
			Ⅳ-09 张家港东部水环境维持-水质净化功能区	63.00		68.86		69.00		69.00	

注：满分为100分，80分及以上为优秀，70分（含）到80分为良好，60分（含）到70分为合格，60分以下为不合格。

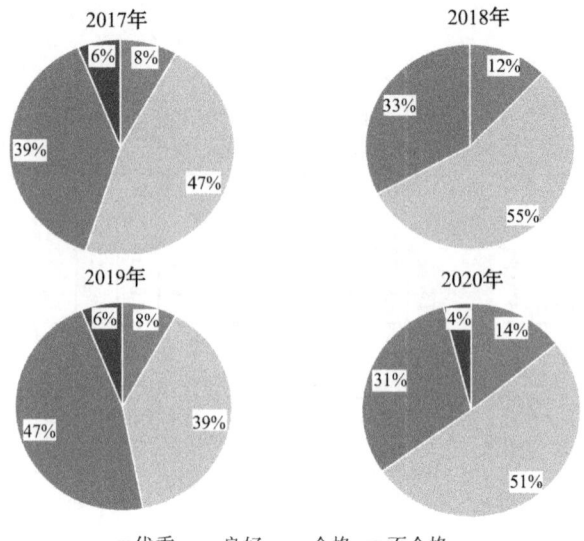

图 4.1-8　2017—2020 年分区考核分值分布图

为分析太湖流域水生态环境功能分区的空间差异性,绘制了 2017—2020 年太湖流域水生态环境功能分区考核得分空间分布图,如图 4.1-9 至图 4.1-12 所示。从结果来看,流域上游水生态环境功能区区划管理情况相对较好,如 I-02 溧阳南部重要生境维持-水源涵养功能区、III-02 丹阳东部水环境维持-水文调节功能区等,此外,流域下游水生态环境功能区区划管理情况稳步好转,如 II-04 吴江北部重要物种保护-水文调节功能区等。

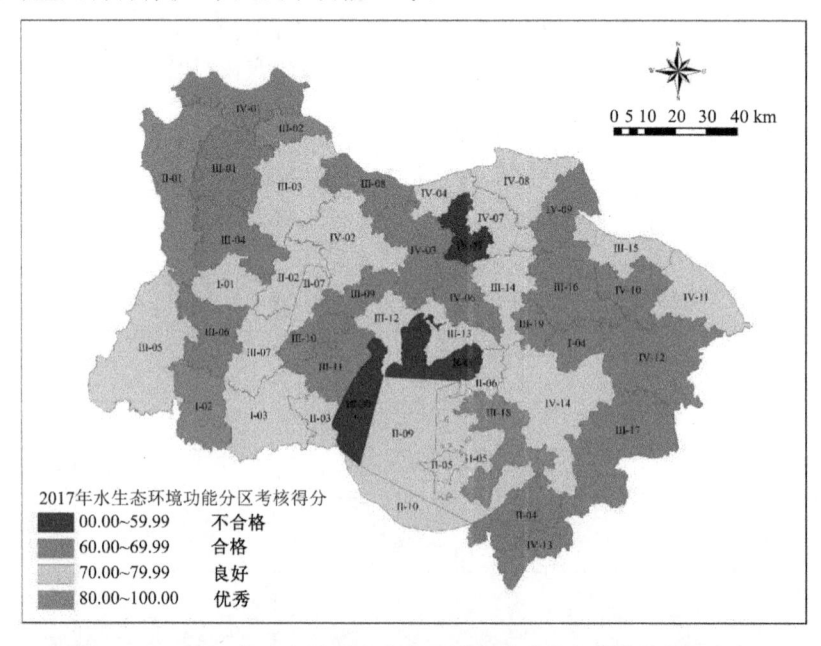

图 4.1-9　2017 年太湖流域水生态环境功能分区考核得分空间分布

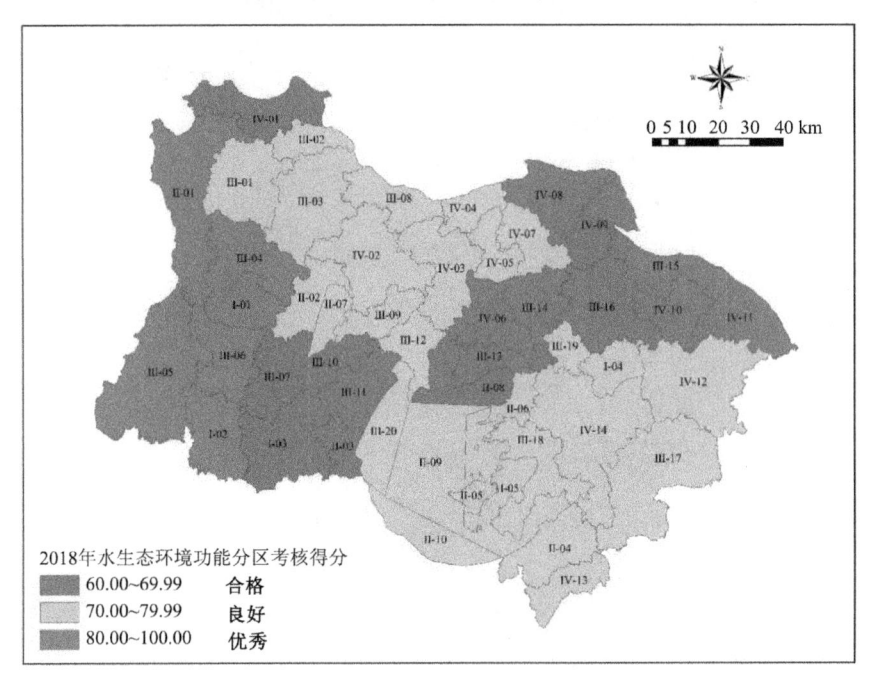

图 4.1-10　2018 年太湖流域水生态环境功能分区考核得分空间分布

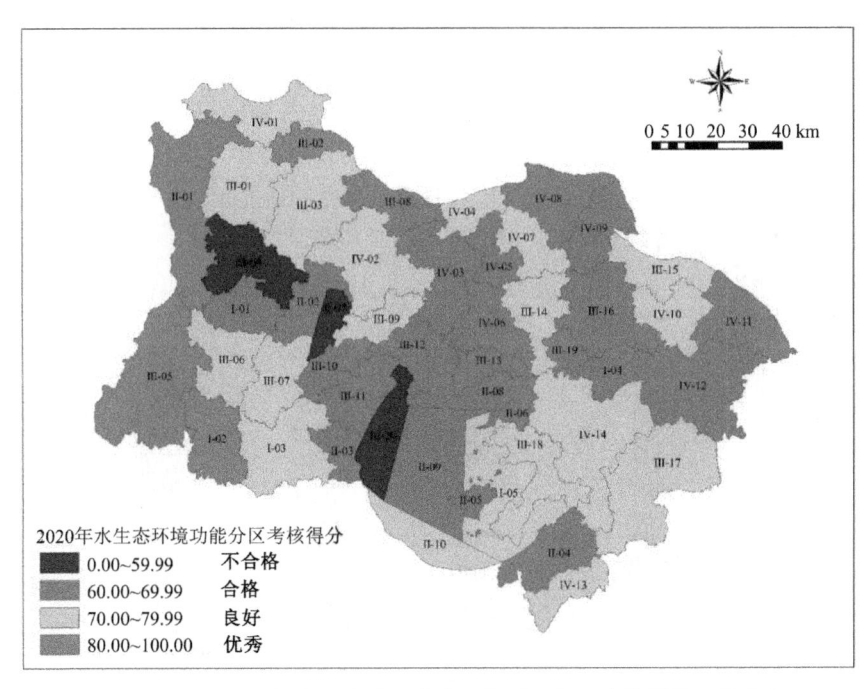

图 4.1-11　2019 年太湖流域水生态环境功能分区考核得分空间分布

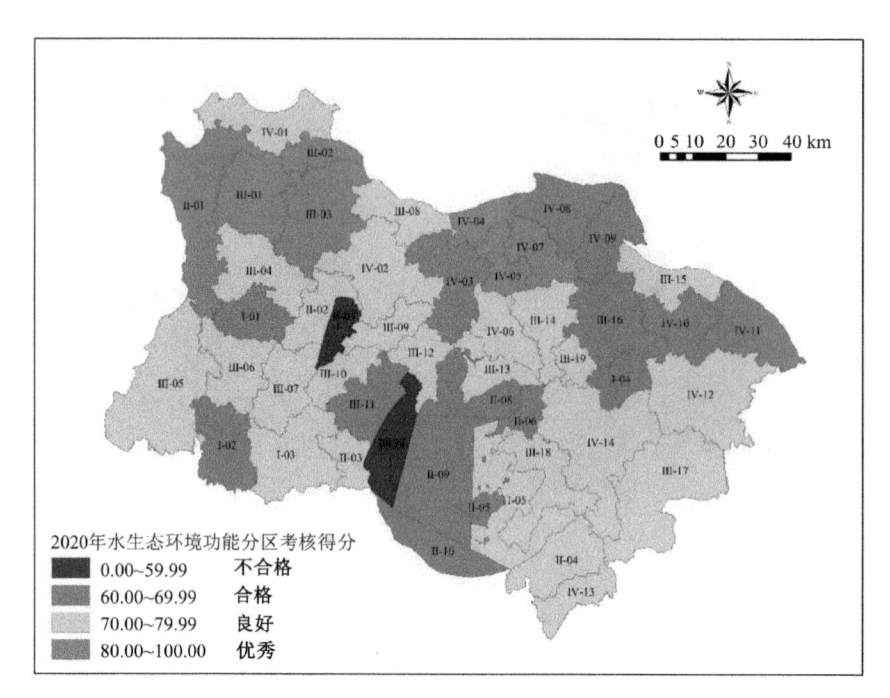

图 4.1-12　2020 年太湖流域水生态环境功能分区考核得分空间分布

4.1.4.2　太湖流域水生态环境功能区各县(区、市)考核结果

按照《太湖流域水生态环境功能区划考核办法》,考虑方便落实责任人和相关部门管理的需求,进一步研究了区县考核情况,按各分区在行政区中的面积比例核算县级市(区)分数,得到各县级市(区)2017—2020 年考核结果如图 4.1-13 和表 4.1-13 所示。各县级市(区)考核平均值总体稳中趋好,由 2017 年的71.85 分提升为 2020 年的 75.12 分。

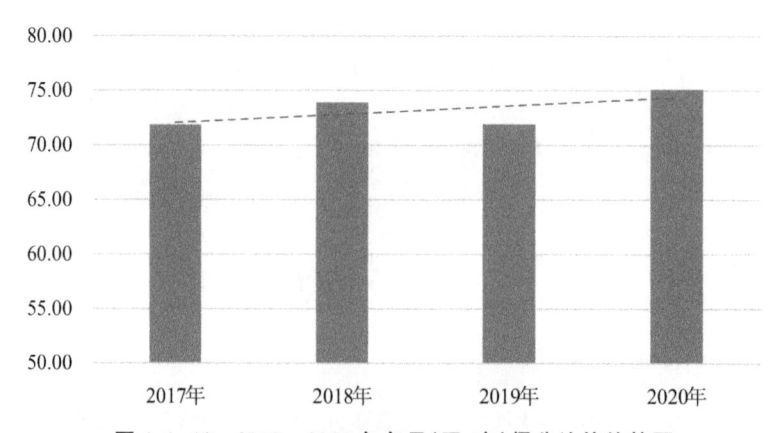

图 4.1-13　2017—2020 年各县(区、市)得分均值趋势图

由图 4.1-14 可见,考评优秀区县个数逐渐上升,水生态环境不断改善。其中,2017 年考核评价为优秀的县级市(区)有 2 个,分别为丹徒区、句容市,占比为 10.53%,10 个县级市(区)考核评价为良,占比为 52.63%;2018 年考核评价为优秀的县级市(区)有 3 个,分别为句容市、金坛市(现为金坛区)、溧阳市,占比为 15.79%,有 10 个县级市(区)考核评价为良;2019 年考核评价为优秀的县级市(区)有 3 个,分别为句容市、丹徒区和高淳区,占比为 15.79%,10 个县级市(区)考核评价为良,占比为 52.63%;2020 年考核评价为优秀的县级市(区)有 4 个,分别为句容市、丹徒区、丹阳市和昆山市,占比为 21.05%,有 13 个县级市(区)考核评价为良。

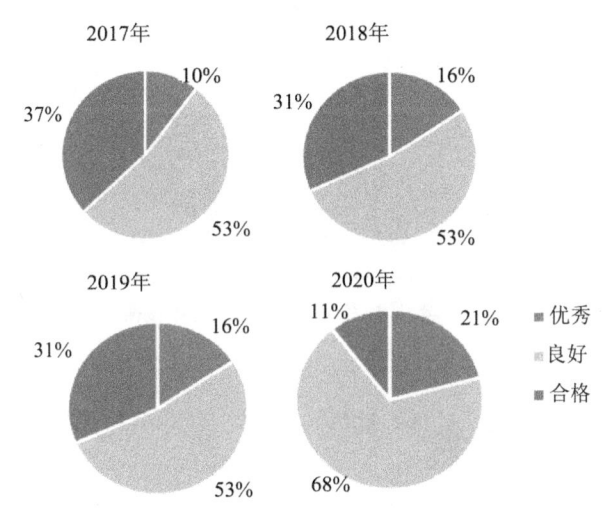

图 4.1-14　2017—2020 年各县(区、市)考核分值分布图

从空间上看,流域上游各区县相对较好,流域下游内各区县虽相对一般,但管理情况近几年明显向好,尤其是昆山市考核得分迅速提升,如图 4.1-15 至图 4.1-18 所示。

4.1.4.3　水生态功能分区管理考核办法与区县单水质考核对比分析

1. 两种方法考核结果对比分析

为了比较分区考核与常规单水质考核的异同,分别采用单水质考核办法与水生态功能分区管理考核办法对太湖流域进行考核,以 49 个功能分区为考核单元,其中单水质考核办法选取太湖流域各分区中控制断面水质类别优于 Ⅲ 类的比例作为考核要素。水生态功能分区管理考核则选取水生态环境、空间管控以及物种保护三种要素进行考核。

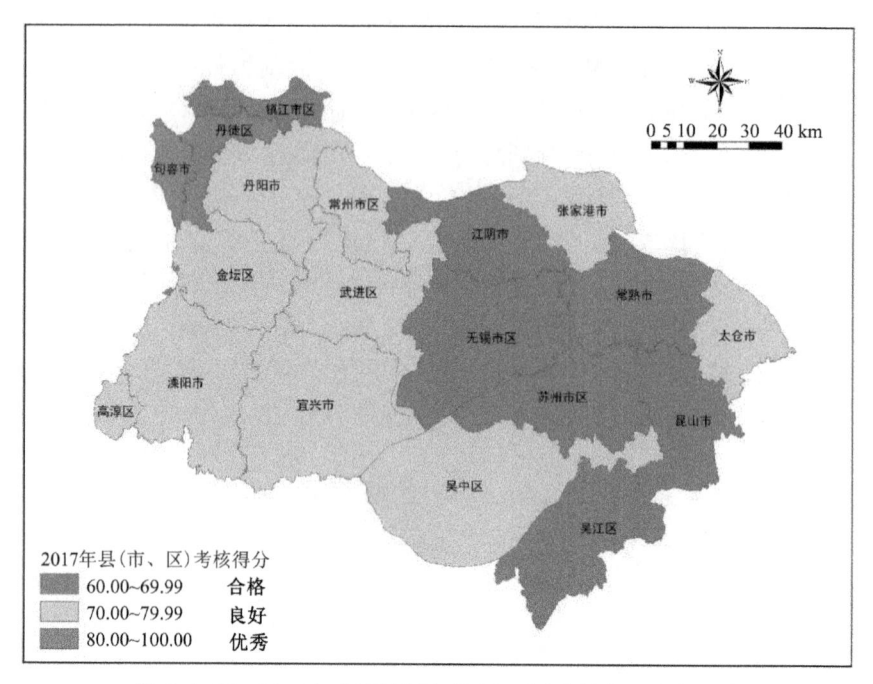

图 4.1-15 2017 年太湖流域各县(区、市)考核得分空间分布

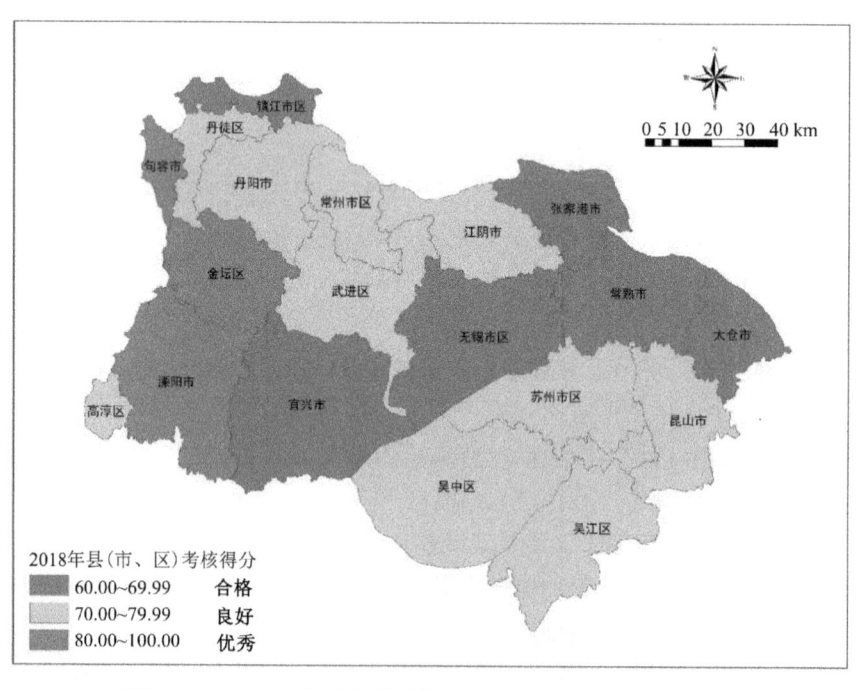

图 4.1-16 2018 年太湖流域各县(区、市)考核得分空间分布

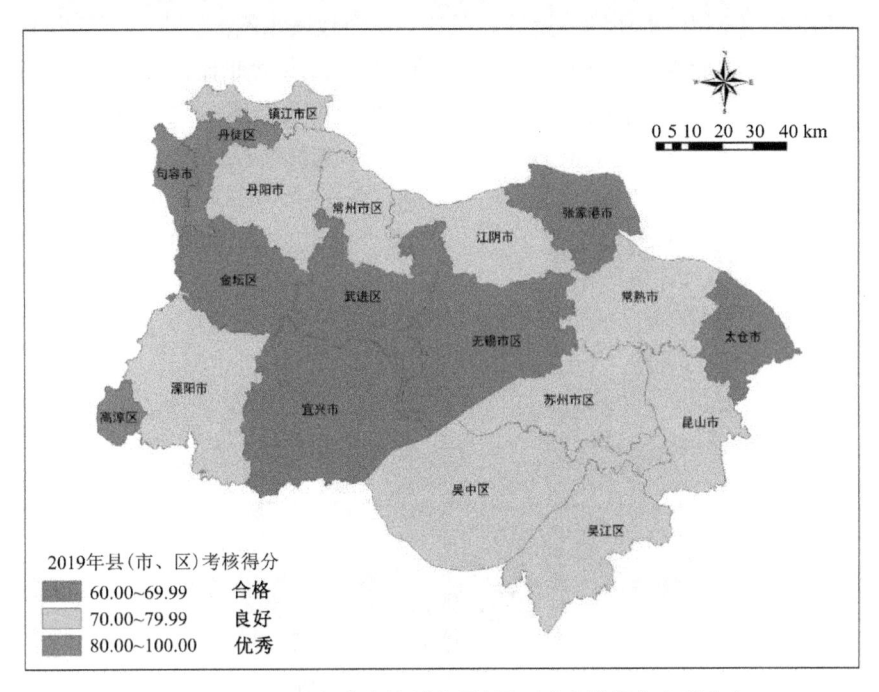

图 4.1-17　2019 年太湖流域各县(区、市)考核得分空间分布

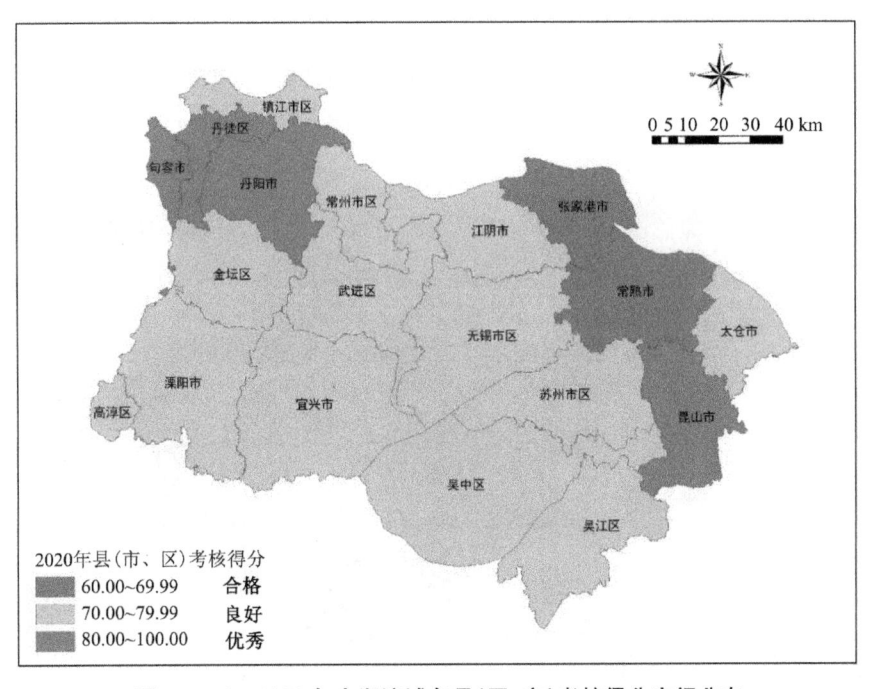

图 4.1-18　2020 年太湖流域各县(区、市)考核得分空间分布

江苏省"十三五"水环境质量目标考核380个地表水断面,"十三五"期间年均水质达到或优于Ⅲ类比例逐年上升,2018年到2020年优Ⅲ比例分别为74.5%、84.3%、91.5%,考虑到两者方法可比性以及使用最新数据的原则,因此选取2019年为例,单水质考核结果如图4.1-19所示,考核结果如图4.1-20所示。

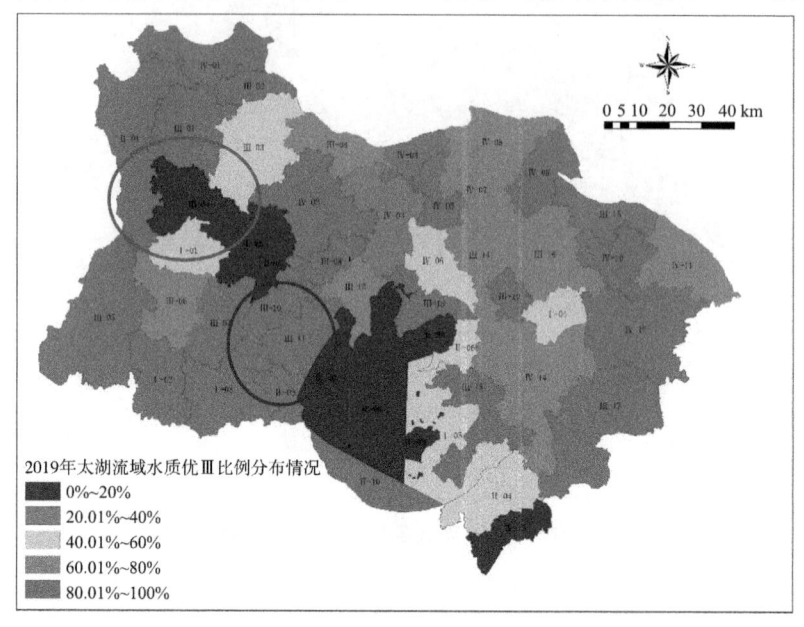

图4.1-19 2019年太湖流域区县单水质考核结果

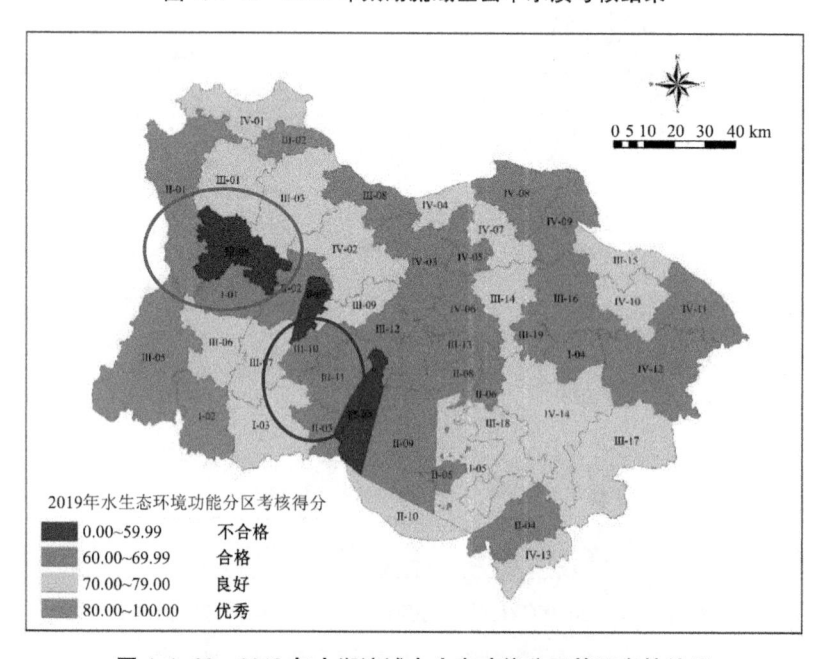

图4.1-20 2019年太湖流域水生态功能分区管理考核结果

根据图4.1-20可以发现，两种考核方法的考核结果存在一定差异性。从异同两方面来看，金坛区（Ⅲ-04）二者考核结果相对一致，Ⅲ-04分区中断面优Ⅲ比例为0，单水质考核结果较差；同时，水生态功能分区考核结果仅52分，经分析可知主要是由于水质现状较差，导致水生态分区考核整体结果较差，这与单水质考核情况相一致。

宜兴市（Ⅲ-10、Ⅲ-11、Ⅱ-03）二者结果差异较大，由上图可以看出，单水质考核结果较好，三个分区平均优Ⅲ比例高达97%；而水生态功能分区考核结果较差，其中Ⅲ-11只有66.05分，是因为分区考核指标体系是水陆多要素的，水质现状只是其中的一项指标，因此虽然水质状况尚可，但水生态健康状况较差，导致水生态功能分区考核得分较低。

2. 水生态功能分区管理考核办法的优势与特点

对比分析两种考核办法可知，经过"十三五"期间的努力，目前省内水环境质量已有了大幅改善，优Ⅲ比例已达到91.5%，除污染整治措施外，通过引调水等工程措施也可达到改善水质的目的，即"治标和治本"均可改善水质，不久可基本实现100%优Ⅲ，达到考核"天花板"。而"十四五"的重点难点在于整体水生态系统的质量改善，这将是一个长期过程，因此不能单考虑水质，需要全面考虑到水质、水生态、生态红线、物种保护等多层面、多角度，本考核办法的优势也体现于此，多维度聚焦具体问题，可更全面地反映水生态环境现状，透析生态系统面临的深层次环境问题，使考核更加切实和深入。

4.2 太湖流域水生态环境功能分区管理实施路径研究

4.2.1 太湖流域水质水生态实施路径研究

"十二五"期间，《区划》将太湖流域划分为49个生态功能分区，并根据水质与水生态保护并重、生态保护与生态修复并举、各类环境区划统筹兼顾、区间差异化与区内相似性、流域与行政区界相结合、水生生物资源合理利用、持续发展、管理手段多元化、功能区界动态更新的原则将49个生态环境功能分区划分为4个等级：生态Ⅰ级区、生态Ⅱ级区、生态Ⅲ级区、生态Ⅳ级区。其中，生态Ⅰ级区和生态Ⅱ级区重点强调生态保护，生态Ⅲ级区和生态Ⅳ级区重点强调生态修复工作。所以在不同级别的分区实施生态补偿、河长制、排污许可证分配与交易、环境税四大制度政策时，政府部门应各有侧重。

4.2.1.1 生态补偿

针对生态保护为主要内容的生态Ⅰ级区和生态Ⅱ级区来说，生态补偿应该以预防和治理由人类生活和生产活动引起的环境污染和破坏,防止由开发和建设活动造成的环境破坏和污染、保护有特殊价值的自然环境等为重要内容。进一步推进流域大保护的工作协调和重大课题研究、加强流域各级政府的主体责任制、建立科学化生态补偿标准、拓展补偿资金来源、建立生态补偿条例和法律法规支撑体系、建立流域生态共建共享新机制。而针对生态修复为重点内容的生态Ⅲ级区和生态Ⅳ级区来说,生态补偿应该重在协调社会经济发展和生态环境保护之间的矛盾,所以应该以恢复流域水量水质、缩小区域发展差距,实现整体效用最大化为目标。在流域水生态恢复过程中,应根据流域在水生态系统退化程度、水生态因子受环境的限制程度、生态治理措施可执行性方面的表现,确定合适的生态恢复轨迹及注意事项,"退耕还林"将是修复型水生态补偿的重要的、关键的措施。此外,流域治理修复型水生态的恢复需要长期的治理才能实现,所以在不同时期,生态补偿的侧重点和实现方式也应有所差别:在生态重建初期,以外部补偿和代际补偿为主,内部补偿为辅。在实施方式上,可以通过对各地方政府的税收进行再分配,根据具体情况来进行补偿金的发放,或者以功能服务的层次递推关系为依据,构建基于水服务功能的治理修复型水生态补偿支付框架,并以协同学、非零和博弈、最优管理方法(BMPs)的相关知识为依据,制定促进流域整体协调发展的生态补偿标准,实现流域生态补偿正向生态功效的最大化。

当前的生态补偿制度均以行政区域为实施、考核单位,因此在水生态功能分区的管理中,跨市的水生态功能分区可以成立生态补偿工作小组,其成员由功能分区涉及的县区财政部门、环保部门、水利部门、农业部门、林业部门、渔业部门、住建部门、审计部门等部门主要领导或负责人组成,建立生态补偿协调合作机制,颁布水生态功能分区生态补偿办法或者签署生态补偿合作协议,进一步明确多方合作的方式、形式等内容。未跨市县的水生态功能分区可以在原有生态补偿班底的基础上推进分区的生态补偿工作。

财政部门统筹协调分区的生态补偿工作:① 跨区的水生态功能分区可以在分区生态补偿工作小组的领导下,根据地区实际,参与制定生态补偿标准,根据每个生态功能分区的定位和生态环境保护的重点,各功能分区的生态补偿工作小组可以在市县原有控制指标的基础上,增添生态补偿指标。比如跨界的断面可以根据分区的污染现状,增添总氮、重金属等控制指标,增添物种保护等生态指标。② 构建生态补偿信息共享机制:明确分区内生态补偿信息共享的负责人、共享方式、共享频次等内容。未跨市县的水生态功能分区,可以以财政部门为首,推动与环保等部门的信息共享,促进分区的生态补偿工作,促进分区水质水生态的改善。③ 根据环保部门、农林部门、渔业部门、水利部门等监测的数据,核算分区生态补偿金额,并进行档案管理,监督生态补偿资金的拨付和使用,避免生态补偿金额用作他用。④ 积极探索多元化的生态补偿方式。当前太湖流域横向生态补偿的资金来源渠道主要是财政资金,财政部门可积极开拓多元化的补偿资金来源渠道,一方面通过水权交易、碳汇交易、排污权交易等市场化手段拓展横向生态补偿资金的来源渠道;另一方面直接受益的企业要承担起生态补偿的责任。

市县环境保护部门负责协调、监督辖区内的重要生态区域的保护工作,促进辖区内的生态补偿工作;水利部门统一管理辖区内水生态补偿工作;农业部门负责辖区内与农业相关的生态补偿工作;林业部门负责辖区内湿地和林地的生态补偿工作;渔业管理部门负责和渔业相关的生态补偿工作。

4.2.1.2　排污许可证分配与交易制度

对于跨市县的水生态功能分区来说,首先应该成立跨区域排污许可证分配与交易工作小组,其成员可由涉市县的环保部门、水利部门、财政部门、审计部门、价格部门等部门的领导或主要责任人组成。工作小组负责统筹协调水生态功能分区内与排污许可证分配及交易制度相关的工作。未跨市县的水生态功能分区则可在原有班底的基础上,统筹推进水生态功能分区内的排污许可证分配及交易工作。

环境保护部门是排污许可证分配与交易的主要负责部门,对本行政区域内的排污许可工作实施统一监督管理。

财政部门负责同级政府部门回购排污权及排污权管理相关工作经费预算,排污权有偿使用和储备排污权交易资金的监督和管理,监督排污权出让收入使用情况。

价格部门负责排污权有偿使用和交易价格的监督和管理,按照有关法律法规规定,对违反规定乱收费进行查处。

审计部门负责排污权有偿使用和交易管理工作的监督和审查,监督排污权出让收入使用情况。

4.2.1.3　河长制

生态Ⅰ级区和Ⅱ级区的河长制度应关注区域水资源管理、水域岸线管理保护,重视区域生态系统的稳定性、协调性,对所有出现可能影响、破坏生态系统的因子进行分析、上报、预警、处理。生态Ⅲ级区和Ⅳ级区的河长在日常工作中应更加关注区域水污染防治、水环境治理、水生态修复和执法监管等内容,从严规范涉河项目管理,切实加强入河排污口整治,综合开展河道垃圾清理治理,对所有可能导致区域生态环境恶化的因素进行分析、处理,为区域生态修复提供一个长期的、稳定的环境。

作为河长制的主要负责部门，水利部门应该：① 严格水资源管理，落实最严格的水资源管理制度，严守用水总量控制、用水效率控制、水功能区限制纳污"三条红线"，严格考核评估和监督，尤其是在生态Ⅰ级区和Ⅱ级区。② 根据水功能区确定的水域纳污能力和限制排污总量，落实污染物达标排放要求，切实监管分区内入河入湖排污口，严格控制辖区内的入河入湖排污总量。③ 加强河湖资源用途管制，合理确定河湖资源开发利用布局，严格控制开发强度，尤其是生态Ⅰ级区和Ⅱ级区。④ 加强与环保等相关部门沟通协调，形成上下协调、左右配合、齐抓共管的河湖管理保护新局面，与公安、司法等有关部门，配套设立"河道警长"，加强对涉嫌环境违法犯罪行为的打击。跨区的水生态功能分区可成立跨区域的河长协调机制。⑤ 负责全区河道管护日常工作，开展分区内河道疏浚清淤、水利配套设施建设及河道岸线、堤防、水域、取排水的行政管理。

环保部门要配合水利部门和相关部门落实河长制，对河长制的工作进行监督。

财政部门负责落实河道生态清淤和长效管护经费，监督河道管护专项经费的使用管理。针对河道管理资金缺口大等问题，财政部门应该通过公安部门配合水利部门依法打击破坏河道资源、影响社会公共安全等非法行为。

国土部门负责在推进村庄土地整理中落实河道保护措施。

交通运输部门负责加强通航河道岸线保护，严格船舶管理和危险品运输管理。《中华人民共和国环境保护税法》明确规定，税务机关依照《中华人民共和国税收征收管理法》和本法的有关规定征收管理，环境保护主管部门依照本法和有关环境保护法律法规的规定负责对污染物的监测管理。

作为环境税的主要责任部门，市县税务部门需要① 根据上级要求，对辖区内的分区内排放的污水、废气、固体废物、噪声等征收环境税。② 根据实际需求，增加环境税种类，并在不同的生态功能分区征收环境税时有所侧重。比如，对生态Ⅰ、Ⅱ级区来说，这两类地区的环境税应以生态保护、资源开发利用的税收政策为主，比如，征收资源租金税、水资源税收、森林砍伐税、开采税，进一步细化生态保护税；生态Ⅲ、Ⅳ级区的税收政策应以污染物排放为主，比如，征收废水、废气、垃圾污染税等，加强对流域重要资源生态修复税的征收工作。③ 构建环境税信息共享制度，可与环保部门搭建环境税征收信息共享平台，构建信息共享机制，明确部门负责信息共享的人员、频次、方式、形式等，及时将纳税人的纳税申报、税款入库、减免税款、欠缴税款以及风险疑点等环境保护税涉税信息，定期交送环保部门，跨区的水生态功能分区还需要加强不同市县的生态补偿信息共享工作。④ 发现辖区内纳税人纳税申报异常或者纳税人未按规定期限办理纳税申报的，提请环保部门复核，并根据环保部门复核的数据资料及时调整纳税人的应纳税额。

作为环境税征收的重要力量,环境部门对辖区内的企业污染排放信息掌握得比较全面,具有相应的监测设备和技术人才。所以,构建环境部门与税务部门之间的信息共享机制十分必要。因此,环保部门需要:① 和税务部门建立起定期信息交换机制,明确环境税信息共享的负责人员、方式、频次、形式等内容。跨区的水生态功能分区还需要加强不同市县的生态补偿信息共享工作。② 开展污染物监测管理,及时将辖区内排污单位的排污许可、污染物排放数据、环境违法和受行政处罚情况等环境保护相关信息定期交送地税部门。③ 配合税务部门实施税务检查,完善涉税信息共享平台技术标准以及数据采集、存储、传输、查询和使用规范。④ 做好纳税人的辅导培训及纳税咨询服务工作。⑤ 及时处理和反馈地税部门的复核提请并出具复核意见。⑥ 同税务等部门一起科学设计征收税率。

此外,宣传部、发改委、经信委、政府法制办等其他有关单位和部门应主动支持地税部门工作,确保环保税开征工作顺利。

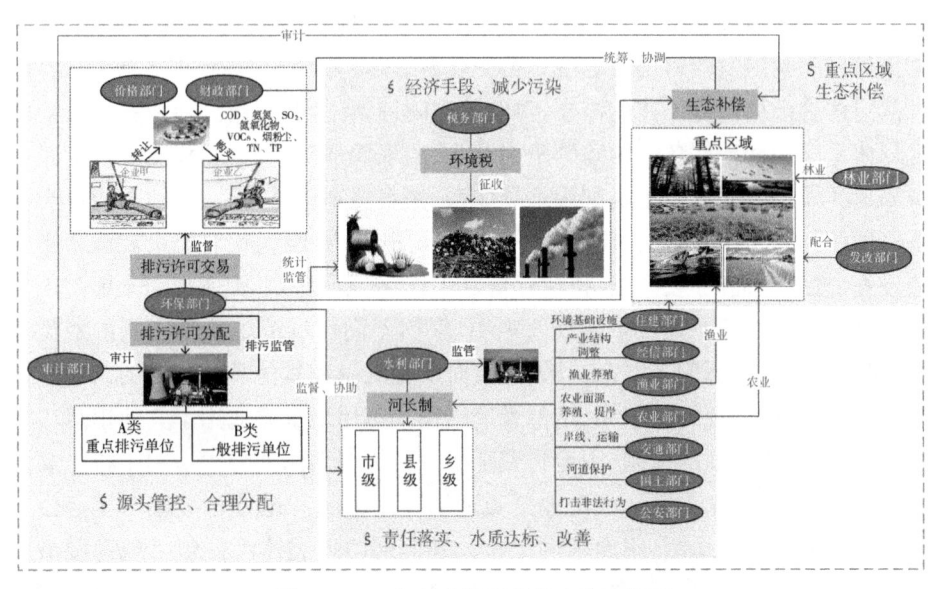

图 4.2-1　生态功能区水质改善路线图

4.2.2　土地利用空间管控实施路径

4.2.2.1　太湖流域土地管控中的问题

总体来说,目前行政手段、经济手段、生态手段和法律手段都能在一定程度上促进太湖流域土地空间的合理利用,但不可否认的是其仍存在一些问题。

(1) "破碎化"管控现象严重

当前太湖流域市、县级政府已经颁布了相应的土地利用规划、计划，并能够根据要求，提交土地变更方案和申请，但不管是土地利用规划、计划还是土地变更申请，均是以行政区域为单位进行的，而对太湖流域49个水生态功能分区来说，大部分的水生态功能分区是跨区、县的。比如，生态Ⅲ级区-03丹武重要生境维持-水质净化功能区，其涉及的行政区域包括镇江-丹阳、常州-新北区。在生态Ⅲ级区-03丹武重要生境维持-水质净化功能区的土地空间管控中，镇江市负责丹阳市，常州市负责新北区。这种因行政割裂而造成的土地管控"分割化"管理，导致功能分区空间管控效率低下。同样的问题存在于法律手段方面，大部分的法律、制度也是以行政区域为单位进行划分、考核的，因此，对于跨行政区域的水生态功能分区来说，如何打破行政界限、有效实现水生态环境功能分区的协调管理，是当前流域水生态土地空间管控的关键。

(2) 区域空间统一分类标准有待统一

《生态文明体制改革总体方案》要求：构建完整统一的用地分类体系，在此基础上形成统一的数据标准和信息平台，作为空间规划编制、实施管理的重要依据。但目前我国由政府出台的规划类型就有80余种，其中法定规划有20余种。各部门往往根据自身工作的需要，对区域空间进行不同的分类，导致我国当前的规划体系庞杂紊乱，"各自为政""争当龙头"的现象严重。比如，我国现行空间性规划地类体系主要分为土地利用地类体系、城乡规划地类体系、其他部门地类体系三种(图4.2-2)。土地利用地类分为现状、规划两种，现状地类主要适用于土地调查统计、审批供应、整治、执法评价等工作；规划地类主要适用于土地利用规划编制与实施管理。在城乡规划管理中，根据不同区域范围使用不同的地类标准，城市用地分类适用于城市、县人民政府所在的镇和其他具备条件的镇的总体规划、控制性详细规划的编制、用地管理工作。镇用地分类适用于其他镇总体规划、控制性详细规划的编制、用地管理工作。村庄规划用地分类适用于村庄规划编制、用地管理工作。风景区用地分类适用于国务院和地方各级政府审定公布的各类风景区规划编制、用地管理工作。其他部门地类体系还包括地理国情普查地类、林地分类、湿地分类。各部门的分类方法目标不同、标准不一，概念和内涵也存在较大差异，不利于对区域空间进行整体评估和统筹安排，而且这些标准在规划编制和管理的过程中存在管理要求缺乏协同、部门规划衔接困难和管理主体不清等问题，比如，涉及空间规划职能的部门建立了各自的地类体系，对于同一空间要素，调查统计、地类名称、表达形式和控制要求存在差异明显，造成口径不闭合，目标不统一，难以形成合力对用地进行管控。

第四章 太湖流域水生态环境功能分区管理考核与业务化研究 | 123

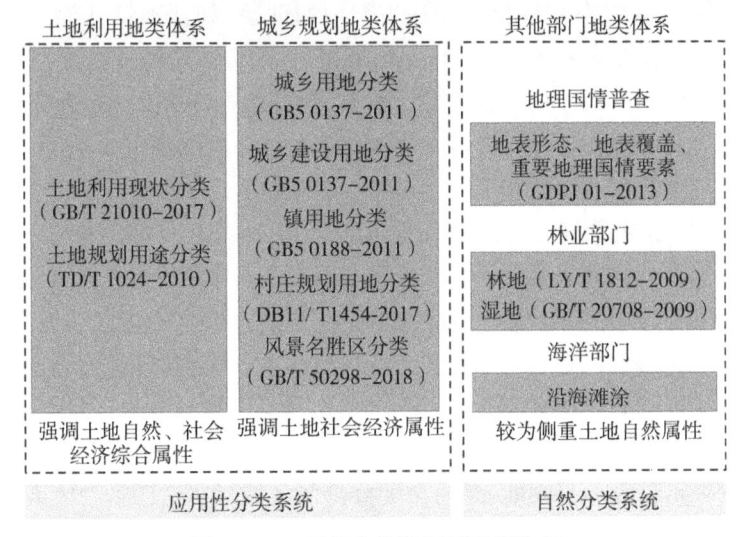

土地利用地类体系	城乡规划地类体系	其他部门地类体系
土地利用现状分类（GB/T 21010-2017） 土地规划用途分类（TD/T 1024-2010）	城乡用地分类（GB50137-2011） 城乡建设用地分类（GB50137-2011） 镇用地分类（GB50188-2011） 村庄规划用地分类（DB11/T1454-2017） 风景名胜区分类（GB/T 50298-2018）	地理国情普查 地表形态、地表覆盖、重要地理国情要素（GDPJ 01-2013） 林业部门 林地（LY/T 1812-2009） 湿地（GB/T 20708-2009） 海洋部门 沿海滩涂
强调土地自然、社会经济综合属性	强调土地社会经济属性	较为侧重土地自然属性
应用性分类系统		自然分类系统

图 4.2-2　现行空间性规划地类体系

(3)"多规合一""一张图"有待搭建、融合

现阶段，太湖流域地方政府在积极搭建"多规合一"平台。2014 年，南京就已经完成了"一张图"建设，并在 2016 年在全市推动"多规合一"，工作伊始即建立了"自上而下"与"自下而上"相结合的工作组织和协调机制；2015 年，镇江市开始大力推进"多规合一"，并在当年 5 月份完成市区城规、土规叠合分析，形成两规融合初步框架，7 月份完成城规绿线与环保部门的生态红线规划叠合分析，形成生态红线优化方案，并纳入"多规合一"平台；2018 年，无锡市发布了"多规合一"空间规划信息平台招标公告；同年，常州市印发了《常州市"多规合一"管理平台建设工作方案》，要求建设"多规合一"的管理平台，并在 2020 年 7 月份，召开了市国土空间规划委员会第一次会议，审议了《常州市国土空间规划委员会工作规则》《关于建立全市国土空间规划体系并监督实施的意见》《常州市国土空间总体规划（2020—2035 年）编制工作方案》，同时，常州市也发布了自然资源和国土空间规划"一张图"数据整理采购公告；2020 年 8 月，镇江市国土空间规划"一张图"实施监督信息系统发布采购公告，预计在 2020 年底初步完成国土空间规划"一张图"；2020 年 1 月，苏州市发布了国土空间基础信息平台和"一张图"实施监督信息系统项目招标公告。根据当前的进度，太湖流域在 2020 年底可基本完成市县国土空间总体规划编制，并初步形成全省国土空间开发保护"一张图"。

当前阶段，由于"多规合一""一张图"尚未形成，流域内的多规出现一些相互矛盾的现象，比如，镇江市的城规绿线和生态红线有 20 处省级自然生态保护区存在差异；城规和土规有冲突图斑约 6.3 万个；再比如，因为"多规合一"没有实行,导致太湖流域生态红线管控存在不合理的现象,如江苏镇江润州工业园区紧邻运粮河洪水调蓄区外围、江苏金坛经济开发区紧邻丹金溧漕河(金坛区)洪水调蓄区等。因此,为了实现多规融合,解决这些冲突图斑、管控不合理的现象,市县政府必须进一步明确协调规则,确保"一张图"的可操作性和科学性。

(4) 分级、分类管理有待强化

《江苏省太湖流域水生态环境功能区划(试行)》将太湖流域划分了四类功能区:生态Ⅰ级区-水生态系统保持自然生态状态,具有健全的生态功能,是需全面保护的区域;生态Ⅱ级区-水生态系统保持较好生态状态,具有较健全的生态功能,是需重点保护的区域;生态Ⅲ级区-水生态系统保持一般生态状态,部分生态功能受到威胁,是需重点修复的区域;生态Ⅳ级区-水生态系统保持较低生态状态,能发挥一定程度生态功能,是需全面修复的区域。在这四类功能区可以根据功能区的定位采用不同的管控政策。国际上,日本就实行土地用途分区管制制度,即结合科学的土地用途分区规划,依据土地资源现状特性以及社会经济发展需要,对所有土地进行分区,不同分区都分别制定严格的土地管制制度。在我国,香港地区也实行了分类管理制度,通过划分多种生态功能区,不同的生态空间在土地利用方式和强度上制定了差异化的管制制度,政府、社会组织、公民,不同的利益主体之间协同管理,共同决策。

4.2.2.2 太湖流域空间管控实施路径

(1) 统筹规划,构建跨区域合作机制,打破土地管理"行政"边界

当前太湖流域的土地管控条例、制度、规划均以行政区域为界限,以行政区域政府为主要责任人,对于跨区域的生态功能分区来说,生态功能区的整体管理由一个一个"破碎"的区域拼接而成,导致区域管理难以高效进行。因此,实现太湖流域空间管控的第一步是流域内地市级政府必须牢固树立"一盘棋"思想,从片区整体利益出发,清理各种地方保护主义政策、规划、标准,以减少各地方政府在土地管控政策、规划方面的差异,制定《太湖流域土地利用规划》《太湖流域土地利用管理条例》《太湖流域土地管理办法》《太湖流域空间管控目标责任制实施办法》《太湖流域生态补偿办法》等流域性文件,构建统一标准,对流域土地资源进行统一管控与管理;其次,可以成立太湖流域空间管控综合协调机构或者由太湖管理局进行统筹安排,解决49个水生态环境功能分区内土地利用的各项事宜。跨区的水生态环境功能分区内部可构建空间管控联席会议制度,由水生态功能分区涉及的县、区级土地管理部门的领导轮流担任主席,定期开展土地管控交流,并进一步明确各方责任和参与人员,形成土地管控统筹联动长效机制。各生态功能分区的相关部门可以以功能分区为单位组建空间管控领导小组,其成

员可由所涉行政区域的相关部门的人员组成。比如,生态Ⅲ级区-03丹武重要生境维持-水质净化功能区,涉及的行政区域包括镇江-丹阳、常州-新北区,其空间管控领导小组可由丹阳市与新北区土地管理部门、环保部门、水利部门、农业部门等机构的领导组成,组长可由丹阳或新北区的领导轮流担任。该领导小组可定期召开成员会议,不定期召开专题会议,协调区域空间管控实施工作,研究解决空间管控具体实施过程中遇到的难点问题等。此外,领导小组在召开会议时,可以相互介绍所在市的空间管控经验,相互学习,共同提升空间管控水平和管控能力。

(2) 提升空间分类标准的衔接性,统一分类标准

目前,各部门对区域空间的分类不同,分类体系也各不相同。这些分类方法目标不同、标准不一,概念和内涵也存在较大差异,不利于对区域空间进行整体评估和统筹安排。因此,推动"多规合一"规划的基础性工作,就是要对区域空间进行统一分类。首先在进行"多规合一"工作时,可以构建以土地利用功能为主导的分类体系,强调生态功能在分类体系中的作用,重视对生态用地的管控,将生态用地纳入土地利用分类体系,统筹生产、生活和生态用地空间与区域设施空间。目前,现有的城乡建设用地以城乡规划部门的用地分类标准为主,非建设用地以国土资源部门的用地分类标准为主,兼顾林业分类标准等。建设用地与非建设用地之间往往存在边界不重合、相互不协调等问题,因此要整合形成城乡统一的用地分类标准,对各类用地进行统一核算,杜绝传统规划对同一地块存在不同分类的问题。其次,需要加强土地分类标准的协调性、衔接性。由于"多规合一"面对的是包含城乡规划、土地利用规划、林业规划在内的几十种规划和用地分类标准,且各自有相对独立的体系,因此,新的用地分类标准必须兼顾各个重要规划之间的相互关系。最后,需要确保标准的可操作性。要求对同一块用地可以清晰地进行分类和规划,每一个地块的分类和空间属性都能得到具体落实。用地分类划分标准应清晰、明确,便于执行,能充分反映规划的控制要求(目的),分类标准的制定要符合城乡发展的实际情况,遵循土地使用发展的客观规律,回应客体的合理诉求。

(3) 提升规划衔接性,加快搭建"多规合一""一张图"系统

2019年,《中共中央国务院关于建立国土空间规划体系并监督实施的若干意见》正式发布,要求到2020年基本建立国土空间规划体系,逐步建立"多规合一"的规划编制审批体系、实施监督体系、法规政策体系和技术标准体系;基本完成市县以上各级国土空间总体规划编制,初步形成全国国土空间开发保护"一张图"。虽然当前太湖流域五市已经在努力构建"多规合一""一张图"平台,并在2020年底可基本完成市县国土空间总体规划编制,初步形成全省国土空间开发

保护"一张图"。但就当前而言，需要进一步加强规划的衔接性。一方面，促进常州、苏州、无锡、镇江、南京市级规划与县区级规划协同；另一方面，促进2006—2020年土地利用规划与2020—2035年土地利用规划的衔接，促进国民经济和社会发展规划、城乡规划、土地利用规划、生态环境保护规划等多个规划融合。同时，要明确不同区域的环境功能和需要严格保护的生态空间，避免城市化过程中功能区布局混乱、空间管理无序等对环境造成的破坏。划定城市空间增长边界、永久基本农田保护边界和产业园区界线，促进经济社会与环境保护协调发展是建立统一衔接、功能互补、相互协调的空间规划体系的重要基础。

(4) 实施分区、分类管理政策

不同生态空间在生态功能重要性、土地利用现状情况、产业基础、区位等方面存在差异，在管制策略上也应有所区分。建议结合生态资源现状情况、总量目标等，实施生态空间分级管理，兼顾生态保护的刚性和未来城市发展用地需求。同时，对于不同级、不同类的生态空间，按照"生态优先、兼顾发展、尊重产权、配套完善"的原则，制定差异化的总量控制、规划管控、产业引导策略。对于重要、敏感的生态功能区，如作为底线区的生态红线内，除为开展环境保护和修复所必需的公共服务和基础配套设施以外，严格限制新增建设，现状建筑物、构筑物应逐步清退；对于一般生态功能区，可适度发展与环境相容的运动休闲、科普教育等设施，在保证生态质量不下降的前提下，实现生态效益、经济效益、社会效益、文化效益等综合效益的最大化。此外，为加强规划融合，建议将重要、敏感的生态功能区以立法的形式明确范围，作为其他类型规划编制的前提，应避免开发性规划突破重要生态功能区。针对太湖流域的四级功能分区也可实行差别化的管理政策。比如生态Ⅰ级区，政府的政策应以侧重于生态环境保护为主，一方面严格产业准入政策，从源头把控污染源；另一方面，慎重审批土地利用申请，尤其是影响到生态红线区域的申请。而在生态Ⅳ级区，政府的工作重心应以生态修复为主，政府可以提供宽松的环保产业政策，促进环保产业的发展，同时，开创多元化的环境治理、修复市场体系，让环保企业参与到太湖生态环境保护的工作中来。

此外，对于林地面积不达标的区域，一方面应加强林地保护，严守林地保有量生态红线，强化林地征占用管理，严格行政审批，加强对征占用林地行政许可的前置审查工作，合理规划，科学使用林地；另一方面，应该严格实行退耕还林的政策，加强对临时征占用林地的恢复监管，对项目使用后被破坏的林地进行修复、复绿，或通过造林绿化新增林地面积，提升林地面积的占比。对于湿地面积不达标的区域，应该加强领导、加大宣传力度、加强湿地建设、加强湿地保护，科学有序地开发利用、统筹规划，湿地建设保护要与水利兴修等项目相结合,降低湿地的开发和生产强度,进一步完善湿地保护管理制度,切实提高湿地面积的占比。

4.2.3 物种保护实施路径

4.2.3.1 太湖流域物种保护分阶段目标

本研究为遵循群落演替的规律,遵循先恢复群落基本结构,再逐步增加物种多样性的原则,以3年为单位,划分每个阶段的物种保护目标。

第一个阶段,即2021—2023年,这类水生态功能分区的工作目标应该以维持现有水生态物种保护目标为基础,以保持各功能分区现有底栖敏感种、鱼类敏感种及保护物种的种类、数量不减少为目标。在此基础上,开展物种繁殖水文需求、栖息地特征分析、人工繁殖技术、分子生物学等研究工作,开展珍稀土著鱼类增殖放流,物种繁殖监测工作,水生态环境质量监测,维持并改善水生态功能分区的水生态环境质量,为第二阶段提供基础。

第二个阶段,即2024—2026年。该阶段各类功能分区应以2030年物种保护目标为参考,积极开展2030年部分底栖敏感种、鱼类敏感种和保护物种的保护工作,使该阶段各区域的物种种类逐渐向2030年保护物种种类靠近。这时期,政府可根据物种繁衍的水文需求、栖息地需求的分析结果,逐步改善水环境质量,使各水生态环境功能分区满足保护物种生存、繁衍的条件。同时,定期开展水生态环境质量监测,维持并改善水生态功能分区的水生态环境质量,开展保护物种增殖放流,物种繁殖监测工作,为2030年的保护物种的数量持续上升提供基础。

第三阶段,即2028—2030年。该阶段的物种保护应以可检测到2030年物种保护目标并维持其数量稳定为奋斗目标。在第二阶段的基础上对物种进行观察和保护,使其种类和数量保持稳定。针对濒危的、靠自然条件难以繁殖、生存的物种,应开展物种增殖放流、物种繁殖监测工作,定期监测其生存环境、生活状态,为物种良好生存、繁衍提供良好环境。

表 4.2-1　太湖流域物种保护分阶段目标

时间段	阶段	物种保护目标
2020—2023	更新	维持2020年物种保护目标生存环境的稳定,在保证物种数量稳定的情况下,持续改善水质。同时,对标2030年保护目标,构建其生存、繁衍必须的条件,引入新的保护物种
2024—2026	积累-过渡	在前一阶段的基础上,维持新物种生存、繁衍的环境,使其能够在新的环境中存活下来,并保持物种数量持续增长
2028—2030	平稳	维持物种种类和数量的稳定

4.2.3.2 太湖流域物种保护实施路径

目标责任制在我国政府管理过程中扮演着重要的角色,有利于明确责任主体和时限、激发地方干部的群体性动力、促进地方政府之间的竞争。本研究为强化太湖流域的生物物种保护,恢复并提升流域整体的生物多样性与生态系统服务功能,确保太湖流域水生态环境功能分区完成2030年的物种保护目标,研究基于《江苏省太湖流域水生态环境功能区划(试行)》《江苏省野生动物保护条例》和政府部门职责有关规定制定太湖流域各部门物种保护的目标责任与未履行责任或明确违反物种保护的部门的责任追究办法,通过建立目标责任、惩罚机制,使各部门目标明确、责任清楚、惩罚分明。

1. 物种保护部门

以下构建的物种保护目标适用于物种保护部门,物种保护目标的责任实施对象为各市县物种保护部门的负责人。

市县两级人民政府应该构建跨区域的、跨部门的物种保护合作机制,定期组织相关区域、相关部门交流,沟通(每年≥2次)。

海洋与渔业管理部门应具有年度切实可行的物种保护规划及目标;开展水生生物增殖放流、实行禁渔区和禁渔期制度;每年至少一次监测、分析水生生物的数量、分布、结构、栖息地等情况;建立并更新保护物种及栖息地档案;定期开展物种保护宣传活动。

水生动物卫生与监督机构需要定期开展野生动物疫情防治、排查工作;定期开展野生动物疫情防治宣传工作,加强疫情防治工作。

环境保护主管部门要制定年度污染物减排量,消减入湖污染物量;定期对污染河流进行治理,为物种生存、繁衍提供良好的条件;辖区内建设在自然保护区,或对相关自然保护区域、野生动物迁徙洄游通道产生影响的项目全部进行野生动物生存环境影响评价;辖区内排污企业全部取得排污许可证,且合法排污。

水行政主管部门要制定年度水生态修复规划或计划,并组织实施;定期对河湖的生态环境进行监测,掌握河流生态健康状况;定期采取水生动植物恢复、水源补充、水体交换、减少污染源等措施,改善水生态环境质量。

交通行政主管部门要减少船舶污染,所有涉及渔业水域的港口、锚地建设和航道疏浚等工程全部采取防护或者补救措施。

工商行政主管部门应打击野生动物偷猎行为,定期对集贸市场的水生野生动物及其产品进行监督、管理,并定期进行检查;定期开展合法售卖野生动物的宣传工作。

经济与信息化行政主管部门要积极推进产业结构调整、产业升级优化工作，淘汰"三高"企业。

公安部门要打击违法犯罪活动，定期对违法售卖野生动物的个人或单位进行处罚。

住建部门要进一步提高城乡污水处理率，完成上级部门下达的目标。

2. 不履行物种保护的责任追究制度

为了进一步督促地区的物种保护工作，本研究制定了不履行物种保护的责任追究制度，责任追究制度的实施对象为各市县单位和相关人员。

（1）当各级物种保护部门的负责人在物种保护中出现以下不履行法定职责或破坏物种多样性行为的应当追究责任：① 履行职责不到位，组织领导不力，贯彻落实国家、省、市和县党委、政府物种保护决策部署不坚决、不彻底，部门物种保护目标任务未按时限完成的；② 不执行或不正确执行上级政府决定、指示、批示和指令，玩忽职守，贻误工作的；③ 在物种保护中推卸责任，推诿扯皮，造成恶劣影响的；④ 监管责任不落实，检查、监督不到位，致使部门物种保护工作严重滞后的；⑤ 保障措施不力，严重制约部门物种保护工作进展的；⑥ 职责范围内水生态功能分区的物种数量骤减，甚至出现物种灭绝等问题，未及时采取措施挽救或挽救不力的；⑦ 由于履职不力，辖区出现水生态环境破坏、破坏物种栖息地等行为，造成恶劣影响的；⑧ 其他应当追究责任的情形。

各相关责任部门责任人在履行物种保护职责过程中，有下列情形之一的，应当追究责任：① 对单位部署的物种保护工作，履行监管职责缺失，跟踪督导检查不力，致使年度目标任务未按时限完成的；② 对列入物种保护目标责任，不执行或执行不力、推卸责任、推诿扯皮，未按时限完成的或瞒报结果的；③ 因河流生态环境管理不力，造成区域河流水生态环境质量恶化、物种数量或种类减少的；④ 对侵占物种栖息地、破坏水生态环境、影响保护物种生存条件的项目、企业、污染等案件查处不力，或者应当依法实施清理、采取补救措施而不实施，造成严重影响的；⑤ 谎报、瞒报、拒报物种监测数据和违法情况，纵容、庇护、放任单位和个人非法售卖野生动物的；⑥ 对本部门本单位承担物种保护责任的相关工作人员教育、监管不力，出现失职渎职问题，造成严重影响的；⑦ 对辖区内发生疫情、严重水质污染等危及物种的突发性事件，出现瞒报、迟报或漏报行为的；⑧ 其他应当追究责任的情形。

对出现以上情形的单位和个人，采取以下方式问责：① 对领导班子集体责任追究，情节较轻的，责令限期进行整改；② 情节较重的，给予通报批评，约谈部门负责人；③ 情节特别严重的，可对领导班子进行改组。对领导班子集体责任追究时，应当分清集体责任和个人责任。

对相关责任人责任追究,需要给予批评教育、通报批评、责令做出书面检查、约谈、调离岗位、引咎辞职、责令辞职、免职、降职、调整领导班子、诫勉谈话以及给予纪律处分。涉嫌犯罪的,由纪委监委、组织人事部门按照干部管理权限及案件调查处理程序办理。

以上责任追究方式可以单独使用,也可以合并使用。

(2) 有下列情形之一的,从轻、减轻或免于责任追究:① 对职责范围内发生的问题及时如实报告并主动查处和纠正,有效避免损失或者挽回影响的;② 积极主动配合组织调查处理的;③ 认真整改,成效明显的;④ 其他从轻减轻情节。

(3) 有下列情形之一的,从重追究责任:① 对职责范围内发生的问题进行掩盖、袒护,或者对抗、干扰、阻碍组织调查的;② 问题发生后,不及时采取补救措施,导致危害后果扩大,或者被追究责任后,不总结教训,导致类似问题再次发生的;③ 对调查人、投诉人、检举控告人、证明人打击报复的;④ 其他从重情节。

在责任追究实施方面,上一级的人民政府及物种保护部门应该建立责任追究组织协调机制。畅通信访举报渠道,定期沟通情况,确保责任追究有序实施。同时应建立问责交办机制:市、县人民政府对检查发现、信访举报和有关部门移送的问题线索,需要追究责任的,由相关部门按照职责、权限和时限进行调查处理。监管部门和组织人事等相关部门接到物种保护责任追究建议后,应当及时进行调查核实,做出追究责任决定。责任追究决定书,应当自做出之日起按相关规定时限送达被追究对象及其所在单位。有关部门和单位办理责任追究事项的结果,应当在办理完毕后及时向有关部门上报,并将处理结果通报后报本级人民政府备案。对没有正当理由逾期不办的,追究有关人员的责任。

纪委监委、人事等相关部门通过以下渠道发现需要追究物种保护责任的,可直接启动问责程序,上级人民政府做好配合调查工作并提出问责建议:① 在纪律审查工作中发现的;② 通过群众来信来访和举报;③ 上级部门通报、曝光的;④ 接受有关司法、执法部门移交线索的;⑤ 通过其他途径发现的。

受到责任追究的领导班子和个人取消当年年度综合考核评价评优和评选各类先进的资格。受到调离岗位处理的,一年内不得提拔;受到责令辞职、免职处理的,一年内不得重新担任与其原任职务相当的领导职务,两年内不得提拔;受到降职处理的,两年内不得提拔。同时受到纪律处分的,按影响期较长的执行。对责任追究决定不服的,应当自收到责任追究决定书之日起,可在 15 日内向做出决定的机关提出书面申诉。责任追究决定机关应当自接到书面申诉之日起 30 日内做出申诉处理决定;申诉处理决定应当以书面形式告知申诉人及其所在单位。申诉期间,不停止责任追究决定的执行。

  此外,物种保护的有关部门、单位发现有追责情形的,应按照管理权限依法做出处理或及时向有关部门通报情况,移送问题线索。发现应追责情形但未按规定进行处理或不移交问题线索的,由上级部门依照规定追究有关领导和直接责任人的责任。

第五章

太湖流域水生态环境功能分区管理绩效评估研究

为准确掌握分区管理体系的实施现状、把握影响太湖流域生态系统健康的关键影响因子,从而有效评估太湖流域水生态环境功能分区管理对于水环境改善、生态多样性保护和土地空间利用管控的效果,因此,建立完整、科学、动态的绩效评估体系是改善太湖流域水生态环境功能分区管理的必要前提。

本研究以太湖流域水生态环境功能分区为研究对象,采用 PSR(压力-状态-响应)模型构建水生态环境功能分区管理的绩效评估技术框架,通过分级预警及动态模拟,耦合主体目标、多层级、多指标的响应关系,基于 GIS 构建太湖流域水生态环境功能分区管理绩效改善的动态评估、动态预警及动态模拟集成系统;分析敏感区水生态演变的控制性因子和驱动机制,建立太湖流域水生态敏感区敏感程度评估方法,开展太湖流域生态敏感区评估,为深化太湖流域的分区管理提供了技术支撑,为考核分区管理的实施奠定了研究基础。

5.1 太湖流域水生态环境功能分区管理绩效评估技术构建

本研究基于文献调研,系统梳理了国内外水生态环境功能分区管理绩效评估的研究,形成绩效评估指标集。基于江苏省太湖流域典型问题分析,综合考虑国家、省层面相关政策规划,采用 PSR 模型,从"压力-状态-响应"三个方面筛选绩效评估指标,构建多层级、多指标的综合绩效评估指标体系,并根据相关标准确定各指标的阈值范围及相对权重,形成水生态环境功能分区不同管理目标下的差异化绩效评估指标及绩效评估技术。在此基础上,基于考核要求以及相关政策规划文件,研究进一步确定了太湖流域水生态环境功能分区管理绩效评估的原则、过程及方法,形成太湖流域水生态环境功能分区管理绩效标准化评估流程,并利用 GIS 技术构建面向太湖流域水生态环境功能分区考核的、与规划政策等措施紧密关联的、反映时空变化的绩效评估方法。

5.1.1 水生态环境功能分区管理绩效评估指标体系

在文献调研的基础上,本研究总结了国内外在绩效评估方面的研究,整理各研究所采用的指标体系。通过分析太湖流域现存的典型问题,识别影响太湖流域生态系统健康的关键影响因子,作为潜在的绩效评估指标集,构成太湖流域水生态环境功能分区管理绩效评估指标体系,具体见表5.1-1。

表5.1-1 太湖流域水生态环境功能分区管理绩效评估指标集

一级指标	二级指标	三级指标
水质水生态	水质指标	重点监控断面水质达标率(%)
		地表水国控断面优于三类水质比例(%)
	水生态健康指数	河流水生态健康指数
	总量控制指标	COD排放量(t)
		氨氮排放量(t)
		总磷排放量(t)
		总氮排放量(t)
土地空间利用	生态红线管控要求	生态红线区域占比(%)
	土地利用	湿地占比(%)
		林地占比(%)
物种保护	物种保护目标	底栖、鱼类、保护物种敏感种类
	生物多样性	林木覆盖率(%)
		受保护地面积占国土面积比例(%)
社会经济	经济水平	人均GDP(元)
	人口水平指标	城镇化率(%)
	三产产值与结构	第二产业增加值占GDP的比重(%)
		高新技术产业产值占规模以上工业总产值比重(%)
		水利、环境和公共设施管理产值占GDP比重(%)
环境健康	水健康指标	城市污水处理率(%)
		生活垃圾无害化处理率(%)
政府管理效率	环保投入	新版排污许可证的发放比例(%)
		节能环保财政支出占GDP比重(%)
	环保人员配备	水利、环境和公共设施管理人员与从业人员比值(%)
	风险管控能力	重大风险源比例(%)

续 表

一级指标	二级指标	三级指标
行业发展	行业类型	单位工业增加值COD排放量(吨/元)
	集约程度指标	单位工业增加值能耗(吨/标煤)
	循环经济指标	工业用水重复利用率(%)
		高新企业占比(%)
	清洁生产指标	清洁生产企业占比(%)
能源消耗	综合能耗	单位工业增加值废水排放量(吨/元)

5.1.2 太湖流域水生态环境功能分区管理绩效评估技术

在构建的太湖流域水生态环境功能分区管理绩效评估指标集的基础上，本研究基于科学性、客观性、可操作性、综合性、公平性、数据可获得性原则，对太湖流域水生态环境功能分区管理绩效评估指标集的指标进行筛选，并采用PSR模型，从"压力-状态-响应"三个方面筛选指标，构建本研究的评估框架。同时，本研究采用均权法确定指标权重，最终构建太湖流域水生态环境功能分区管理绩效评估技术。

5.1.2.1 PSR模型

PSR概念框架即"压力-状态-响应"模型，始于20世纪70年代，由加拿大政府首先应用于政府方面经济预算与环境保护的问题研究。该框架由压力指标、状态指标和响应指标这三类指标构成，其中，P代表的是压力，反映的是输出；S代表的是状态，反映的是收益；R代表的是响应，反映的是投入。

PSR模型是能够反映人类活动施加的压力、系统状态以及人类做出的响应。其主要优点在于它突出了环境与面对环境的应力之间的因果关系，以及压力、状态、响应三层之间的相互制约和相互作用。其主要目的是在评价环境系统可持续性的基础上，探讨人类活动与环境变化之间的因果关系。在水体流域环境中应用比较广泛。

太湖生态环境状况既受内在因素即系统的自维持能力和抵抗力强弱的影响，也受外在驱动力的干扰。PSR模型从太湖生态环境变化原因出发，通过压力、状态、响应三方面的指标，充分展现上述因果关系的同时，每个指标可进行分级化处理形成次一级子指标体系，与其他模型体系相比，PSR更注重指标之间的因果关系及其多元空间联系。如图5.1-1所示。

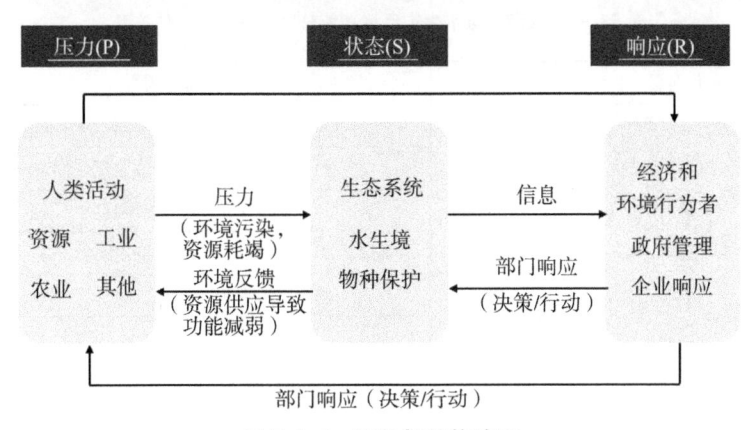

图 5.1-1　PSR 框架构建图

5.1.2.2　指标体系

本研究采用 PSR 模型构建指标体系。以太湖流域水生态环境功能分区为研究对象，基于"十二五"水生态环境功能质量评价与考核等研究成果，结合太湖情况，针对压力、状态和响应分别筛选出对应的分目标层，指标层。

压力层指标基于环境污染和资源利用两个方面筛选指标。人们在不断开发利用自然资源的同时，也在破坏环境造成环境污染，造成了对生态系统的压力。《区划》提出要对污染物进行总量控制，通过单位面积 COD、氨氮排放强度，从终端废水污染物排放方面体现对环境产生的压力，客观评估各功能分区污染物总量控制情况，并且，太湖湖体总磷指标较差，作为太湖特征污染物，将单位面积总磷排放强度纳入环境污染总量控制因子，体现了太湖治理特色。专家建议增加单位耕地面积化肥施用量指标，体现了水环境中农业源污染排放情况。

状态层指标基于水生境、土地利用和物种保护三方面筛选指标。水生境体现了水生态环境功能分区水质状况，物种保护体现了生态环境中生物情况。《区划》中明确将水质、水生态健康以及物种保护情况作为主要考核指标，明确各指标中长期管控目标。

响应层指标根据污水处理、清洁生产及产业结构调整三个方面筛选指标。《江苏省"十三五"太湖流域水环境综合治理行动方案》中明确要求不断开展污水处理厂升级改造，全面提高工业企业清洁生产水平，并提出产业结构调整任务仍然艰巨，应不断推进区域产业转型升级。

因此，压力包括环境污染和资源利用；状态包括水生境、物种保护和土地利用；响应包括污水处理、清洁生产和产业结构调整。具体指标见表 5.1-2。

表 5.1-2　太湖流域水生态环境功能分区管理绩效评估体系

目标层	准则层	分目标层	指标层
水生态环境功能分区环境绩效指数	压力（环境效率）	环境污染	单位面积 COD 排放强度（－）
			单位面积氨氮排放强度（－）
			单位面积总磷排放强度（－）
			单位耕地面积化肥施用量（－）
		资源利用	建设用地面积占比（－）
			单位 GDP 用水量（－）
	状态（环境质量）	水质	重点监控断面优Ⅲ类比例（＋）
		水生态	水生态健康指数（＋）
		土地利用	湿地＋林地占比（＋）
		物种保护	底栖敏感种达标情况（＋）
	响应（环境治理）	污水处理	城市污水处理率（＋）
		清洁生产	清洁生产审核重点企业个数比例（＋）
		产业结构调整	高新技术产业产值占规模以上工业产值比重（＋）
			单位 GDP 能耗（－）

5.1.2.3　数据标准化

由于各项指标的计量单位并不统一，因此需要进行标准化处理，本研究针对每个指标选取一定的参考值，并无量纲化处理指标现状值，在参考对比的基础上进行环境绩效指数综合评估。对于正向指标，归一化处理序列中指标上限参考值赋值为 1；对于逆向指标，归一化处理序列指标下限制赋值为 1。具体公式如下：

对于正向指标：

$$x_{ij} = \begin{cases} \dfrac{a}{a_{ref}}, & a < a_{ref} \\ 1, & a \geqslant a_{ref} \end{cases} \quad (5.1-1)$$

对于负向指标：

$$x_{ij} = \begin{cases} \dfrac{a_{ref}}{a}, & a > a_{ref} \\ 1, & a \leqslant a_{ref} \end{cases} \quad (5.1-2)$$

式中，a 为指标的数值；a_{ref} 为指标参考值；x_{ij} 为指标的标准化结果。其中不同功能分区的管控目标不一，因此根据国家与地方的相关标准、科学研究成果等，分别对四类功能分区选取不同的标准参考值，从而突出分区不同的管控要求。

5.1.2.4 指标赋权与绩效评估结果

为了更真实可靠地反映太湖流域分区管理绩效结果,使其更接近于实际情况,本研究优化了单一的均权法,结合专家判断矩阵打分确定最终具体指标权重,即主客观组合赋权法,从目标层到准则层、指标层,逐一赋权。首先将指标权重严格均权下去,与专家进行开会研讨,对权重是否反映实际情况进行深入讨论。

本研究认为,太湖流域状态为管理效果最直接的体现,《区划》中明确将水质、水生态、土地利用及物种保护列为重点管控目标,因此认为状态指标与压力、响应相比,较为重要,根据相对重要标准,形成一级指标判断矩阵,如表5.1-3所示,状态被赋予较高权重,压力:状态:响应为2:6:2。

而在状态层中,由于物种保护情况通过流域生物检出情况间接反映水质健康状态,认为物种保护指标与水质、水生态、土地利用相比,对结果的影响不大,本研究对状态层二级指标进行判断矩阵打分,具体打分情况如表5.1-4所示,物种保护被赋予较低权重。

基于主观赋权对均权法的改良,权重由准则层向分目标层、指标层继续向下均分,由此逐级加权得到各具体指标权重值,见表5.1-5。

表5.1-3 一级指标判断矩阵

水生态环境功能分区环境绩效指数	Ai			权重 W_i
	压力	状态	响应	
压力	1	1/3	1	0.2
状态	3	1	3	0.6
响应	1	1/3	1	0.2

表5.1-4 二级指标判断矩阵

状态子系统	Bi				权重 W_i
	水质	水生态	土地利用	物种保护	
水质	1	1	1	3	0.3
水生态	1	1	1	3	0.3
土地利用	1	1	1	3	0.3
物种保护	1/3	1/3	1/3	1	0.1

环境绩效指数(Environmental Performance Index,EPI)是对政策中的环保绩效的量化度量,通过将所有指标值根据指标权重进行线性加和的结果,具体公式如下:

$$EPI = \sum_{i=1}^{n}(w_i x_i)$$

式中,n为指标数;w_i为第i个指标的权重;x_i为该指标的标准化值。

表 5.1-5　太湖流域水生态环境功能分区管控绩效评估指标

准则层	分目标层	指标层	计算公式及说明	指标选取依据	权重
压力（环境效率）	环境污染	单位面积COD排放强度（一）	化学需氧量排放总量/土地面积	《江苏省太湖流域水生态环境功能分区划（试行）》提出要对污染物进行总量控制，单位面积COD排放强度从终端废水排放方面体现了对环境产生的压力	0.025
		单位面积氨氮排放强度（一）	氨氮排放总量/土地面积		0.025
		单位面积总磷排放强度（一）	总磷排放总量/土地面积	太湖湖体总磷指标较差，关注程度日益增加，体现了太湖治理特色	0.025
		单位排地面积化肥施用量（一）	化肥施用量/耕地面积	专家建议增加指标，体现了水环境中农业源污染排放情况	0.025
		建设用地面积占比（一）	建设用地面积/土地面积		0.050
	资源利用	单位GDP用水量（一）	用水总量/区域GDP	《江苏省太湖流域水生态环境功能分区划（试行）》提出要实施差别化的流域产业结构调整与准入政策，万元GDP水耗从水资源利用方面体现了对水资源的利用效率	0.050
状态（环境质量）	水质	重点监控断面优Ⅲ类比例（+）	水质省考及以上断面达标数/省考及以上断面总数	《江苏省太湖流域水生态环境功能分区划（试行）》中明确将水质作为主要考核指标之一，明确水质管控目标	0.180
	水生态	水生态健康指数（+）	由藻类、底栖生物、富营养指数等组成	《江苏省太湖流域水生态环境功能分区划（试行）》中明确将水生态健康作为主要考核指标之一，明确水生态分级管控目标	0.180
	土地利用	湿地+林地占比（+）	湿地面积+林地面积比占	《江苏省太湖流域水生态环境功能分区划（试行）》中明确将土地利用作为主要考核指标之一，明确分级空间管控目标，确定分级湿地+林地面积比例目标	0.180
	物种保护	底栖敏感种达标情况（+）	底栖敏感种检出数量/区划要求检出物种数量	底栖敏感种是指对太湖流域水生态环境变化反应敏感的底栖物种，同时明确各功能分区水生生物种保护情况，在一定程度上可以反映太湖水生态环境的状况	0.060

续　表

准则层	分目标层	指标层	计算公式及说明	指标选取依据	权重
响应（环境治理）	污水处理	城市污水处理率（+）	经管网进入污水处理厂处理的城市污水量与污水排放总量比值	城市污水处理率体现了污水处理设施管理情况	0.067
	清洁生产	清洁生产审核重点企业比例（+）	江苏省对外公布实施强制性清洁生产审核的重点企业名单中企业个数/区域企业总个数	江苏省对外公布实施强制性清洁生产审核的重点企业名单,公布的企业应该按照有关规定,在名单公布后两个月内开展清洁生产审核	0.067
	产业结构调整	高新技术产业产值占规模以上工业产值比重（+）	高新技术产业产值与规模以上工业产值比值	高新技术产业是以高新技术及其产品的研究、开发,生产和技术服务的企业集合,体现了地区的产业结构转型	0.033
		单位GDP能耗（−）	综合能源消耗量/区域GDP	能耗既能反映产业结构调整,也能反映淘汰落后产能效果	0.033

5.1.3 太湖流域水生态环境功能分区管理标准化评估流程

5.1.3.1 技术路线

为明确绩效评估的具体路线和步骤，本研究绘制了如图5.1-2所示的技术路线图。本研究基于"十一五""十二五"太湖流域水生态环境功能分区研究，构建太湖流域水生态环境功能分区管理绩效指标集。经过进一步筛选确定最终绩效评估框架体系。收集相关指标数据，对49个功能分区进行绩效评估，分析结果及其合理性。

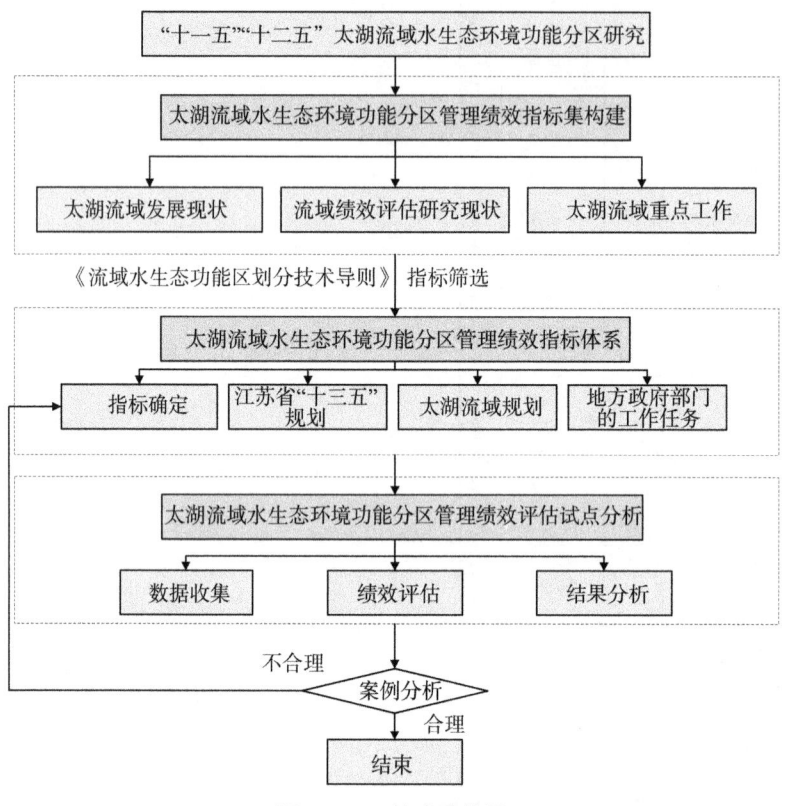

图 5.1-2　技术路线图

5.1.3.2 绩效评估指标集构建

通过实地调研、数据挖掘和Meta分析，收集太湖流域与生态环境功能分区关联的水质、生态、经济等数据，定性与定量相结合分析太湖流域生态环境自然特征和社会发展轨迹，识别影响太湖流域生态系统健康的关键影响因子，作为潜在的绩效评估指标集。

5.1.3.3 多维度绩效评估指标体系

基于多类型水生态环境功能区不同层级的评估指标集,以及可获取的定量化数据,构建面向太湖流域水生态环境功能分区考核的、与规划政策等措施紧密关联的、反映时空变化的绩效评估方法。通过对已有研究成果的指标体系进行整理分析,综合考虑太湖流域的特点与问题、数据的可获得性,结合太湖情况,从压力、状态和响应三个方面选取指标评估49个功能区的环境绩效。

5.1.3.4 绩效评估指标参考值设置

由于各项指标的计量单位并不统一,因此需要进行标准化处理,即把指标的绝对值转化为相对值,从而解决各项不同质指标值的同质化问题。即每个指标需建立评价标准参考值,针对每个指标选取一定的上限参考值、下限参考值,并无量纲化处理指标现状值,在参考对比的基础上进行环境绩效指数综合评估。对于正向指标,归一化处理序列中指标上限参考值赋值为1;对于逆向指标,归一化处理序列指标下限制赋值为1。具体公式如下。其中不同功能分区的管控目标不一,因此分别对四类功能分区选取不同的标准参考值,从而突出分区不同的管控要求。

正向指标:

$$x_{ij} = \begin{cases} \dfrac{a}{a_{ref}}, & a < a_{ref} \\ 1, & a > a_{ref} \end{cases} \quad (5.1\text{-}3)$$

负向指标:

$$x_{ij} = \begin{cases} \dfrac{a_{ref}}{a}, & a > a_{ref} \\ 1, & a < a_{ref} \end{cases} \quad (5.1\text{-}4)$$

式中,a 为指标的数值;a_{ref} 为指标的参考值;x_{ij} 为指标的标准化结果。

5.1.3.5 差异化绩效评估结果

根据国家与地方的相关标准、科学研究成果等确定各指标阈值范围与相对权重,计算水生态环境功能分区不同管理目标下的差异化绩效评估结果。采用专家主观意见及客观均权法计算各指标的权重,计算环境绩效指数(EPI)。

计算得到各生态功能分区的 EPI 值标。

5.2 太湖流域水生态环境功能分区管理绩效评估

5.2.1 水生态环境功能分区管理绩效评估

"十二五"期间,江苏省划分太湖流域水生态环境功能分区49个,分为生态Ⅰ级区—生态Ⅳ级区共四个等级,并制定了水生态管理、空间管控和物种保护三大类目标,建立了分区、分级、分类、分期管理体系。本研究为展现太湖流域水生态环境功能分区管理的实施效果,基于构建的绩效评估指标体系,以2016—2018年为评估年份,对太湖流域49个功能分区进行绩效评估,形成面向太湖流域水生态环境功能分区考核的、与规划政策等措施紧密关联的、反映时空变化的管理绩效评估结果与分析。

5.2.1.1 分区管理绩效评估结果分析

1. 综合绩效评估指数

基于上述方法体系,计算得到2016—2019年太湖流域49个水生态环境功能分区综合绩效指数得分。本研究以生态功能分区为评估对象,分别得到49个生态功能分区结果,而由于治理责任仍落到县区层面,因此以县区为基本单元,展示其涉及生态功能分区2016—2019年得分情况以及2016—2019年得分变化情况,具体见表5.2-1。由表可知,太湖流域水生态环境功能分区综合绩效得分整体均得到了不同程度的提高,其中以分区Ⅱ-10太湖南部湖区重要生境维持-水文调节功能区增加最为明显,该区域类型为湖区,涉及行政区域为苏州市吴中区,综合绩效得分由2016年的58.97分增加至2019年的90.00分,主要原因是由于省考及以上断面优Ⅲ类比例由2016年的0%提升至2019年的100%,漾西港监测断面水质类别提升明显。其中,综合绩效得分下降最为明显的水生态环境功能分区为生态Ⅱ级区-06贡湖东岸生物多样性维持-水文调节功能区,该区域为陆域,涉及行政区域包括苏州高新区及相城区相关乡镇。综合绩效得分由2016年的65.14分下降至2019年的58.18分,主要原因是由于浒关上游监测断面于2019年水质类别下降至Ⅳ类水,水质变差,同时,水生态健康指数及底栖敏感种达标情况较差。具体见表5.2-2。

表 5.2-1 太湖流域水生态环境功能分区管理综合绩效评估结果(地级市)

地级市	县级市	生态功能分区	2016 年	2017 年	2018 年	2019 年	2019 与 2016 年的差值
常州	金坛区	Ⅰ-01	71.46	72.84	77.32	74.03	2.57
		Ⅱ-01	55.04	76.75	75.27	82.17	27.13
		Ⅲ-04	63.44	68.54	73.67	63.79	0.35
	武进区	Ⅱ-02	59.81	69.49	79.40	55.84	−3.97
		Ⅱ-07*	65.64	95.64	67.82	61.60	−4.04
		Ⅱ-09*	58.97	58.97	59.82	57.91	−1.06
		Ⅲ-09	68.79	81.44	66.38	87.93	19.13
		Ⅲ-12	71.15	85.22	78.61	87.68	16.53
		Ⅲ-20*	63.33	63.33	56.44	62.50	−0.83
		Ⅳ-02	54.43	70.43	72.90	74.66	20.22
		Ⅳ-03	59.91	67.80	79.69	70.88	10.97
	新北区	Ⅲ-03	65.82	71.52	81.32	76.18	10.35
		Ⅲ-08	60.59	69.13	72.22	71.47	10.88
		Ⅳ-02	54.43	70.43	72.90	74.66	20.22
	天宁区	Ⅳ-02	54.43	70.43	72.90	74.66	20.22
		Ⅳ-03	59.91	67.80	79.69	70.88	10.97
	钟楼区	Ⅳ-02	54.43	70.43	72.90	74.66	20.22
	溧阳市	Ⅰ-02	80.48	88.68	88.47	88.48	8.00
		Ⅲ-05	79.37	86.76	84.62	81.81	2.44
		Ⅲ-06	72.55	85.86	86.86	82.24	9.70
镇江	丹徒区	Ⅱ-01	55.04	76.75	75.27	82.17	27.13
		Ⅳ-01	74.34	85.91	86.54	85.97	11.63
	句容市	Ⅱ-01	55.04	76.75	75.27	82.17	27.13
	丹阳市	Ⅲ-01	70.63	88.34	81.22	88.04	17.40
		Ⅲ-02	78.15	86.84	84.03	83.08	4.93
		Ⅲ-03	65.82	71.52	81.32	76.18	10.35
	京口区	Ⅳ-01	74.34	85.91	86.54	85.97	11.63
	润州区	Ⅳ-01	74.34	85.91	86.54	85.97	11.63
	镇江新区	Ⅳ-01	74.34	85.91	86.54	85.97	11.63
南京	高淳区	Ⅲ-05	79.37	86.76	84.62	81.81	2.44

续 表

地级市	县级市	生态功能分区	2016年	2017年	2018年	2019年	2019与2016年的差值
无锡	宜兴市	I-03	78.27	83.65	81.36	83.36	5.09
		II-02	59.81	69.49	79.40	55.84	−3.97
		II-03	69.91	81.86	71.27	77.43	7.52
		II-07*	65.64	95.64	67.82	61.60	−4.04
		II-09*	58.97	58.97	59.82	57.91	−1.06
		III-07	73.70	91.88	85.09	85.42	11.73
		III-10	66.16	83.11	75.69	80.55	14.39
		III-11	65.61	75.87	70.69	77.84	12.24
		III-20*	63.33	63.33	56.44	62.50	−0.83
	滨湖区	II-08	57.33	57.33	60.03	59.95	2.62
		II-09	58.97	58.97	59.82	57.91	−1.06
		III-12	71.15	85.22	78.61	87.68	16.53
		III-13	68.23	81.17	84.44	75.11	6.88
		III-20*	63.33	63.33	56.44	62.50	−0.83
	江阴市	III-08	60.59	69.13	72.22	71.47	10.88
		IV-03	59.91	67.80	79.69	70.88	10.97
		IV-04	70.06	85.52	79.36	81.85	11.80
		IV-05	60.70	68.20	62.20	86.39	25.70
		IV-07	56.22	69.06	61.90	80.19	23.97
	惠山区	III-12	71.15	85.22	78.61	87.68	16.53
		IV-03	59.91	67.80	79.69	70.88	10.97
		IV-06	60.30	62.40	78.41	78.39	18.09
	新吴区	III-13	68.23	81.17	84.44	75.11	6.88
		III-14	69.85	74.78	73.72	69.22	−0.63
		IV-06	60.30	62.40	78.41	78.39	18.09
	锡山区	III-14	69.85	74.78	73.72	69.22	−0.63
		III-19	64.57	87.08	79.59	80.04	15.47
		IV-06	60.30	62.40	78.41	78.39	18.09
	梁溪区	IV-06	60.30	62.40	78.41	78.39	18.09
苏州	相城区	I-04	59.91	70.44	68.63	66.80	6.89
		II-06	65.14	72.48	69.90	58.18	−6.96
		II-08*	57.33	57.33	60.03	59.95	2.62

续 表

地级市	县级市	生态功能分区	2016年	2017年	2018年	2019年	2019与2016年的差值
苏州	相城区	Ⅲ-19	64.57	87.08	79.59	80.04	15.47
		Ⅳ-14	82.69	84.61	86.43	84.52	1.83
	高新区	Ⅰ-05*	80.10	93.43	88.10	74.19	−5.90
		Ⅱ-06	65.14	72.48	69.90	58.18	−6.96
		Ⅱ-08	57.33	57.33	60.03	59.95	2.62
		Ⅱ-09	58.97	58.97	59.82	57.91	−1.06
		Ⅳ-14	82.69	84.61	86.43	84.52	1.83
	吴中区	Ⅰ-05*	80.10	93.43	88.10	74.19	−5.90
		Ⅱ-05	64.39	65.28	68.37	65.84	1.44
		Ⅱ-09*	58.97	58.97	59.82	57.91	−1.06
		Ⅱ-10*	58.97	58.97	60.00	90.00	31.03
		Ⅲ-17	78.65	86.16	87.80	90.24	11.59
		Ⅲ-18	89.44	88.99	86.20	84.85	−4.59
		Ⅲ-20*	63.33	63.33	56.44	62.50	−0.83
		Ⅳ-14	82.69	84.61	86.43	84.52	1.83
	吴江区	Ⅰ-05*	80.10	93.43	88.10	74.19	−5.90
		Ⅱ-04	71.25	75.59	78.77	72.95	1.70
		Ⅲ-17	78.65	86.16	87.80	90.24	11.59
		Ⅲ-18	89.44	88.99	86.20	84.85	−4.59
		Ⅳ-13	63.78	65.07	61.79	65.36	1.58
		Ⅳ-14	82.69	84.61	86.43	84.52	1.83
	常熟市	Ⅲ-15	60.37	72.76	73.80	71.68	11.31
		Ⅲ-16	78.18	76.44	83.25	82.54	4.36
		Ⅳ-10	68.10	89.64	90.32	87.98	19.88
	张家港市	Ⅳ-08	50.33	74.26	73.75	72.68	22.35
		Ⅳ-09	51.69	63.00	84.93	82.15	30.46
	太仓市	Ⅳ-11	64.61	87.60	84.12	87.23	22.63
		Ⅳ-12	69.19	84.15	85.70	84.82	15.64
	昆山市	Ⅲ-17	78.65	86.16	87.80	90.24	11.59
		Ⅳ-12	69.19	84.15	85.70	84.82	15.64
	姑苏区	Ⅳ-14	82.69	84.61	86.43	84.52	1.83
	苏州工业园区	Ⅳ-14	82.69	84.61	86.43	84.52	1.83

注：表格中带*号表示此功能分区为湖区。

表 5.2-2　太湖流域水生态环境功能分区管理综合绩效评估结果(功能分区)

水生态环境功能分区	2016 年	2017 年	2018 年	2019 年	2019 与 2016 年的差值
Ⅰ-01	71.46	72.84	77.32	74.03	2.57
Ⅰ-02	80.48	88.68	88.47	88.48	8.00
Ⅰ-03	78.27	83.65	81.36	83.36	5.09
Ⅰ-04	59.91	70.44	68.63	66.80	6.89
Ⅰ-05*	80.10	93.43	88.10	74.19	−5.90
Ⅱ-01	55.04	76.75	75.27	82.17	27.13
Ⅱ-02	59.81	69.49	79.40	55.84	−3.97
Ⅱ-03	69.91	81.86	71.27	77.43	7.52
Ⅱ-04	71.25	75.59	78.77	72.95	1.70
Ⅱ-05	64.39	65.28	68.37	65.84	1.44
Ⅱ-06	65.14	72.48	69.90	58.18	−6.96
Ⅱ-07*	65.64	95.64	67.82	61.60	−4.04
Ⅱ-08*	57.33	57.33	60.03	59.95	2.62
Ⅱ-09*	58.97	58.97	59.82	57.91	−1.06
Ⅱ-10*	58.97	58.97	60.00	90.00	31.03
Ⅲ-01	70.63	88.34	81.22	88.04	17.40
Ⅲ-02	78.15	86.84	84.03	83.08	4.93
Ⅲ-03	65.82	71.52	81.32	76.18	10.35
Ⅲ-04	63.44	68.54	73.67	63.79	0.35
Ⅲ-05	79.37	86.76	84.62	81.81	2.44
Ⅲ-06	72.55	85.86	86.86	82.24	9.70
Ⅲ-07	73.70	91.88	85.09	85.42	11.73
Ⅲ-08	60.59	69.13	72.22	71.47	10.88
Ⅲ-09	68.79	81.44	66.38	87.93	19.13
Ⅲ-10	66.16	83.11	75.69	80.55	14.39
Ⅲ-11	65.61	75.87	70.69	77.84	12.24
Ⅲ-12	71.15	85.22	78.61	87.68	16.53
Ⅲ-13	68.23	81.17	84.44	75.11	6.88
Ⅲ-14	69.85	74.78	73.72	69.22	−0.63
Ⅲ-15	60.37	72.76	73.80	71.68	11.31
Ⅲ-16	78.18	76.44	83.25	82.54	4.36
Ⅲ-17	78.65	86.16	87.80	90.24	11.59

续　表

水生态环境功能分区	2016 年	2017 年	2018 年	2019 年	2019 与 2016 年的差值
Ⅲ-18	89.44	88.99	86.20	84.85	−4.59
Ⅲ-19*	64.57	87.08	79.59	80.04	15.47
Ⅲ-20	63.33	63.33	56.44	62.50	−0.83
Ⅳ-01	74.34	85.91	86.54	85.97	11.63
Ⅳ-02	54.43	70.43	72.90	74.66	20.22
Ⅳ-03	59.91	67.80	79.69	70.88	10.97
Ⅳ-04	70.06	85.52	79.36	81.85	11.80
Ⅳ-05	60.70	68.20	62.20	86.39	25.70
Ⅳ-06	60.30	62.40	78.41	78.39	18.09
Ⅳ-07	56.22	69.06	61.90	80.19	23.97
Ⅳ-08	50.33	74.26	73.75	72.68	22.35
Ⅳ-09	51.69	63.00	84.93	82.15	30.46
Ⅳ-10	68.10	89.64	90.32	87.98	19.88
Ⅳ-11	64.61	87.60	84.12	87.23	22.63
Ⅳ-12	69.19	84.15	85.70	84.82	15.64
Ⅳ-13	63.78	65.07	61.79	65.36	1.58
Ⅳ-14	82.69	84.61	86.43	84.52	1.83

注：表格中带＊号表示此功能分区为湖区。

为使结果更为直观，通过对综合绩效得分做均值处理，如图 5.2-1 所示，从时间尺度上来看，综合绩效指数逐年上升，2019 年综合绩效指数均值为 77.02，相较于 2016 年提高了 9.85 分，其中，压力、状态、响应指数分别提高了 3.19 分、16.01 分、−2.84 分，3 项指数对综合绩效指数提高的贡献率分别为 19.48％、97.89％和−17.3645％。其中状态类指标整体上得到了良好的改善，压力类指标稳步有所贡献，响应类指标基本保持较为稳定的状态，指标得分多集中在 75～85 分。

从空间方面来看，对四类功能分区分别计算其综合绩效指数平均值，结果如图 5.2-2 所示。绩效评估方法针对依据功能分区特性，对于每一类功能分区设置不同参考值进行计算，四类功能分区参考值呈生态Ⅰ级区＞生态Ⅱ级区＞生Ⅲ级区＞生态Ⅳ级区梯度下降，以各水生态环境功能分区的不同参考值进行标准化，得到其绩效相对改善结果，结果显示四类生态功能分区得分相差不大，表明实际水生态环境功能分区管理绩效生态Ⅰ级区至生态Ⅳ级区呈梯度下降态

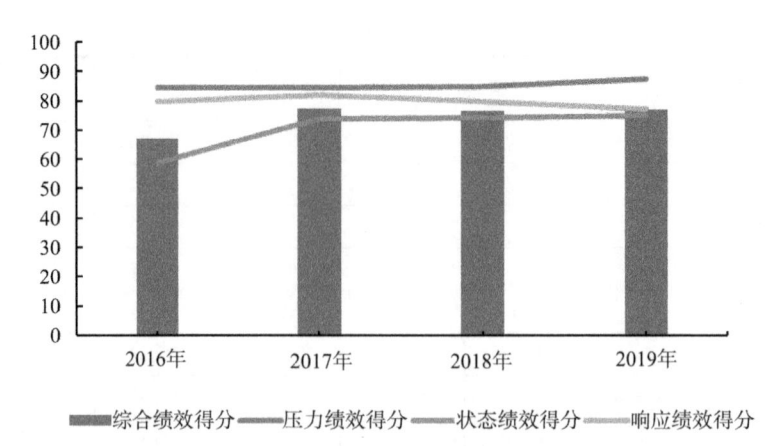

图 5.2-1　生态功能分区整体综合绩效得分均值变化

势,各生态功能分区针对其设定目标达成度趋于一致,也能说明目标设定的合理性,整体上与功能区划分基本匹配,符合客观事实规律。从时间方面来看,四类生态功能分区在 2016—2019 年整体有所波动,2019 年综合绩效指数相比于 2016 年均有不同程度的增加。其中生态Ⅰ级区、生态Ⅱ级区 2017 年、2018 年综合绩效表现最优,2019 年波动下降;生态Ⅲ级区呈波动性上升趋势,2018 年综合绩效指数有所下降,2019 年又有所回升;生态Ⅳ级区综合绩效指数逐年稳步上升,管理绩效改善成果显著,2019 年较 2016 年综合绩效指数增加 26.71%。2017 年整体变化最为明显,四类功能分区综合绩效得分均有不同程度增加,2018 年、2019 年增加幅度变缓,生态Ⅰ级区、生态Ⅲ级区综合绩效得分有小幅度回落,但整体仍呈提升趋势。

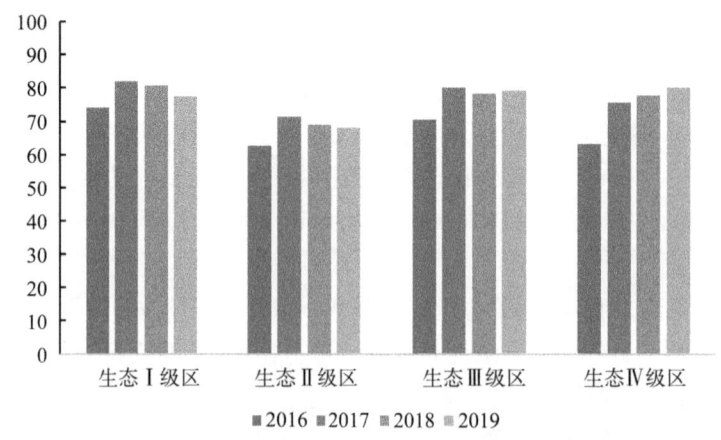

图 5.2-2　四类生态功能分区综合绩效得分均值变化

为便于从时空方面评估比较绩效,通过 GIS 技术实现多时空维度下的分区管理绩效动态展现,对不同分区、不同评估期的评估绩效进行纵、横层面上的对比分析。利用 GIS 作图,表示出各生态功能分区的综合绩效指数,对绩效评估指数综合得分区间以不同颜色进行区分,直观地表现出绩效评估结果在各功能分区间的分布,如图 5.2-3。太湖流域生态功能分区综合绩效水平不断向好发展,其中 2017 年提升最为明显,2016 年综合绩效得分多集中在 60～80 分,而 2017 年环境管理改善效果最为明显,80～100 分区间功能分区个数显著增加,至 2019 年环境管理绩效持续呈改善态势,综合绩效得分多集中在 70～90 分。

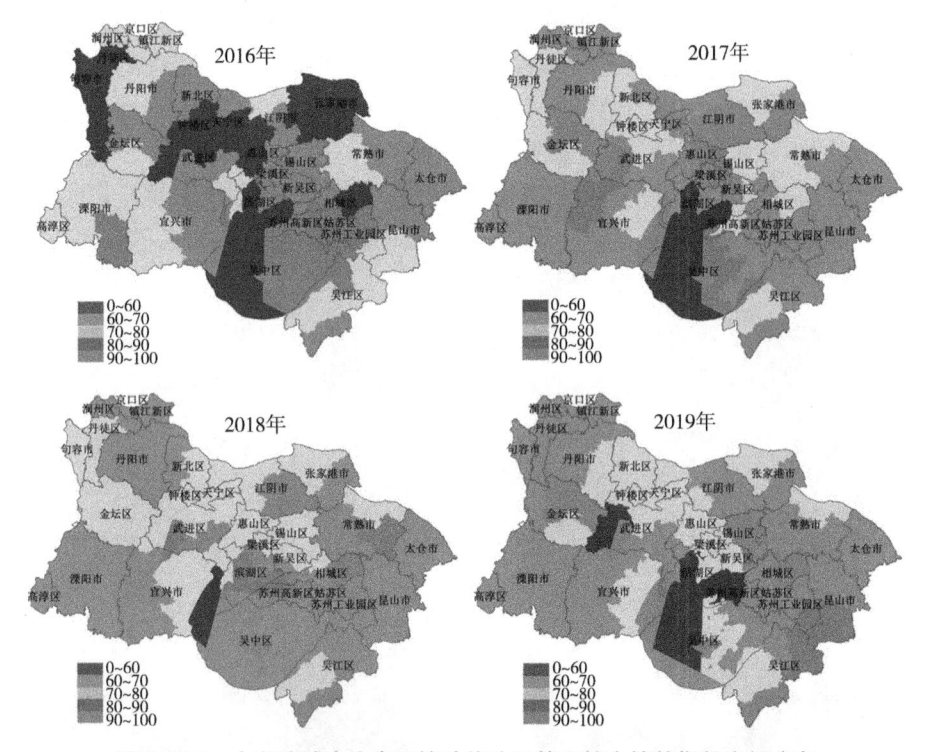

图 5.2-3　太湖流域水生态环境功能分区管理综合绩效指数空间分布

2. 压力系统发展趋势分析

基于压力层指标体系及权重设置,计算单项压力层级得分,计算得到 2016—2019 年太湖流域 49 个水生态环境功能分区压力指数得分。通过 GIS 技术实现多时空维度下的压力指标动态变化展现,对不同分区、不同评估期的压力得分进行纵、横层面上的对比分析,如图 5.2-4 所示。太湖流域生态环境功能分区压力指标层不断向好发展,污染排放得到良好的控制,资源利用趋于高效。三年间压力得分变化整体不显著,部分地区改善明显。

从功能分区角度看,太湖流域水生态环境功能分区压力得分整体得到提高,部分分区指标稍有下降,其中Ⅲ-08 得分下降相对较为明显,2019 年压力层指标得分较 2016 年下降 12.10 分,其涉及行政区域包括无锡宜兴市和常州新北区,得分下降主要原因是氨氮及总磷排放量增加明显,污染减排力度不够。其他地区污染物减排力度不断加大,COD、氨氮、总磷污染物减排效果显著,得分得到明显提升,其中以生态Ⅳ级区-11 太仓北部重要生境维持-水质净化功能区最为明显,其涉及行政区域包括苏州太仓市,压力层得分从 2016 年到 2019 年得到极大提升,主要原因为污染物排放得到良好的控制,尤其是总磷的排放控制。

从行政分区角度看,2016 年压力得分较差区域集中在镇江市区、苏州市区等。2017 年压力指标层得分多集中在 70 分以上,仅常熟市部分地区得分在 60 分以下,需要进一步改善资源环境利用水平,西南部地区压力指标控制良好。综上所述,整体从时间序列上看,水生态环境功能分区在污染控制,节约水资源方面持续转好;从区域上看,常州金坛、溧阳、南京高淳等地区的水生态环境功能分区压力类得分均较高,且分数逐年有所提升,苏州市区、镇江市区、常州市区等地压力类得分相对低,但也呈转好态势。2019 年仅常熟市北部区域得分在 60 分以下,需进一步重点关注资源环境利用。

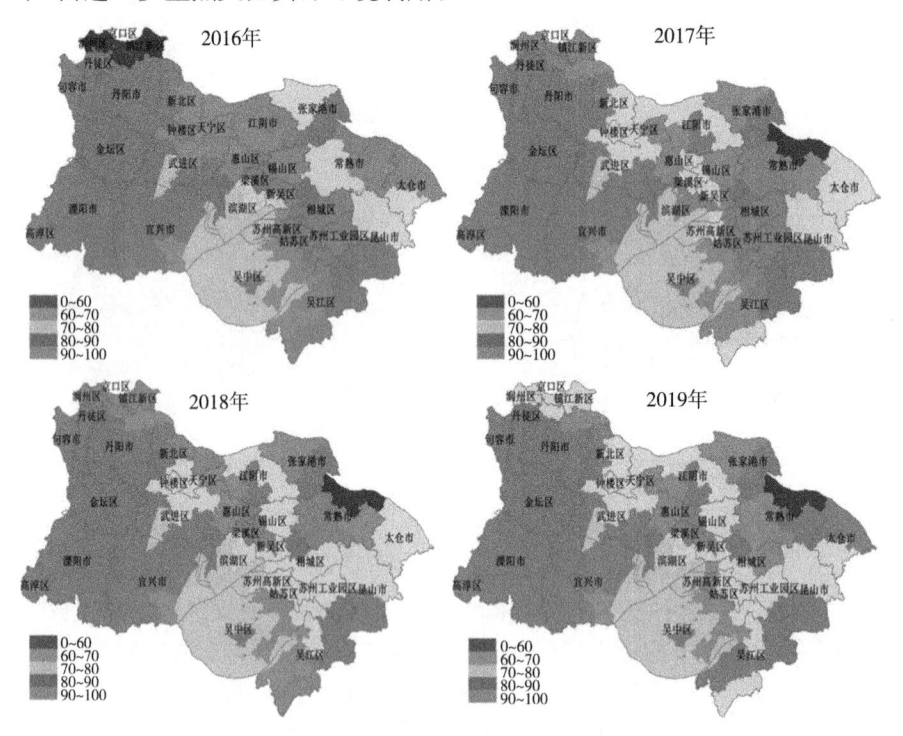

图 5.2-4 太湖流域水生态环境功能分区管理压力层得分空间分布

(1) 单位面积污染物排放

2016—2019 年,生态Ⅰ级区、生态Ⅱ级区整体上符合定位要求,污染物排放情况良好,仅有两个水生态环境功能分区污染物排放压力较大,其中苏州市相城区东部生态Ⅰ级区-04阳澄湖生物多样性维持-水文调节功能区单位面积污染物排放量远高于其他分区,需进一步加强污染物排放管控;苏州市吴江区生态Ⅱ级区-04吴江北部重要物种保护-水文调节功能区单位面积污染物排放量得分在50分以下。生态Ⅲ级区相关目标有所下降,污排目标达成表现良好,仅Ⅲ-08、Ⅲ-13、Ⅲ-15污染物排放压力较大,其中Ⅲ-15污排压力逐年有所减缓。

(2) 单位耕地面积化肥施用量

各水生态环境功能分区化肥施用强度距离生态县、生态市、生态省建设指标仍有一定距离,《生态县、生态市、生态省建设指标(修订稿)》中生态县化肥施用强度目标需小于250千克/公顷,生态Ⅰ级区单位耕地面积化肥施用量普遍在400千克/公顷以上,需进一步降低化肥施用强度,实现化肥施用量的负增长。从空间区域进行分析,无锡市涉及Ⅲ-13、Ⅲ-14化肥施用强度态势较差,这是由于无锡市区耕地少化肥使用量大。而其中常州武进区农业生态持续向好,该区不断深入推进乡村振兴,打造生态宜居之城,化肥农药用量进一步下降,达到生态县标准。从时间趋势进行分析,各地区化肥施用量均呈负增长趋势,控制措施取得良好效果。

(3) 单位GDP用水量

太湖流域水资源控制良好,其中生态Ⅰ级区、生态Ⅱ级区单位GDP用水量距离水资源综合利用标准达标率较高,生态Ⅲ级区、生态Ⅳ级区表现稍差,其中苏州的常熟、太仓等地用水消耗较大,单位GDP用水量远高于其他地区,需加强组织保障机制,进一步健全节水机制,建立科学合理的节水指标体系。积极开展节水宣传,如太仓市等本身水质型缺水地区本身水资源并不缺乏,居民对于水危机的意识相对薄弱,应大力开展节水宣传,提高居民节水意识。

3. 状态系统发展趋势分析

基于状态层指标体系及权重设置,计算单项状态层级得分,得到2016—2019年太湖流域49个水生态环境功能分区状态指数得分,如图5.2-5所示。太湖流域生态环境功能分区状态指标层不断向好发展,水质不断转好,断面优Ⅲ比例不断提升,水生态健康得到改善,林地+湿地面积不断增加。2016年太湖流域状态指标普遍偏差,断面优Ⅲ比例不足,2017—2019年状态不断好转,至2019年,状态指标得分多集中在70~100分,流域状态良好。2019年,金坛区与武进区交界处、苏州吴中、滨湖等地水生态环境状况仍较差,重点监测断面达标率较低,水质状态仍需进一步改善。

(1) 重点监控断面优Ⅲ类比例

2016—2019年,太湖流域重点监控断面优三类断面比例得到极大的提升,其中一、二类水生态功能分区优三类比例至2019年普遍达成100%标准。三

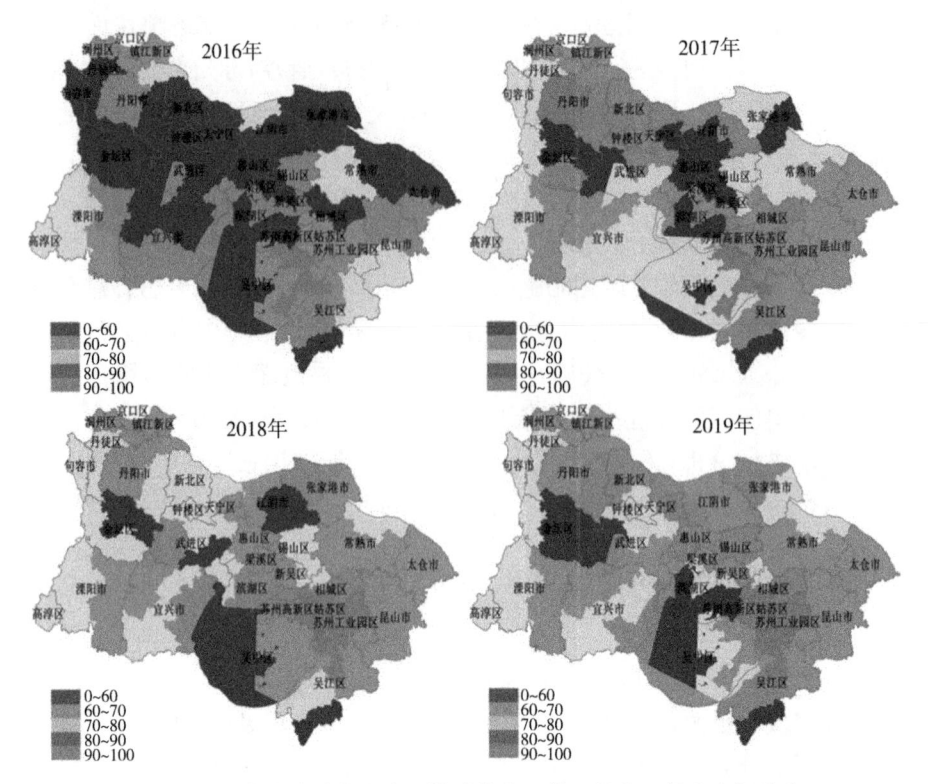

图 5.2-5　太湖流域水生态环境功能分区管理状态层得分空间分布

类、四类水生态环境功能分区优三类比例较其他类水生态环境功能分区较低,但增长趋势较明显,水质得到进一步提升。其中Ⅱ-05、Ⅲ-04、Ⅳ-07、Ⅳ-13普遍为四类水及以下,其中涉及地区有苏州吴中区、吴江区,常州金坛区,无锡江阴市相关断面,需进一步关注断面水质,细化任务、压实责任,着力落实截污达标工作任务,有效推动水质提升,提高水质达标率。

(2) 水生态健康指数

太湖流域水生态环境功能分区水生态健康指数普遍表现良好,其中以Ⅰ-02水生态健康程度最高,三年平均水生态健康指数为0.752,涉及常州溧阳市。其中Ⅳ-05水生态健康程度最低,涉及无锡江阴市,江阴市涉及的四类生态功能分区得分都普遍偏低,水生态健康亟须进一步提高。

(3) 湿地+林地占比

湖区湿地与林地占比明显优于陆域分区,全部湖区分区均达到规划标准。Ⅰ级生态功能分区湿地林占比得分良好,普遍在70分以上,二级生态功能分区中Ⅱ-05状况最佳,涉及苏州市吴中区区域。其余陆域生态功能分区表现一般。Ⅲ级、四级生态功能分区由于标准较低,功能分区达标情况也较为良好。

（4）底栖敏感种达标情况

太湖流域水生态环境功能分区物种保护方面仍然有待进一步加强，底栖敏感种达标情况普遍偏低，较多功能分区并无检出物种。其中，湖区检出情况明显高于陆域，其中以Ⅱ-07最为明显，2016—2019年底栖敏感种检出情况均为100%，该生态环境功能分区涉及常州武进区及无锡宜兴市，水环境生态良好。

4. 响应系统发展趋势分析

基于响应层指标体系及权重设置，计算单项响应层级得分，计算得到2016—2019年太湖流域49个水生态环境功能分区响应指数得分，具体如图5.2-6所示。太湖流域水生态环境功能分区响应得分随着年份推进有所起伏，51.02%的水生态环境功能分区得分有不同幅度的下降。主要原因包括清洁生产企业个数比例的下降以及高新技术产业产值占规模以上工业比值下降。各生态环境功能分区均得分一般，普遍得分在70分以上，响应能力有下降趋势。太湖流域生态环境功能分区响应指标层变化不大，大多集中在70分以上，响应状况一般。各分区响应层分值差距不大，部分功能分区响应指标得分有所起伏，但整体上变化不大。其中，2019年响应力度下降明显，无锡市区、江阴、宜兴等区域响应类得分偏低，需进一步调整产业结构，加大清洁生产力度。

（1）城市污水处理率

四级水生态环境功能分区城市污水处理率差别不大，得分均在90分以上，污水处理良好，相关污水处理设施完备。对于目前污水处理仍需提升的地区，应进一步加快城镇污水处理设施建设，提高污水处理率，建设尾水深度处理设施和配套管网，加强污水处理厂的污泥资源化、减量化、无害化处理。

（2）高新技术产业产值占规模以上工业产值比重

Ⅰ、Ⅱ、Ⅲ级水生态功能分区高新技术产业产值占规模以上工业产值达成率较高，Ⅳ级生态功能分区由于对于高新技术产业要求更高，因此得分稍低，需进一步加强高新产业建设，着力推动科技创新和产业转型升级，提高产业高端化水平，以高新技术减少资源消耗及污染物排放，促进流域生态健康。

（3）清洁生产审核重点企业

Ⅲ、Ⅳ级生态功能分区清洁生产审核重点企业比例得分明显高于Ⅰ、Ⅱ级，由于Ⅲ、Ⅳ级涉及高污染企业较多，对于清洁生产更为重视，清洁生产力度较大，因此清洁生产审核企业名单较多。而Ⅰ、Ⅱ级生态功能分区由于生态较为良好，目前重视程度有所不足，需大力推进经济结构调整，实施清洁生产和发展循环经济，强化清洁生产审核，以清洁生产技术改造能耗高、污染重的传统产业。

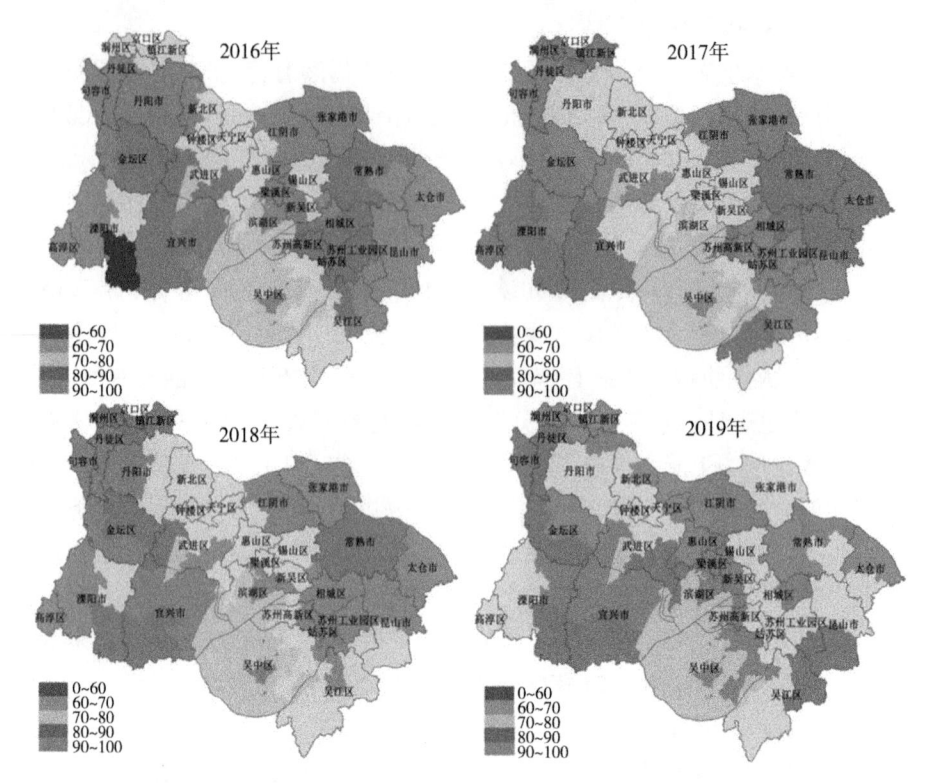

图 5.2-6　太湖流域水生态环境功能分区管理响应层得分分布

(4) 单位 GDP 能耗

四类水生态环境功能分区能源消耗控制均良好,大部分功能分区单位 GDP 能耗可达到 100 分。单位 GDP 能耗均逐年降低,得分逐年升高,各地区积极推进能源节约集约使用,仅Ⅳ-08、Ⅳ-09 得分不足 60 分,其涉及张家港市,能源消耗仍然较大,需要进一步提高能源集约使用。

5. PSR 耦合关系探究

本研究的绩效评估指标体系采用 PSR 模型,PSR 模型由压力指标、状态指标和响应指标三类指标构成,综合考虑了水生态环境功能分区管理绩效评估中人类活动施加的压力、系统状态以及人类作出的响应三者互相制约和相互作用的关系。其中,人类活动施加的压力、和人类对此作出的响应与系统状态的状态密切相关。为进一步探究探讨人类活动与环境变化之间的因果关系,解释太湖状态变化的根本原因,本研究采用线性回归模型,对 PSR 模型的内在关系进行了定量评估,公式如下:

$$\Delta S = aP + bR + c + \varepsilon \tag{5.2-1}$$

式中，ΔS 表示状态（环境质量）得分的变化；P 表示压力（环境效率）得分；R 表示响应（环境治理）得分，a、b、c 分别为压力项、响应项和常数项系数。计算得到各生态功能分区的 2016—2018 年的状态得分变化，以及 2017—2018 年的压力得分平均值和响应得分平均值，再对其进行线性回归模拟，得到结果如表 5.2-3 所示。

表 5.2-3　PSR 耦合关系结果

参数	系数	显著性
a	0.54	＊＊
b	0.66	＊＊
c	−81.97	＊＊

显著性解释说明：＊＊＊ $p<0.01$　＊＊ $p<0.05$　＊ $p<0.1$。

通过线性回归模拟，得到常数项及系数项结果及其显著性情况，最终结果显示 ΔS（状态变化）的变化与 P（压力）和 R（响应）存在显著的正相关性，线性回归模拟得到公式 $\Delta S=0.54P+0.66R-81.97$。

由上述研究结果可知，压力得分高（压力小），响应得分高（响应积极）时，$\Delta S>0$，状态得分会提高，功能分区区域状态会逐步改善；压力得分低（压力大），响应得分低（响应不积极）时，$\Delta S<0$，状态得分会下降，功能分区区域状态趋于恶化。该结果说明了 PSR 存在明显的耦合关系，证明了 PSR 内在关系以及应用 PSR 模型的合理性。

基于本研究绩效评估指标体系，得到 P（压力）与 R（响应）得分在 70 分左右时，$\Delta S=0$，即表明在这样的压力水平和响应水平下，状态得分没有明显变化，功能分区状态情况基本维持稳定。由此本研究设计了预警部分压力指标和响应指标的预警阈值。

5.2.1.2　分区管理绩效障碍因子辨识

在水生态环境功能分区管理绩效评估技术构建的基础上，结合《区划》中对水生态环境功能分区提出的明确要求，针对水质水生态、土地利用空间管控、物种保护三种核心管理目标，识别关键绩效指标，见表 5.2-4。其中，环境效率类目标指标包括单位面积 COD 排放、单位面积氨氮排放、单位面积总磷排放，环境质量包括湿地林地占比、重点监控断面优Ⅲ类比例、水生态健康指数、底栖敏感种达标情况。

表 5.2-4 太湖流域水生态环境功能分区管理绩效评估目标指标

类别	绩效评估目标指标	单位
环境效率	单位面积 COD 排放	吨/平方千米
	单位面积氨氮排放	吨/平方千米
	单位面积总磷排放	吨/平方千米
环境质量	重点监控断面优Ⅲ类比例	%
	水生态健康指数	—
	湿地林地占比	%
	底栖敏感种达标情况	%

在测算出水生态环境各功能分区环境绩效水平后，基于识别得到的分区管理绩效评估目标指标，对各项指标进行更深层次的分析，引入因子贡献度 w_i、指标偏度 c_i、和障碍度 o_i 三个变量来识别制约环境绩效水平的障碍因素。因子贡献度 w_i 为单因素对总目标的权重，指标偏度 c_i 为各指标实际值与最优目标值之间的差距，障碍度 o_i 表示各指标对功能分区环境绩效影响程度的高低。具体计算公式为：

$$o_i = \frac{c_i w_i}{\sum_{i=1}^{m} c_i w_i} \quad (5.2\text{-}2)$$

式中，$i = 1, 2, \ldots, m$，m 为评价指标数；$c_i = 1 - r_i$，r_i 为各指标标准化后的实际值。指标的障碍因子分析是以单个功能分区的特定年份为研究对象，其内涵为该项指标在该年份对环境绩效向好发展起到的限制作用的贡献百分比，根据表 5.2-5 划分障碍因素等级。

表 5.2-5 基于障碍因素评分的等级划分方法

等级划分	障碍因素得分区间
高	[0.5, 1)
中	[0.25, 0.5)
低	[0, 0.25)

综上，通过障碍因素分析结果分别得到太湖流域水生态环境各功能分区各指标为达成 2020 年目标的障碍因子等级划分结果，分别为高、中、低。

对于障碍度为低的指标，说明江苏省太湖流域该指标对环境绩效向好发展起到的限制作用的贡献百分比较低，说明该指标可以不作为优先治理的指标（如果某水生态环境功能分区出现障碍度均为低的情况时需要另外考虑，本评估报

告未出现这种情况,因此不予考虑)。对于环境质量指标分析如下:

在所有水生态环境功能分区中,环境效率指标(单位面积 COD、氨氮、总磷排放)在连续三年障碍因子均为低,这些指标不成为环境绩效向好发展的限制因子,说明江苏省对太湖流域污染物排放量的控制效果显著。

属于湖区的六个水生态环境功能分区(Ⅰ-05、Ⅱ-07、Ⅱ-08、Ⅱ-09、Ⅱ-10、Ⅲ-20),底栖敏感种达标情况的障碍度均为低,说明湖区的水生动物保护效果较好。对于Ⅰ-05,湿地林地占比、重点监测断面优Ⅲ类比例、水生态健康指数的障碍度基本为中,该水生态环境功能分区仍需加大造林工程投入力度与湿地保护,重视水质水生态的治理,以期达到低的障碍度。位于Ⅱ、Ⅲ级水生态环境功能分区的湖区湿地林地占比、水生态健康指数同样基本为中,但重点监测断面在 2016 年、2017 年情况较好,障碍度评估结果基本为低,说明位于Ⅱ、Ⅲ级水生态环境功能分区的湖区部分也应突出治理湿地林地,提高水生态健康指数。

位于陆域的水生态环境功能分区,分析环境质量指标,得到如下结果:

对于湿地林地占比指标,Ⅰ-04、Ⅱ-05、Ⅲ-04、Ⅲ-06、Ⅲ-07、Ⅲ-12、Ⅲ-17、Ⅲ-18、Ⅲ-19、Ⅳ-05、Ⅳ-10、Ⅳ-12、Ⅳ-13、Ⅳ-14 分区障碍度在 2016—2018 年均为低,水生态环境功能分区林业体系建设较为完善,湿地管理效果突出。Ⅰ-02、Ⅱ-01、Ⅱ-02、Ⅱ-03、Ⅱ-06、Ⅲ-01、Ⅲ-02、Ⅲ-03、Ⅲ-05、Ⅲ-08、Ⅲ-14、Ⅳ-08 分区障碍度多为中、高,这些水生态环境功能分区湿地林地占比指标已成为环境绩效变好的突出限制因子。随着经济社会和城镇化推进,这些地区湿地林地资源破坏严重,资源保护的压力持续增加,出现森林破碎化、湿地消失等生态问题。这些水生态环境功能分区要坚持保护优先、自然修复为主的原则,需加强湿地林地保护与修复,尽快启动湿地林地修复与提升工程,遏制面积萎缩、功能退化趋势。

对于重点监测断面优Ⅲ类比例指标,Ⅱ-05、Ⅲ-01、Ⅲ-04、Ⅲ-09、Ⅲ-12、Ⅲ-19、Ⅳ-05、Ⅳ-07、Ⅳ-13 分区障碍度出现较多高的情况,并且有随着年份的增加障碍度升高的趋势,这些地区水质污染问题突出,严重限制了区域的承载力水平,应加大重点监测断面水污染防治和修复力度,定期开展污染源普查,完善水生态环境功能分区水质持续改善机制,全面提高重点监测断面优Ⅲ类比例。

水生态健康指数指标反映了流域的活力,所有水生态环境功能分区障碍度均未出现高的情况,总体上,太湖流域水生态环境处于较好的水平。但Ⅰ-01、Ⅰ-03、Ⅳ-03、Ⅳ-04 分区障碍度在 2018 年均为中,这些分区水生态健康有轻微变差的趋势,因此,应推进水生植物群落的重建与生物多样性的恢复,调控鱼类群落,维持水生态健康指数不下降。

底栖敏感种达标情况中，Ⅰ-02、Ⅲ-02、Ⅲ-07、Ⅲ-10、Ⅲ-13、Ⅲ-16、Ⅲ-17、Ⅲ-18、Ⅲ-19、Ⅳ-01、Ⅳ-03、Ⅳ-04、Ⅳ-08、Ⅳ-09、Ⅳ-10、Ⅳ-11、Ⅳ-12、Ⅳ-14分区障碍度均出现高的情况，因此，应切实加强水生动物类保护力度，维护物种生息繁衍场所和生存条件，从而提高底栖敏感种达标情况。

5.2.1.3 主要结论

（1）太湖流域水生态环境功能分区管理绩效不断向好发展，太湖流域西北部管理绩效提升最为明显，太湖流域分区管理绩效重压区仍位于中部地区。2016—2018年，太湖流域四级水生态环境功能分区管理绩效得分呈现稳定增长态势，其中2017年管理绩效提升有明显的大幅度提升，太湖流域多地管理绩效改善显著，生态Ⅰ级分区、生态Ⅱ级分区生态保护成果突出，生态Ⅲ级区、生态Ⅳ级区分区管理绩效提升明显，四类水生态功能分区绩效评估得分相差不大，生态Ⅱ级区、生态Ⅳ级区分区管理绩效提升最为明显。2016—2018年，中部地区始终为分区管理绩效重压区，其中涉及常州市区、无锡市区等地相关水生态环境功能分区；以镇江市区、丹阳、溧阳、高淳等为代表的流域西部地区管理绩效得到明显改善，水生态环境质量得到大幅提高。

（2）太湖流域水生态环境功能分区管理绩效子系统持续良性发展，流域性与区域性限制因素交织。2016—2018年间，太湖和流域水生态环境功能分区压力、状态、响应子系统持续优化，其中以环境状态子系统得分提升最为明显，说明持续压力减缓及强化管理响应对于改善水生态环境管理绩效有着显著提升效果。

其中，压力子系统主要问题区域集中在苏州市及无锡市区，且生态Ⅰ级区、生态Ⅱ级区污染物排放控制及资源利用管控明显优于生态Ⅲ级区、生态Ⅳ级区，其中问题区域存在COD、氨氮排污压力加剧以及水资源消耗过度等问题。状态子系统提升最为明显，2016年主要问题区域集中在以常州市区、张家港为代表的北部分区，至2018年，普遍提升至70分以上，而滆湖东岸、太湖湖体西部、江阴市等相关水生态环境功能分区断面优Ⅲ达标率偏低导致状态子系统得分差。其中，底栖敏感种达标情况、水生态健康指数成了限制太湖流域水生态环境功能分区管理绩效提升的流域性问题。响应子系统得分较为稳定，问题区域主要集中在无锡市区等为代表的中部地区，主要存在着清洁生产强度不足等问题，需进一步提高清洁生产力度，促进产业转型。

（3）综合所有水生态环境功能分区结果看，环境效率指标障碍度均为低，环境质量指标分级差别较大。环境质量指标中水生态健康指数障碍度情况相对较好，问题主要集中在湿地林地占比、重点监控断面优Ⅲ类比例、敏感种达标情况，其中敏感种达标情况的实现阻力最大，江苏省太湖流域相关行政单位应高度重视太湖流域生态修复治理情况。

5.2.2 水生态环境功能分区管理绩效改善的动态模拟体系

5.2.2.1 绩效评估目标可达性分析

为评估《区划》中制定的各功能分区的目标是否具有可行性，本研究基于太湖流域水生态环境各功能分区生态环境现状，将政府节能环保支出占GDP比重作为判断政府环境治理重视程度的体现，再结合差距分析结果，确定目标可达性分析路径，对太湖流域水生态环境各功能分区的各绩效评估目标进行目标可达性评估。

(1) 可达性分析方法体系构建

通过搜集各区节能环保支出占GDP比重数据，依据表5.2-6中等级划分方法，分别得到太湖流域水生态环境各功能分区2016—2018年等级划分结果，分别为高、中、低。

表 5.2-6 基于节能环保支出的等级划分方法

等级划分	节能环保支出占GDP比重分布区间
高	(0.4, 1]
中	(0.2, 0.4]
低	(0, 0.2]

为具体分析各水生态环境功能分区生态环境现状与目标的差距来源，本研究对太湖流域49个水生态环境功能分区的各指标现状值与目标值的差距进行了分析。本研究采用直接差距分析法，即用目标值与现状值的差值与目标值之比，来表征现状值与目标值的差距，等级划分方法如表5.2-7所示。

表 5.2-7 基于直接差距法的等级划分方法

指标方向	差值范围	等级
正向指标	≥0	高
	(−0.3, 0)	中
	≤−0.3	低
负向指标	≤0	高
	(0, 0.015)	中
	≥0.015	低

为综合考虑差距定量分析和节能环保支出对目标可达性的影响，基于四象限法则和二维向量结构指标体系等方法论，采用图5.2-7中的目标可达性分析方法，以节能环保支出占GDP比重为横坐标，差距定量分析结果为纵坐标，逐年

对太湖流域水生态环境各功能分区距 2020 年各个绩效评估目标可达性进行分析,结果分别为高、中、低。通过对 2016 年—2018 年水生态环境功能分区的节能环保支出及差距定量结果的综合分析,体现出各功能分区目标可达性的动态变化情况。

其中,判定标准为:① 节能环保支出占 GDP 比重等级越高、差距定量分析结果越低的评估指标,意味着该指标对于目标达成的差距较小,且对于节能环保治理更为重视,因此目标可达性高;② 节能环保支出占 GDP 比重等级越低、差距定量分析结果越高的评估指标,意味着该指标对于目标达成的差距较大,且对于节能环保治理更不重视,因此目标可达性低。

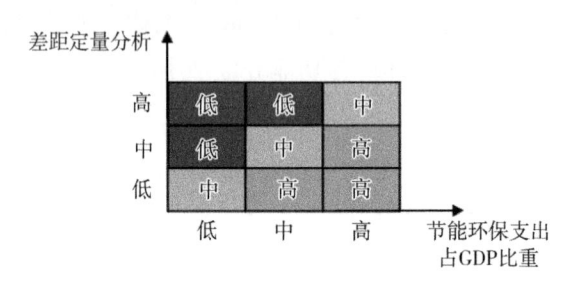

图 5.2-7　目标可达性分析方法

(2) 目标可达性结果及分析

根据目标可达性分析方法体系,得到 49 个功能分区各指标的目标可达性,见表 5.2-8。可达性分析综合了差距定量分析与节能环保支出占 GDP 比重,因此其等级分布相较于障碍因子更为复杂。在三年内所有功能分区的所有指标统计下,可达性为低、中、高的占比分别为 42.26%、24.92%、32.82%,可达性为低的居多,其次为高、中。但对于各功能分区而言,2016 年和 2018 年可达性结果相差不大,在 2017 年可达性为高、中的明显增加,低的功能分区明显减少。在 2016 年、2018 年指标可达性为中的占比最少,低的占比最高,这两年高、中、低差距趋势与总体相似,占比趋势也是低＞高＞中。重点监控断面优Ⅲ类比例、水生态健康指数、单位面积 COD 排放可达性大部分功能分区在逐年降低,因此对于该指标各功能分区应着重治理,以防止出现水质恶化的现象。底栖敏感种达标情况、湿地林地占比可达性情况大部分功能分区在逐年增加,说明这两类指标治理较好,应继续保持。

对于Ⅰ-03、Ⅱ-03、Ⅲ-11 在连续三年的可达性得分均较高,可达性为高的较多,且没有出现可达性低的情况。对于均在湖区的生态功能分区而言,各指标的可达性大部分位于中及低,较少出现高的情况,因此均位于湖区的生态功能分区应着重治理。

表 5.2-8 水生态环境功能分区目标可达性分析

指标	年份	I-01	I-02	I-03	I-04	I-05	II-01	II-02	II-03	II-04	II-05	II-06	II-07	II-08	II-09	II-10	III-01
单位面积COD排放	2016	低	低	高	高	—	高	低	高	低	中	高	—	—	—	—	高
	2017	中	中	高	高	—	中	中	中	高	高	高	—	—	—	—	中
	2018	高	低	中	低	—	高	低	高	低	中	低	—	—	—	—	低
单位面积氨氮排放	2016	低	高	高	高	—	中	低	高	高	高	高	—	—	—	—	高
	2017	高	低	高	低	—	低	低	高	低	中	低	—	—	—	—	中
	2018	低	低	高	高	—	高	低	高	高	中	高	—	—	—	—	高
单位面积总磷排放	2016	高	高	高	低	低	低	低	高	中	中	低	—	—	—	—	高
	2017	低	中	高	中	中	高	中	高	中	中	中	中	低	低	高	高
	2018	中	中	中	低	低	低	低	高	低	低	低	中	低	低	中	高
湿地林地占比	2016	高	低	高	中	低	中	低	高	低	高	中	低	低	低	中	低
	2017	低	低	高	低	高	低	低	中	低	高	低	中	低	低	中	高
	2018	中	低	高	低	高	中	低	高	低	高	中	中	低	低	中	低
重点监控断面优III类比例	2016	中	低	高	中	中	低	低	高	低	中	中	中	低	低	中	高
	2017	中	低	高	低	低	中	低	中	高	中	中	低	低	低	高	中
	2018	中	低	高	低	低	低	低	高	低	高	高	低	低	低	中	中
水生态健康指数	2016	低	高	高	中	低	高	低	高	高	高	低	低	低	低	高	低
	2017	高	高	高	中	低	高	高	高	低	高	高	中	低	低	中	低
	2018	高	高	高	高	中	高	低	高	高	高	高	低	低	低	中	低
底栖敏感种达标情况	2016	中	中	高	高	低	高	低	高	高	高	高	低	低	低	中	低
	2017	高	高	高	高	低	高	高	高	高	高	高	低	低	低	中	低
	2018	高	高	高	高	中	高	低	高	高	高	高	低	低	低	中	低

续　表

指标	年份	Ⅲ-02	Ⅲ-03	Ⅲ-04	Ⅲ-05	Ⅲ-06	Ⅲ-07	Ⅲ-08	Ⅲ-09	Ⅲ-10	Ⅲ-11	Ⅲ-12	Ⅲ-13	Ⅲ-14	Ⅲ-15	Ⅲ-16	Ⅲ-17
单位面积COD排放	2016	高	高	中	低	低	高	低	低	中	中	低	低	低	低	低	低
	2017	中	中	中	中	中	高	中	中	高	高	中	中	低	中	中	中
	2018	低	低	中	高	低	高	低	低	中	高	低	高	低	高	低	高
单位面积氨氮排放	2016	高	中	中	低	中	高	中	低	高	高	中	中	低	低	中	低
	2017	中	中	中	高	中	高	中	低	中	高	中	高	低	高	低	中
	2018	高	低	低	高	低	高	高	低	中	高	低	低	低	低	低	高
单位面积总磷排放	2016	高	高	中	中	低	中	中	低	中	中	低	低	低	低	低	低
	2017	中	低	低	低	高	高	高	中	高	中	低	中	高	高	中	中
	2018	低	高	低	低	低	高	低	中	高	高	低	低	低	低	低	高
湿地林地占比	2016	高	低	低	中	中	中	中	中	高	中	低	低	低	低	中	低
	2017	中	中	中	低	低	中	中	中	高	高	中	低	低	低	中	中
	2018	低	中	高	低	低	中	中	低	中	高	中	低	低	低	中	中
重点监控断面优Ⅲ类比例	2016	低	低	高	低	低	中	中	低	中	高	低	低	低	低	低	低
	2017	低	低	中	高	低	中	中	低	中	高	中	低	低	低	低	低
	2018	低	低	高	高	低	中	中	低	中	高	中	低	低	低	低	低
水生态健康指数	2016	高	高	高	高	高	高	高	中	高	高	低	低	中	高	低	低
	2017	中	中	中	低	中	高	中	低	中	高	中	低	高	低	低	低
	2018	高	高	高	高	高	高	高	低	高	高	低	低	高	高	低	高
底栖敏感种达标情况	2016	高	高	高	高	高	高	高	低	高	高	低	低	高	高	高	高
	2017	高	高	高	高	高	高	高	低	高	高	低	低	高	低	低	高
	2018	高	高	高	高	高	高	高	低	高	高	低	低	高	高	高	高

续表

指标	年份	III-18	III-19	III-20	IV-01	IV-02	IV-03	IV-04	IV-05	IV-06	IV-07	IV-08	IV-09	IV-10	IV-11	IV-12	IV-13	IV-14
单位面积COD排放	2016	高	高	—	低	低	低	高	高	低	高	高	低	低	高	高	低	低
	2017	高	高	—	中	中	中	中	中	中	中	中	中	中	高	中	高	高
	2018	中	高	—	低	低	低	低	低	低	低	高	低	低	高	低	低	低
单位面积氨氮排放	2016	高	高	—	中	中	低	中	高	中	高	低	低	低	中	中	高	高
	2017	高	高	—	低	低	低	低	高	低	低	低	低	低	高	高	高	低
	2018	中	高	—	低	低	低	低	中	低	高	低	低	低	低	低	低	低
单位面积总磷排放	2016	高	高	—	中	低	低	低	高	中	高	低	高	中	低	低	中	中
	2017	中	高	中	低	低	低	中	中	低	低	低	低	中	低	高	低	高
	2018	中	中	低	低	低	低	低	高	低	低	低	低	中	低	中	中	中
湿地林地占比	2016	高	高	中	低	低	低	中	中	低	低	低	低	中	高	高	高	高
	2017	高	中	低	中	低	低	中	低	中	低	低	低	低	低	中	中	中
	2018	低	高	中	低	低	低	低	低	低	低	低	低	低	高	低	低	低
重点监控断面优III类比例	2016	中	中	中	中	中	低	中	高	中	低	高	中	低	低	高	高	中
	2017	中	中	中	低	低	低	中	中	中	低	低	中	低	中	低	低	低
	2018	中	低	低	中	低	低	中	低	低	低	低	高	低	中	高	中	低
水生态健康指数	2016	高	高	中	低	低	低	高	高	中	低	高	高	低	低	高	低	低
	2017	高	低	中	中	低	低	中	中	低	低	中	中	中	中	低	中	中
	2018	高	高	中	低	低	低	中	高	低	低	高	高	低	高	低	低	低
底栖敏感种达标情况	2016	高	高	低	中	低	低	高	高	低	低	高	高	高	低	高	高	高
	2017	高	高	低	中	低	低	高	高	低	低	高	高	高	低	低	高	高
	2018	高	高	低	中	低	低	高	高	低	高	高	高	高	高	低	高	高

5.2.3.2 绩效评估目标效率动态评估

考虑到绩效目标达成效率与该目标对地区的影响以及在该地区实现该目标可能性的大小有关,因此确定从绩效评估目标可达性和障碍因素两个维度进行绩效目标达成效率的情景模拟。针对障碍因子分析及目标可达性分析,分别设置高、中、低三种等级。通过高、中、低三种情景组合模拟太湖流域水生态环境功能分区管理绩效目标达成效率,模拟结果以高效、一般、低效表征。即太湖流域水生态环境功能分区绩效改善的效率。情景模拟规则见表5.2-11,水生态环境功能分区目标达成效率见表5.2-12。

表5.2-11 目标达成效率情景模拟

情景设置		目标达成效果模拟结果
目标可达性	障碍因子	
高	高	高效
高	中	高效
中	高	高效
高	低	一般
中	中	一般
低	低	一般
中	低	低效
低	高	低效
低	中	低效

其中,判定标准为:① 障碍因素等级越低、可达性越高的绩效评估目标指标,意味着该指标对于管理绩效表现较好,且该绩效评估目标可达性高,因此目标达成效率高,应优先考虑;② 障碍因素等级越高、可达性越低的绩效评估目标指标,意味着该指标对于绩效改善的制约性越强,且进一步改善的可达性比较低,因此绩效改善效率低,所以目标达成效率为低效,不是主要考虑的方面。

表 5.2-12 水生态环境功能分区目标达成效率

指标	年份	I-01	I-02	I-03	I-04	I-05	II-01	II-02	II-03	II-04	II-05	II-06	II-07	II-08	II-09	II-10	III-01
单位面积COD排放	2016	一般	一般	高效	高效	—	高效	一般	高效	一般	高效	高效	—	—	—	—	高效
	2017	高效	高效	高效	高效	—	高效	高效	高效	高效	高效	一般	—	—	—	—	高效
	2018	高效	一般	高效	一般	—	高效	一般	高效	高效	高效	高效	—	—	—	—	一般
单位面积氨氮排放	2016	一般	一般	高效	高效	—	一般	一般	高效	一般	高效	高效	—	—	—	—	高效
	2017	高效	高效	高效	高效	—	高效	高效	高效	高效	高效	高效	—	—	—	—	高效
	2018	高效	一般	高效	一般	—	高效	一般	高效	高效	高效	高效	—	—	—	—	高效
单位面积总磷排放	2016	高效	一般	高效	高效	—	一般	一般	高效	高效	高效	高效	—	—	—	—	高效
	2017	高效	高效	高效	高效	—	高效	一般	高效	高效	高效	一般	—	—	—	—	高效
	2018	高效	高效	高效	一般	—	高效	一般	一般	高效	高效	一般	—	—	—	—	高效
湿地林地占比	2016	一般	低效	高效	高效	低效	高效	低效	高效	一般	低效	低效	一般	低效	低效	高效	一般
	2017	高效	一般	高效	高效	一般	低效	一般	一般	高效	低效	一般	一般	低效	低效	一般	低效
	2018	高效	一般	高效	高效	低效	一般	低效	高效	一般	低效	高效	高效	一般	低效	高效	高效
重点监控断面优III类比例	2016	低效	低效	高效	高效	高效	一般	低效	高效	高效	低效	一般	低效	低效	低效	一般	一般
	2017	高效	一般	高效	高效	低效	高效	一般	一般	高效	高效	高效	高效	一般	低效	高效	高效
	2018	高效	一般	高效	高效	高效	一般	低效	高效	高效	高效	高效	低效	低效	低效	一般	一般
水生态健康指数	2016	高效	一般	高效	高效	低效	高效	高效	高效	一般	高效	高效	低效	低效	低效	一般	高效
	2017	一般	一般	高效	高效	一般	高效	一般	高效	高效	高效	高效	低效	低效	低效	高效	高效
	2018	高效	高效	高效	高效	高效	高效	低效	高效	高效	高效	高效	低效	一般	一般	高效	一般
底栖敏感种达标情况	2016	一般	一般	高效	高效	低效	高效	一般	高效	高效	高效	高效	低效	低效	低效	高效	高效
	2017	高效	高效	高效	高效	高效	高效	一般	高效	高效	高效	高效	低效	低效	一般	高效	高效
	2018	高效	一般	高效	高效	一般	高效	低效	高效	高效	高效	低效	低效	低效	一般	高效	一般

续表

指标	年份	Ⅲ-02	Ⅲ-03	Ⅲ-04	Ⅲ-05	Ⅲ-06	Ⅲ-07	Ⅲ-08	Ⅲ-09	Ⅲ-10	Ⅲ-11	Ⅲ-12	Ⅲ-13	Ⅲ-14	Ⅲ-15	Ⅲ-16	Ⅲ-17
单位面积COD排放	2016	高效	高效	一般	一般	一般	高效	一般	一般	高效	高效	一般	一般	一般	一般	一般	一般
	2017	高效	高效	高效	高效	高效	高效	高效	高效	高效	高效	高效	高效	高效	高效	高效	高效
	2018	一般	一般	高效	一般	一般	高效	高效	一般	高效	高效	一般	一般	一般	一般	一般	一般
单位面积氨氮排放	2016	高效	高效	高效	高效	高效	高效	高效	高效	高效	高效	高效	高效	高效	高效	高效	高效
	2017	高效	一般	高效	一般	一般	高效	一般	一般	高效	高效	一般	一般	一般	一般	一般	一般
	2018	高效	高效	高效	高效	高效	高效	高效	高效	高效	高效	高效	高效	高效	高效	高效	高效
单位面积总磷排放	2016	高效	高效	高效	高效	高效	高效	高效	高效	高效	高效	高效	高效	高效	高效	高效	高效
	2017	一般	一般	一般	一般	一般	高效	一般	一般	一般	一般	一般	一般	一般	一般	一般	一般
	2018	一般	一般	高效	一般	高效	高效	一般	一般	高效	高效	一般	一般	一般	一般	一般	一般
湿地林地占比	2016	一般	低效	一般	低效	高效	高效	低效	高效	高效	高效	低效	低效	低效	低效	高效	低效
	2017	一般	一般	高效	低效	高效	高效	一般	一般	高效	高效	高效	一般	一般	一般	高效	一般
	2018	一般	一般	高效	低效	高效	高效	一般	一般	高效	高效	低效	一般	低效	一般	高效	高效
重点监控断面优Ⅲ类比例	2016	一般	一般	高效	高效	高效	高效	高效	高效	高效	高效	高效	一般	低效	高效	高效	低效
	2017	一般	一般	高效	高效	高效	高效	高效	一般	高效	高效	低效	一般	一般	一般	一般	一般
	2018	一般	一般	高效	低效	高效	高效	高效	一般	高效	高效	高效	一般	一般	一般	一般	一般
水生态健康指数	2016	一般	一般	高效	高效	高效	高效	高效	一般	高效	高效	高效	一般	高效	高效	高效	高效
	2017	一般	一般	高效	高效	高效	高效	高效	低效	高效	高效	高效	一般	高效	一般	高效	一般
	2018	高效	高效	高效	高效	高效	高效	高效	一般	高效	高效	低效	低效	高效	高效	低效	低效
底栖敏感种达标情况	2016	一般	高效	高效	高效	高效	高效	高效	一般	高效	高效	高效	一般	高效	高效	低效	一般
	2017	一般	高效	高效	高效	高效	高效	高效	高效	高效	高效	一般	一般	高效	一般	一般	一般

第五章　太湖流域水生态环境功能分区管理绩效评估研究　167

续　表

指标	年份	III-18	III-19	III-20	IV-01	IV-02	IV-03	IV-04	IV-05	IV-06	IV-07	IV-08	IV-09	IV-10	IV-11	IV-12	IV-13	IV-14
单位面积COD排放	2016	高效	高效	—	一般	一般	一般	高效	高效	一般	高效	高效	高效	一般	高效	高效	一般	一般
	2017	高效	高效	—	高效	高效	高效	高效	高效	高效	高效	高效	高效	高效	高效	高效	高效	高效
	2018	高效	高效	—	一般	一般	一般	高效	高效	一般	高效	高效	一般	一般	高效	一般	一般	一般
单位面积氨氮排放	2016	高效	高效	—	高效	高效	高效	高效	高效	高效	高效	高效	高效	一般	高效	高效	高效	高效
	2017	高效	高效	—	高效	高效	高效	高效	高效	高效	高效	高效	高效	高效	高效	高效	高效	高效
	2018	高效	高效	—	高效	高效	高效	高效	高效	一般	高效	一般	一般	一般	一般	一般	一般	一般
单位面积总磷排放	2016	高效	高效	—	低效	低效	低效	低效	高效	低效	高效	高效	低效	一般	低效	高效	高效	高效
	2017	高效	高效	一般	高效	一般	一般	一般	高效	低效	高效	一般	低效	一般	一般	一般	一般	一般
	2018	高效	高效	高效	高效	一般	一般	一般	高效	低效	一般	高效	一般	一般	高效	一般	高效	高效
湿地林地占比	2016	高效	高效	低效	低效	低效	低效	低效	高效	低效	一般	低效	低效	一般	低效	高效	高效	一般
	2017	高效	一般	高效	高效	一般	一般	一般	高效	高效	一般	高效	高效	一般	高效	一般	高效	高效
	2018	高效	高效	一般	高效	一般	一般	一般	高效	一般	一般	一般	一般	一般	一般	一般	一般	高效
重点监控断面优 III 类比例	2016	高效	高效	低效	低效	低效	低效	高效	高效	高效	一般	高效	高效	一般	高效	高效	高效	高效
	2017	高效	高效	一般	高效	一般	一般	一般	高效	高效	高效	一般	一般	一般	高效	低效	一般	一般
	2018	高效	高效	高效	一般	一般	一般	一般	高效	一般	一般	高效	高效	一般	高效	一般	高效	高效
水生态健康指数	2016	高效	高效	低效	低效	低效	低效	高效	高效	一般	高效	高效	高效	一般	低效	一般	高效	一般
	2017	一般	一般	高效	高效	低效	低效	高效	高效	低效	高效	高效	高效	一般	高效	一般	一般	高效
	2018	一般	高效	一般	一般	低效	低效	一般	高效	低效	高效	高效	一般	一般	低效	一般	高效	一般
底栖敏感种达标情况	2016	高效	高效	—	—	—	—	—	—	—	—	—	—	—	—	—	—	—

由上表可知，2016—2018年"低效""一般""高效"的占比分别为8.92%、42.36%、48.72%，目标达成效率为"高效"的最多，其次为"低效""一般"。

单位面积COD、氨氮、总磷排放连续三年均未出现低效的情况，2017年"高效"的比例最高，2018年"高效"占比低于"一般"，说明目标达成效率有随时间下降的趋势。水生态健康指数、底栖敏感种达标情况的目标达成效率逐年在变好，低效的情况较少。湿地林地占比、重点监控断面优Ⅲ类比例出现"低效"的情况较少，多为"一般"与"高效"，但"高效"的情况有随着时间下降的趋势，逐渐转换为"一般"或"低效"，因此要加强湿地林地保护与修复，完善水生态环境功能分区水质持续改善机制，全面提高重点监控断面水污染防治和修复力度。

此外，对于6个属于湖区的生态环境功能分区，评价指标大多为"一般"和"低效"，出现"高效"情况相对较少，因此对于出现这种情况的水生态环境功能分区应当加大治理力度，加强物种保护与生态修护工作，改善水质水生态状况，以免出现"低效"的情况。

5.2.2.3 主要结论

（1）综合各功能分区结果来看，所有指标的可达性为低、高、中的占比依次下降，说明对于各分区各指标而言，所有指标离目标值的实现仍有一定的距离。2017年可达性为高、中的比例明显较2016年、2018年增加较多，低的功能分区减少，说明在治理期间，2017年治理效果最好，但随着时间的推移，环境治理效果有变差的趋势。

（2）针对陆域水生态环境功能分区，水生态环境功能分区Ⅰ-03所有指标在所有年份的目标达成效率结果都为"高效"，说明该水生态环境功能分区环境治理效果较好。此外，Ⅰ-04、Ⅱ-03、Ⅲ-07、Ⅲ-10、Ⅲ-11、Ⅲ-18、Ⅲ-19均未出现"低效"的情况，且"一般"的情况除个别指标、个别年份外出现频率较低。陆域部分Ⅰ-02、Ⅲ-12、Ⅳ-02、Ⅳ-03出现"高效"的情况较少，多为"一般"和"低效"，环境绩效较差，主要集中在湿地林地占比、底栖敏感种达标情况指标上，因此需加强湿地林地保护与修复，切实加强水生动物类保护力度，维护物种生息繁衍场所和生存条件，从而提高底栖敏感种达标情况。

（3）在湖区部分，除了Ⅱ-10未出现"低效"外，其余湖区（Ⅰ-05、Ⅱ-07、Ⅱ-08、Ⅱ-09、Ⅲ-20）表现均较差，出现较多的"低效"和"一般"的情况。因此，水生态环境功能分区六大湖区未来应着重推进水生态环境治理，进一步优化流域土地利用，加大湿地保护力度，积极恢复并扩大湿地面积，加快建立和完善湿地保护的体制机制，并且需要着重治理水生态健康状况，以提高水生态健康指数水平。

（4）总体而言，江苏省太湖流域目标达成效率情况较好，"高效""一般""低效"的比例依次下降，说明太湖流域的治理取得了较好的效果。环境效率指标单位面积 COD、氨氮、总磷排放管理较好，但仍需警惕其下降的趋势。水生态健康水平较高，需继续保持。水质、土地利用空间管控效果也较好，但仍有较大的改善空间，需谨防其向"低效"转变。

第六章

太湖流域水生态环境功能分区管控实施方案研究

本研究基于太湖流域水生态环境功能分区问题识别及治理需求进行分析，提出生态管理、总量控制、空间管控、物种保护四方面管控措施。

首先，针对水质水生态管控，课题基于生态系统的栖息地类型对太湖流域进行生态类型分类，进而评估不同类型分区生态系统结构稳定性及其影响因素；建立生态系统恢复可达的关键环境变量需求，提出量化不同水生态环境分区生态系统修复的生境需求目标阈值，形成一套基于生态类型、多指标变量生态恢复阈值的生态恢复技术或方案的查找表，进一步梳理太湖流域各级各类水生态环境功能分区的水污染控制技术，形成太湖流域水生态控制"菜单式"技术清单集，为分区管控方案的形成提供技术支撑。

其次，依照区域驱动力（D）、压力（P）、状态（S）、影响（I）和响应（R）等模块建立 DPSIR 模型，利用等权法计算各指标权重，并利用障碍度诊断模型结合不达标分析识别影响 49 个分区水生态环境提升的限制因子，为方案制定提供方向的依据。

再次，通过不同方法形成不同管理目标下的管控措施：针对总量控制，构建基于治理成本效益、公众满意度和环境功能治理的多目标最优化管控方案筛选模型，利用 NSGA-Ⅱ算法筛选、优化管控方案，制定管控措施；针对水质水生态管控，结合水生态控制技术清单集和限制因子研究成果，制定水质水生态管控措施；针对空间管控，根据《区划》及《省政府关于印发江苏省生态空间管控区域规划的通知》（苏政发〔2020〕1号）要求，严格生态红线区保护与管理，对太湖流域存在的 10 种生态空间保护区域类型提出管控与修复措施。根据土地利用遥感影像解译结果，得到太湖流域各分区林地、湿地占比需增加面积的结论；针对物种保护，对标《区划》物种保护目标，分析现状与目标差距，提出开展生物多样性调查、监测与评估和实施物种多样性保护等任务要求。最终形成 49 个水生态环境功能分区的污染削减方案以及水污染防治、生态修复、空间管控、物种保护等方面的管控措施清单。

最后，围绕形成的管控方案和管控任务进行保障措施、效益分析、可达性分析等方面的研究，最终形成完整的水生态环境功能分区管控实施方案。

6.1 太湖流域水生态环境改善限制因子的识别

6.1.1 技术路线

以江苏省太湖流域49个水生态环境功能分区为基本单元，收集整理经济、社会与自然生态环境方面的相关资料，依照区域驱动力(D)、压力(P)、状态(S)、影响(I)和响应(R)等模块建立DPSIR模型，利用等权法计算各指标权重，并引入障碍度诊断模型识别影响49个分区水生态环境提升的限制因子，同时，通过对各分区2019年实际不达标指标的分析，验证DPSIR模型识别限制因子的准确性并完善识别的限制因子。技术路线如图6.1-1所示。

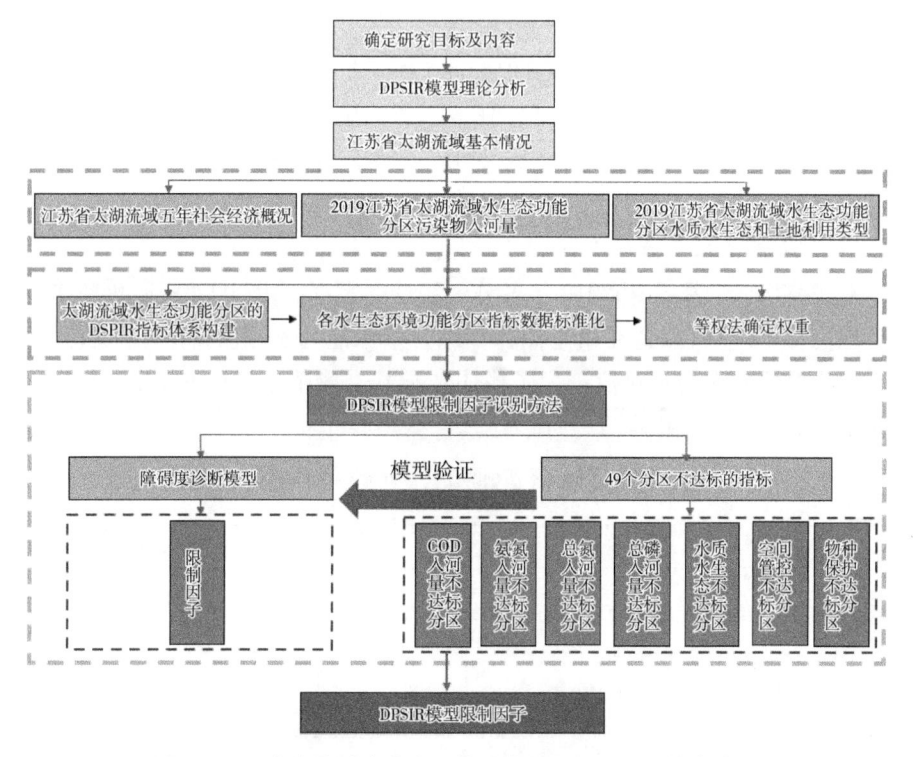

图 6.1-1　太湖流域水生态环境改善限制因子识别技术路线

6.1.2 DPSIR 模型指标体系构建和权重确定

6.1.2.1 DPSIR 模型指标体系的构建

查阅近年来水生态环境综合评价相关文献 100 余篇，归纳出近年来常用 DPSIR 评价指标 84 个，结合对 DPSIR 模型包括的驱动力、压力、状态、影响、响应五个因素的分析以及《区划》的考核要求，并遵循指标选取系统性和科学性原则、地域性原则、动态性原则、明确性和可比性原则、准确性和可获取性原则、简明性原则、代表性原则、可定量性原则，归纳总结出适合构建江苏省太湖流域各水生态环境分区 DPSIR 模型的 GDP 总量(D1)、常住人口人均 GDP(D2)、人口密度(D3)、COD 年入河量/COD 入河量总量控制目标值(P1)、氨氮年入河量/氨氮入河量总量控制目标值(P2)、总氮年入河量/总氮入河量总量控制目标值(P3)和总磷年入河量/总磷入河量总量控制目标值(P4)、水体高锰酸盐指数(S1)、水体氨氮(S2)、水体总磷(S3)、水生态健康指数(I1)、物种保护考核评分(I2)、第三产业比重(R1)、水质考核断面优Ⅲ类比例达成度(R2)、林地面积占比目标达成度(R3)、湿地面积占比目标达成度(R4)、水生态健康指数目标达成度(R5)和生态红线管控评分(R6)相关指标 18 个(表 6.2-1)。由于 6 个太湖水域分区无社会经济相关指标统计，GDP 总量、常住人口人均 GDP 和人口密度取所有陆域分区最小值代替，第三产业占比取所有陆域分区最大值代替；且水域分区无污染物入河量总量控制要求，各污染物入河量/污染物入河量总量控制目标值的比值取 0。

6.1.2.2 太湖流域各水生态环境功能分区数据标准化

本研究指标数据采用 2019 年各分区统计的数据。由于 DPSIR 各项指标的计量单位并不统一，因此在用它们计算综合指标前，先要进行标准化处理，即把指标的绝对值转化为相对值。为了说明各指标在阈值上下的相对发展趋势，本次采用功效系数法对指标进行标准化。

表 6.1-1 五个因素八个原则分析后的陆域分区 DPSIR 评价指标

目标层	准则层	指标层	指标属性	指标代表的意义
水生态环境、社会经济目标、污染状况等相关指标综合评价	驱动力	GDP 总量(D1)	负	表征分区内 GDP 总量的高低对水环境的驱动影响
		常住人口人均 GDP(D2)	负	表征分区内人均 GDP 的高低对水环境的驱动影响
		人口密度(D3)	负	表征分区内人口密度对水环境的驱动影响

续　表

目标层	准则层	指标层	指标属性	指标代表的意义
水生态环境、社会经济目标、污染状况等相关指标综合评价	压力	COD年入河量/COD入河量总量控制目标值(P1)	负	表征分区内COD排放对水环境的压力
		氨氮年入河量/氨氮入河量总量控制目标值(P2)	负	表征分区内氨氮排放对水环境的压力
		总氮年入河量/总氮入河量总量控制目标值(P3)	负	表征分区内总氮排放对水环境的压力
		总磷年入河量/总磷入河量总量控制目标值(P4)	负	表征分区内总磷排放对水环境的压力
	状态	高锰酸盐指数(S1)	负	表征分区内水体化学需氧量含量状态
		氨氮(S2)	负	表征分区内水体氨氮含量状态
		总磷(S3)	负	表征分区内水体总磷含量状态
	影响	水生态健康指数(I1)	正	表征分区内水生态健康状况的影响程度
		物种保护考核评分(I2)	正	表征分区内底栖敏感种的恢复程度
	响应	第三产业比重(R1)	正	表征分区内为改善生态环境做出的产业结构调整
		水质考核断面优Ⅲ类比例达成度(R2)	正	表征分区内为达到水质考核目标做出的响应
		林地面积占比目标达成度(R3)	正	表征分区内为增加林地面积做出的响应
		湿地面积占比目标达成度(R4)	正	表征分区内为增加湿地面积做出的响应
		水生态健康指数目标达成度(R5)	正	表征分区内为增加水生态健康指数做出的响应
		生态红线管控评分(R6)	正	表征分区内为实现生态红线管控要求做出的响应

对于正向指标,即指标状态值越大越好的指标,采用公式(6.1-1)进行标准化:

$$y_j^* = \begin{cases} 1 - \dfrac{T_j}{y_j} \times 0.15, & y_j \geqslant T_j \\ \dfrac{y_j}{T_j} \times 0.85, & 0 < y_j < T_j \end{cases} \quad (6.1\text{-}1)$$

对于负向指标,即指标状态值越小越好的指标,采用公式(6.1-2)进行标准化:

$$y_j^* = \begin{cases} 1 - \dfrac{y_j}{T_j} \times 0.15, & 0 < y_j \leqslant T_j \\ \dfrac{T_j}{y_j} \times 0.85, & T_j < y_j \end{cases} \qquad (6.1\text{-}2)$$

式中，y_j 为指标状态值；y_j^* 为指标标准化值；T_j 为指标状态值判别是否安全的临界值，即阈值。

6.1.2.3 指标权重确定

指标权重对水生态环境功能分区评价结果具有非常重要的影响，本研究根据公平性原则，采用等权法对各评价指标赋权。即首先对 DPSIR 模型准则层均权，然后对所属准则层指标均权。权重结果见表 6.1-2。

表 6.1-2 指标权重

准则层	指标层	权重
驱动力(0.2)	GDP 总量(D1)	0.055 6
	常住人口人均 GDP(D2)	0.055 6
	人口密度(D3)	0.055 6
压力(0.2)	COD 年入河量/COD 入河量总量控制目标值(P1)	0.055 6
	氨氮年入河量/氨氮入河量总量控制目标值(P2)	0.055 6
	总氮年入河量/总氮入河量总量控制目标值(P3)	0.055 6
	总磷年入河量/总磷入河量总量控制目标值(P4)	0.055 6
状态(0.2)	高锰酸盐指数(S1)	0.055 6
	氨氮(S2)	0.055 6
	总磷(S3)	0.055 6
影响(0.2)	水生态健康指数(I1)	0.055 6
	物种保护考核评分(I2)	0.055 6
响应(0.2)	第三产业比重(R1)	0.055 6
	水质考核断面优Ⅲ类比例达成度(R2)	0.055 6
	林地面积占比目标达成度(R3)	0.055 6
	湿地面积占比目标达成度(R4)	0.055 6
	水生态健康指数目标达成度(R5)	0.055 6
	生态红线管控评分(R6)	0.055 6

6.1.3 DPSIR 模型限制因子识别

本研究为了更好地提升区域水生态环境，引入障碍度诊断模型，在 DPSIR 模型评价指标体系的基础上对 49 个分区水生态环境进行诊断，挖掘制约每个分区水生态环境提升的主要限制因子,最后提出对策建议。

6.1.3.1 障碍度诊断模型

障碍度模型是在相关综合评价模型的基础之上演变而来的,它是对影响事物或目标评价的障碍因子进行全面诊断的数学统计模型。在综合评价的基础上利用障碍度诊断模型发现对影响综合评价目标发展的主要障碍因子,可以科学有效地消除其对综合评价事物发展影响,从而达到促进、提高综合评价目标或事物发展的作用。目前,障碍度诊断模型的研究和使用尚处于初级阶段,在障碍度诊断领域应用最为广泛的是基于指标偏离度的障碍度诊断模型。具体计算公式如下:

$$O_{ij} = \frac{I_{ij} \times F_j}{\sum_{j=1}^{18} I_{ij} \times F_j} \quad (6.1-3)$$

式中,$I_{ij} = 1 - X_{ij}$,X_{ij} 为单项指标采用极值法而得的标准化值,I_{ij} 为指标偏离度;F_j 为因子贡献度,即第 j 个指标的权重。

6.2.3.2 指标层限制因子的识别

运用上式计算 49 个分区指标层障碍度,由于指标较多,在此选取每个分区前 6 个障碍度最大的指标为主要障碍因子,即限制因子。结果见表 6.1-3。

表 6.1-3 基于 DPSIR 模型的 49 个水生态分区限制因子

分区	主要障碍因子障碍度大小排序						
	1	2	3	4	5	6
I-01	S3	R2	I2	R5	P4	P3
	13.62%	13.62%	11.61%	11.15%	9.83%	7.25%
I-02	I2	R3	R2	R6	R5	P2
	22.86%	7.75%	7.00%	7.00%	6.93%	6.81%
I-03	I2	S3	P4	P1	R5	P3
	15.37%	13.60%	12.33%	8.18%	7.85%	7.25%
I-04	I2	R5	S1	R4	S3	R2、R6
	21.55%	15.63%	11.94%	6.77%	6.60%	6.60%
I-05	R2	S3	I2	R5	R4	R6
	23.47%	17.69%	16.53%	10.70%	6.13%	6.12%
II-01	I2	P4	R3	R2	S3	R6、S1
	16.52%	13.96%	6.65%	6.12%	6.12%	6.12%
II-02	R2	I2	S2	R4	S3	R6、S1
	28.25%	13.84%	12.24%	4.93%	4.24%	4.24%

续 表

分区	主要障碍因子障碍度大小排序					
	1	2	3	4	5	6
Ⅱ-03	R5	I2	I1	R3	R2	R6、R1
	19.36%	16.58%	8.69%	7.80%	6.14%	6.14%
Ⅱ-04	R2	I2	S3	R5	R4	R6
	19.02%	16.21%	14.33%	9.17%	5.46%	4.96%
Ⅱ-05	R2	P3	P2	P4	P1	I2
	17.77%	12.09%	11.21%	9.47%	9.23%	8.71%
Ⅱ-06	R5	I2	I1	R4	R2	R6
	18.06%	16.84%	9.99%	7.01%	5.16%	5.16%
Ⅱ-07	R2	S3	R5	I1	I2	R6、S1
	34.27%	19.71%	9.46%	9.46%	5.14%	5.14%
Ⅱ-08	R2	S3	I2	R5	R4	R6
	32.73%	14.18%	13.26%	11.98%	5.16%	4.91%
Ⅱ-09	R2	S3	R5	I2	R4	R6
	33.93%	14.70%	14.22%	13.74%	5.13%	5.09%
Ⅱ-10	I2	S2	S3	R5	R4	R2、R6、S1
	19.55%	17.29%	17.29%	12.18%	6.09%	5.98%
Ⅲ-01	P4	R5	I1	R3	I2	S2、S3、R2、R6
	13.21%	11.16%	11.16%	6.30%	5.76%	5.76%
Ⅲ-02	P4	I2	P1	P3	R3	R2、R6
	19.73%	14.53%	8.75%	7.25%	6.50%	5.38%
Ⅲ-03	S3	I2	R2	P4	R5	I1
	15.22%	14.23%	12.74%	6.03%	5.66%	5.66%
Ⅲ-04	R5	I1	S3	I2	P4	R2、R6、S1、S2
	14.89%	14.89%	14.32%	12.21%	7.74%	3.74%
Ⅲ-05	P3	P4	I2	R5	R3	R2、R6
	12.71%	12.69%	12.32%	8.74%	5.83%	5.77%
Ⅲ-06	I2	R2	S2	P3	P2	R3
	14.93%	13.21%	13.21%	9.82%	5.56%	5.00%
Ⅲ-07	I2	R4	R2	S2	R6	S1、S3
	20.39%	6.93%	6.24%	6.24%	6.24%	6.24%

续　表

分区	主要障碍因子障碍度大小排序					
	1	2	3	4	5	6
Ⅲ-08	R2 12.82%	S2 12.82%	I2 11.99%	P3 9.97%	R5 9.47%	R4 5.20%
Ⅲ-09	I2 21.52%	R4 7.83%	R5 7.71%	I1 7.71%	S2 6.59%	R6、S3、S1 6.59%
Ⅲ-10	I2 17.50%	R5 10.67%	I1 10.67%	R4 7.64%	R6 6.48%	S3、S1、R2 6.48%
Ⅲ-11	I2 12.64%	R5 12.11%	P1 11.28%	P3 10.58%	P2 7.58%	R2 5.86%
Ⅲ-12	R5 20.02%	I2 14.61%	I1 12.07%	R4 5.65%	R2 5.41%	S1、S2、S3、R6 5.41%
Ⅲ-13	R5 16.50%	I2 13.45%	S3 11.89%	I1 11.09%	R2 8.00%	P3 6.33%
Ⅲ-14	R5 17.48%	I2 14.85%	R2 13.13%	I1 11.13%	S3 8.22%	R6、S1 4.54%
Ⅲ-15	R5 14.32%	I2 13.22%	P4 13.21%	P1 11.48%	P3 6.88%	I1 5.26%
Ⅲ-16	I2 15.91%	P4 14.28%	S3 14.07%	R5 7.21%	P3 6.20%	R4 5.17%
Ⅲ-17	I2 21.50%	R4 7.00%	R6 6.58%	S3 6.58%	R5 5.82%	I1 5.82%
Ⅲ-18	I2 14.93%	P3 13.32%	P2 11.71%	P4 9.60%	R5 8.71%	P1 5.25%
Ⅲ-19	I2 18.16%	R5 15.92%	I1 15.92%	R4 6.83%	R6 5.56%	S2 5.56%
Ⅲ-20	R2 31.29%	S3 17.99%	R5 13.19%	I2 12.67%	R4 4.78%	R6、S1 4.69%
Ⅳ-01	P3 14.17%	P2 13.51%	P1 12.88%	P4 12.78%	I2 11.21%	R5 6.79%
Ⅳ-02	I2 16.74%	I1 13.24%	P3 9.20%	P2 9.17%	R6 5.12%	S3、S2 5.12%

续 表

分区	主要障碍因子障碍度大小排序					
	1	2	3	4	5	6
Ⅳ-03	I1 4.71%	R5 17.04%	I2 17.04%	R2 15.38%	R6 11.38%	S3、S2 4.71%
Ⅳ-04	I2 18.75%	P3 9.47%	I1 8.12%	R5 8.12%	D2 5.74%	R2、R6 5.74%
Ⅳ-05	I2 5.85%	I1 19.12%	R5 11.20%	R2 11.20%	R6 5.85%	S3、S1、S2 5.85%
Ⅳ-06	S2 7.42%	I2 13.23%	P3 12.36%	S3 9.20%	I1 7.46%	R5 7.42%
Ⅳ-07	I2 6.76%	S2 18.44%	R2 6.83%	R6 6.83%	I1 6.83%	R5 6.76%
Ⅳ-08	I2 7.52%	P4 13.53%	I1 11.71%	R5 10.35%	P3 10.35%	P1 9.06%
Ⅳ-09	I2 9.01%	P4 15.79%	P1 9.82%	P3 9.64%	I1 9.10%	R5 9.01%
Ⅳ-10	I2 6.57%	R4 22.28%	R6 8.28%	R2 6.82%	S3 6.82%	I1、R5 6.82%
Ⅳ-11	I2 5.45%	R2 16.66%	S3 14.73%	I1 14.73%	R5 7.09%	P3 7.09%
Ⅳ-12	R5 6.75%	I2 16.54%	I1 15.35%	S3 9.22%	P4 8.50%	S2 6.83%
Ⅳ-13	R2 4.17%	I2 27.83%	S3 13.64%	S2 12.06%	R6 4.17%	S1 4.17%
Ⅳ-14	P4 4.07%	S2 13.74%	S3 11.76%	I2 11.76%	P3 10.99%	R6、D1 9.01%

由表 6.1-3 可知,2019 年 49 个水生态分区的限制度排名前 6 位的限制因子差异较大,其中首要限制因子有物种保护考核评分、水生态健康指数、总氮年入河量/总氮入河量总量控制目标值和总磷年入河量/总磷入河量总量控制目标值、水质考核断面优Ⅲ类比例达成度和水生态健康指数目标达成度、水体氨氮和水体总磷浓度。具体如下:

物种保护考核评分指标在 22 个分区都是首要限制因子,限制度在 12.64%(Ⅲ-11 分区)~22.86%(Ⅰ-02 分区),平均限制度为 17.94%,极大地限制了太湖流域水生态环境的改善。这 22 个分区需着重提高物种丰富度。

水生态健康指数指标仅在Ⅳ-03 分区是首要限制因子,限制度为 17.04%,极大地限制了该分区水生态环境的改善。然而,水生态健康指数目标达成度在Ⅱ-03、Ⅱ-06、Ⅲ-04、Ⅲ-12、Ⅲ-13、Ⅲ-14、Ⅲ-15 和Ⅳ-12 共 8 个分区是首要限制因子,限制度在 14.32%(Ⅲ-15 分区)~19.36%(Ⅱ-03 分区),平均限制度为 17.15%,极大地限制了太湖流域水生态环境的改善。

在污染物入河量方面,总氮年入河量/总氮入河量总量控制目标值和总磷年入河量/总磷入河量总量控制目标值两个指标在分区Ⅳ-14、Ⅳ-01、Ⅲ-05、Ⅲ-02 和Ⅲ-01 共 5 个分区是首要限制因子,限制度在 12.71%(Ⅲ-05 分区)~19.73%(Ⅲ-02 分区),平均限制度为 14.71%,极大地限制了太湖流域水生态环境的改善。

水质考核断面优Ⅲ类比例达成度在Ⅰ-05、Ⅱ-02、Ⅱ-04、Ⅱ-05、Ⅱ-07、Ⅱ-08、Ⅱ-09、Ⅲ-08、Ⅲ-20 和Ⅳ-13 共 10 个分区是首要限制因子,限制度在 12.82%(Ⅲ-08 分区)~34.27%(Ⅱ-07 分区),平均限制度为 26.14%,极大地限制了太湖流域水生态环境的改善。

水体总磷浓度在Ⅰ-01 和Ⅲ-03 分区是首要限制因子,限制度分别为 13.62%和 15.22%,这两个分区需要首先改善水体总磷浓度。水体氨氮浓度在Ⅳ-06 分区是首要限制因子,限制度为 13.23%。

6.1.3.3 49 个分区不达标的指标

DPSIR 指标障碍度诊断模型识别出的限制因子对于如何进一步提升分区整体水生态环境具有指导意义,但是若分区不达标指标过多,可能会忽略某些不达标的指标,而如果分区存在不达标的指标,更应视其为限制因子而采取相应治理措施,不能忽视。当各分区不达标指标经过治理达标后,再依据 DPSIR 指标障碍度诊断模型识别出的限制因子先后顺序实施相应的管控措施,以期全面提升区域水生态环境。

本研究以 49 个分区 DPSIR 模型中涵盖的总量控制、水质水生态、空间管控和物种保护等相关考核指标是否达标为依据,即根据太湖流域各分区 2030 年污染物入河量总量控制目标、水质考核断面优Ⅲ类比例目标、空间管控和物种保护等相关考核指标目标,国家三类水水质标准,水生态健康指数中等标准,列出各分区不达标的指标。49 个分区指标统计数据及各指标达标值见表 6.1-4,经过比较可知,49 个分区均存在不达标的指标。

表 6.1-4　49 个分区划考核指标数据

分区	总量控制					水质水生态					空间管控			物种保护
	COD年入河量超标度	氨氮年入河量超标度	总氮年入河量超标度	总磷年入河量超标度	水体高锰酸盐指数	水体氨氮	水体总磷	水生态健康指数	水质考核断面优Ⅲ类比例达成度	水生态健康指数目标达成度	林地面积占比目标达成度	湿地面积占比目标达成度	生态红线管控	物种保护
I-01	0.72	1.20	1.22	1.45	6.00	0.75	0.40	0.433	0.50	0.62	2.99	0.99	10	6
I-02	0.65	0.97	0.95	0.89	4.00	0.15	0.10	0.702	1.00	1.01	0.98	1.81	10	6
I-03	1.15	0.76	1.11	1.40	5.00	0.58	0.30	0.613	1.00	0.88	0.99	3.14	10	6
I-04	0.35	0.12	0.25	0.03	7.00	0.58	0.20	0.527	1.00	0.76	2.37	1.00	10	7
I-05	0.00	0.00	0.00	0.00	4.00	0.33	0.30	0.603	0.50	0.87	1.29	1.00	10	7
II-01	0.95	0.86	0.87	1.29	6.00	0.50	0.20	0.835	1.00	1.20	0.98	1.61	10	6
II-02	0.69	0.84	0.85	0.61	6.00	1.50	0.15	0.533	0.00	1.15	2.47	0.97	10	7
II-03	0.22	0.18	0.34	0.56	5.00	0.75	0.30	0.431	1.00	0.62	0.95	1.32	10	6
II-04	0.49	0.62	0.73	0.77	5.00	0.33	0.30	0.591	0.50	0.85	6.88	0.98	10	6
II-05	1.77	2.30	2.66	1.82	4.00	0.15	0.15	0.470	0.00	0.68	1.23	0.95	10	6
II-06	0.45	0.66	0.97	0.90	5.00	0.75	0.40	0.388	1.00	0.56	1.10	0.94	10	6
II-07	0.00	0.00	0.00	0.00	6.00	0.50	0.30	0.396	0.00	0.85	5.84	1.02	10	10
II-08	0.00	0.00	0.00	0.00	4.00	0.50	0.30	0.519	0.00	0.75	1.07	0.99	10	7
II-09	0.00	0.00	0.00	0.00	4.00	0.15	0.30	0.475	0.00	0.68	5.84	1.00	10	7
II-10	0.85	0.81	0.91	1.30	6.00	1.50	0.20	0.568	1.00	0.82	5.84	1.69	10	6
III-01	0.85	0.81	0.91	1.30	4.00	1.00	0.20	0.388	1.00	0.83	0.98	1.69	10	10
III-02	1.12	0.91	1.07	1.89	4.00	0.50	0.10	0.539	1.00	1.16	0.96	2.87	10	7

第六章 太湖流域水生态环境功能分区管控实施方案研究

续　表

分区	总量控制					水质水生态							空间管控			物种保护
	COD年入河量超标度	氨氮年入河量超标度	总氮年入河量超标度	总磷年入河量超标度	水体高锰酸盐指数	水体氨氮	水体总磷	水生态健康指数	水质考核断面优Ⅲ类比例达成度	水生态健康指数目标达成度	林地面积占比目标达成度	湿地面积占比目标达成度	生态红线管控	物种保护
Ⅲ-03	0.72	0.64	0.78	1.03	6.00	1.00	0.30	0.459	0.75	0.99	1.13	1.98	10	7
Ⅲ-04	0.59	0.79	0.92	1.23	6.00	1.00	0.40	0.220	1.00	0.47	1.20	1.08	10	6
Ⅲ-05	0.70	0.91	1.27	1.27	5.00	0.50	0.10	0.632	1.00	0.91	1.00	1.07	10	8
Ⅲ-06	0.78	1.04	1.25	1.00	6.00	1.50	0.20	0.567	0.67	1.22	0.98	0.99	10	6
Ⅲ-07	0.78	0.82	0.82	0.72	6.00	1.00	0.20	0.525	1.00	1.13	1.72	0.98	10	6
Ⅲ-08	1.00	0.89	1.28	0.89	3.50	1.50	0.18	0.556	0.67	0.80	2.32	0.97	10	7
Ⅲ-09	0.51	0.72	0.62	0.41	6.00	1.00	0.20	0.451	1.50	0.97	16.94	0.97	10	6
Ⅲ-10	0.58	0.52	0.69	0.55	6.00	0.75	0.20	0.412	1.00	0.89	27.00	0.97	10	7
Ⅲ-11	1.51	1.20	1.44	0.99	6.36	1.05	0.21	0.434	0.91	0.62	1.81	0.99	10	7
Ⅲ-12	0.43	0.50	0.63	0.41	6.00	1.00	0.20	0.364	1.00	0.52	1.32	1.06	10	6
Ⅲ-13	0.84	0.41	1.10	0.31	5.33	0.44	0.30	0.326	0.83	0.47	1.11	1.49	10	6
Ⅲ-14	0.54	0.42	0.78	0.68	6.00	0.67	0.23	0.346	0.67	0.50	2.39	1.88	10	6
Ⅲ-15	1.31	0.95	1.08	1.43	4.50	0.75	0.18	0.459	2.00	0.66	4.93	0.99	10	7
Ⅲ-16	0.81	0.92	1.05	1.52	4.50	0.79	0.30	0.636	1.00	0.92	2.27	0.99	10	6
Ⅲ-17	0.52	0.75	0.88	0.77	4.86	0.71	0.20	0.526	1.20	1.13	6.88	0.98	10	6
Ⅲ-18	1.03	1.38	1.51	1.24	4.40	0.46	0.10	0.584	1.00	0.84	1.03	0.99	10	6
Ⅲ-19	0.51	0.59	0.74	0.62	4.00	1.00	0.10	0.312	2.00	0.67	2.23	0.96	10	6

续 表

分区	总量控制 COD年入河量超标程度	氨氮年入河量超标程度	总氮年入河量超标程度	总磷年入河量超标程度	水质水生态 水体高锰酸盐指数	水体氨氮	水体总磷	水生态健康指数	水质考核断面优Ⅲ类比例达成度	水生态健康指数目标达成度	空间管控 林地面积占比目标达成度	湿地面积占比目标达成度	生态红线管控	物种保护 物种保护
Ⅲ-20	0.00	0.00	0.00	0.00	6.00	0.50	0.40	0.473	0.00	0.68	5.84	1.00	10	7
Ⅳ-01	1.95	2.08	2.23	1.93	4.33	0.69	0.17	0.575	1.00	0.83	0.95	1.82	10	6
Ⅳ-02	0.80	1.16	1.16	0.56	4.57	1.00	0.20	0.335	2.57	1.43	1.15	1.13	10	6
Ⅳ-03	0.34	0.43	0.47	0.39	5.50	1.00	0.20	0.250	0.75	0.54	2.83	1.08	10	6
Ⅳ-04	0.88	0.60	1.13	0.70	3.33	0.38	0.17	0.431	1.00	0.93	1.24	2.26	10	6
Ⅳ-05	0.66	0.62	0.74	0.59	6.00	1.00	0.20	0.390	1.00	0.84	2.34	1.39	10	6
Ⅳ-06	0.80	0.63	1.22	0.86	5.50	1.50	0.23	0.414	1.00	0.89	0.99	1.74	10	7
Ⅳ-07	0.62	0.47	0.68	0.60	4.67	1.00	0.17	0.470	1.00	1.01	1.63	1.52	10	7
Ⅳ-08	1.17	1.04	1.27	1.48	4.00	0.83	0.20	0.342	2.00	0.74	1.00	1.04	10	6
Ⅳ-09	1.21	1.03	1.18	1.22	4.00	1.00	0.10	0.394	1.00	0.85	1.67	1.87	10	6
Ⅳ-10	0.61	0.50	0.71	0.91	4.00	0.50	0.20	0.483	1.00	1.04	4.65	0.96	10	6
Ⅳ-11	0.86	0.76	1.01	0.91	3.60	0.29	0.30	0.433	0.67	0.93	27.00	1.17	10	6
Ⅳ-12	0.63	0.71	0.92	1.09	5.67	1.08	0.23	0.386	2.08	0.56	2.25	0.99	10	6
Ⅳ-13	0.91	0.70	0.88	0.72	6.00	1.00	0.30	0.513	0.00	1.10	1.14	1.09	10	7
Ⅳ-14	0.68	0.98	1.27	1.72	4.67	1.50	0.30	0.543	1.09	1.17	1.21	1.12	10	7
达标值	1	1	1	1	6	1	0.2	0.465	1	1	1	1	10	10

注：① 水质指标数值根据断面水质实测类别分类而来。例如，断面水质若为三类，则取值为国标三类水对应的数值，其中含有湖泊的分区总磷浓度按照河流的同一类别赋值。水质指标标准值的设定以三类水达标为标准，水生态健康指数标准值的设定以达到中为标准。

② 将限制程度分为"轻""重",总量控制以不超过标准值 50%（含 50%）为轻,水质指标以四类及其以上水为轻,水生态健康指数以处于一般等级数值范围的为轻,水质考核断面优Ⅲ类比例达成度、水生态健康指数比例达成度、林地面积和湿地面积占比目标达成度 50%（含 50%）以上为轻,物种保护以高于 7 分（含 7 分）低于 10 分为轻,水质指标以超过标准值 50%（不含 50%）为重,水质指标以五类及其以下水为重,水生态健康指数以处于差等级数值范围的为重,水质考核断面优Ⅲ类比例达成度、水生态健康指数比例达成度、林地面积和湿地面积占比目标达成度以低于目标 50%（不含 50%）为重,物种保护以低于 7 分（不含 7 分）为重。

1. COD入河量不达标分区分析

COD入河量不达标由重到轻依次有Ⅳ-01、Ⅱ-05、Ⅲ-11、Ⅲ-15、Ⅳ-09、Ⅳ-08、Ⅰ-03、Ⅲ-02和Ⅲ-18分区,其中Ⅲ-15分区以工业COD入河量为主要限制,其他分区均以生活COD入河量为主要限制。

2. 氨氮入河量不达标分区分析

氨氮入河量不达标由重到轻依次有Ⅱ-05、Ⅳ-01、Ⅲ-18、Ⅲ-11、Ⅰ-01、Ⅳ-02、Ⅳ-08、Ⅲ-06和Ⅳ-09分区,均以生活氨氮入河量为主要限制。

3. 总氮入河量不达标分区分析

总氮入河量不达标由重到轻依次有Ⅱ-05、Ⅳ-01、Ⅲ-18、Ⅲ-11、Ⅲ-08、Ⅳ-14、Ⅲ-05、Ⅳ-08、Ⅲ-06、Ⅰ-01、Ⅳ-06、Ⅳ-09、Ⅳ-02、Ⅳ-04、Ⅰ-03、Ⅲ-13、Ⅲ-15、Ⅲ-02、Ⅲ-16和Ⅳ-11分区,其中Ⅲ-05、Ⅰ-01和Ⅰ-03分区以农田总氮入河量为主要限制,其他分区均以生活总氮入河量为主要限制。

4. 总磷入河量不达标分区分析

总磷入河量不达标由重到轻依次有Ⅳ-01、Ⅲ-02、Ⅱ-05、Ⅳ-14、Ⅲ-16、Ⅳ-08、Ⅰ-01、Ⅲ-15、Ⅰ-03、Ⅲ-01、Ⅱ-01、Ⅲ-05、Ⅲ-18、Ⅲ-04、Ⅳ-09、Ⅳ-12和Ⅲ-03分区,其中Ⅳ-01、Ⅱ-05、Ⅳ-14、Ⅲ-16、Ⅳ-08、Ⅲ-18和Ⅳ-12分区以生活总磷入河量为主要限制,Ⅲ-15、Ⅰ-03、Ⅲ-05和Ⅳ-09分区以农田总磷入河量为主要限制,Ⅲ-02、Ⅰ-01、Ⅲ-01、Ⅱ-01、Ⅲ-04和Ⅲ-03分区以畜禽养殖总磷入河量为主要限制。

5. 水质水生态不达标分区分析

水质水生态不达标包括水体COD、氨氮和总氮浓度不达标,水质考核断面优Ⅲ类比例达成度不达标,水生态健康指数不达标和水生态健康指数目标达成度不达标,综合比较可以发现,Ⅰ-01、Ⅰ-03、Ⅱ-05、Ⅲ-03、Ⅲ-04、Ⅲ-08、Ⅲ-11、Ⅲ-13、Ⅲ-16、Ⅳ-06、Ⅳ-11和Ⅳ-12分区污染物入河量、水质和水生态同时不达标,需要采取外源内源污染同时治理,并采用水生态修复技术;Ⅲ-06和Ⅳ-14分区污染物入河量和水质同时不达标,需要控源截污,并采取水质净化技术;Ⅰ-04、Ⅰ-05、Ⅱ-04、Ⅱ-07、Ⅱ-08、Ⅱ-09、Ⅱ-10、Ⅲ-14、Ⅲ-20和Ⅳ-03分区水质和水生态同时不达标,主要是内源污染大,需要采取水体净化措施恢复水体水质水生态;Ⅲ-01、Ⅲ-05、Ⅲ-15、Ⅲ-18、Ⅳ-01、Ⅳ-02、Ⅳ-04、Ⅳ-08和Ⅳ-09分区污染物入河量和水生态同时不达标,存在水质不达标风险,需要继续控制外源污染物的输入,同时要进行水生态修复;Ⅱ-03、Ⅱ-06、Ⅲ-09、Ⅲ-10、Ⅲ-12、Ⅲ-19和Ⅳ-05分区仅水生态不达标,需要继续保持水质良好,并采取水生态修复;Ⅱ-02和Ⅳ-13分区仅水质不达标,需要净化水质;Ⅱ-01和Ⅲ-02分区仅污染物入河量不达标,需要减少污染物的排放,避免水质水生态的恶化。

6. 空间管控不达标分区分析

Ⅲ-01、Ⅳ-01、Ⅲ-02、Ⅰ-03、Ⅲ-05、Ⅱ-03、Ⅲ-06、Ⅰ-02、Ⅱ-01、Ⅳ-08 和 Ⅳ-06 分区林地面积占比目标未达成,其中Ⅲ-01 和 Ⅳ-01 分区林地面积占比距离目标差距较大,Ⅲ-10、Ⅲ-09、Ⅱ-05、Ⅳ-10、Ⅲ-08、Ⅲ-16、Ⅲ-17、Ⅱ-02、Ⅲ-12、Ⅲ-11、Ⅲ-06、Ⅲ-19、Ⅰ-04、Ⅲ-18、Ⅱ-04、Ⅰ-01、Ⅱ-07、Ⅳ-12、Ⅱ-06、Ⅱ-20、Ⅰ-05、Ⅱ-08、Ⅱ-09 和 Ⅱ-10 共 24 个分区湿地面积占比目标未达成,所有分区生态红线管控均达标。

7. 物种保护不达标分区分析

Ⅰ-01、Ⅰ-02、Ⅰ-03、Ⅰ-04、Ⅱ-02、Ⅱ-04、Ⅱ-05、Ⅱ-06、Ⅱ-10、Ⅲ-04、Ⅲ-06、Ⅲ-07、Ⅲ-09、Ⅲ-11、Ⅲ-13、Ⅲ-14、Ⅲ-16、Ⅲ-17、Ⅲ-18、Ⅲ-19、Ⅳ-01、Ⅳ-02、Ⅳ-03、Ⅳ-04、Ⅳ-05、Ⅳ-08、Ⅳ-09、Ⅳ-10、Ⅳ-11、Ⅳ-12 和 Ⅳ-13 共 31 个分区物种保护目标得分低,目标物种未检出。

6.1.3.4　DPSIR 模型识别限制因子方法的验证

从 2019 年各分区实际不达标指标可以看出,当分区不达标指标超过 6 个指标时,DPSIR 模型识别出的限制因子均为不达标指标,当分区不达标指标少于 6 个指标时,DPSIR 模型识别出的限制因子除了不达标指标外,还识别出其他指标作为较大的限制因子阻碍了该分区水生态环境的改善。因此,DPSIR 模型识别的限制因子准确率高,且弥补了分区若不达标指标较少,限制因子难以识别的缺点。

综上所述,各分区为了实现水生态环境的全面提升,首先,务必使其不达标指标全部达标;其次,根据 DPSIR 模型识别出的限制因子,采取相应治理措施。表 6.1-6 列出了除不达标指标还存在其他指标是限制因子的分区。

表 6.1-6　除不达标指标还存在其他指标是限制因子的分区

分区	限制因子
Ⅰ-02	R6、R5、P2
Ⅰ-05	R6
Ⅱ-01	R2、S3、R6、S1
Ⅱ-02	S3、R6、S1
Ⅱ-03	R2、R6、R1
Ⅱ-04	R6
Ⅱ-06	R2、R6
Ⅱ-07	I2、R6、S1
Ⅱ-08	R6

续表

分区	限制因子
II-09	R6
II-10	R2、R6、S1
III-01	I2、S2、S3、R2、R6
III-02	R2、R6
III-04	R2、R6、S1、S2
III-05	R2、R6
III-07	R2、S2、R6、S1、S3
III-09	S2、R6、S3、S1
III-10	R6、S3、S1、R2
III-12	R2、S1、S2、S3、R6
III-14	R6、S1
III-17	R6、S3、R5、I1
III-19	R6、S2
III-20	R6、S1
IV-02	R6、S3、S2
IV-03	R6、S3、S2
IV-04	D2、R2、R6
IV-05	R2、R6、S3、S1、S2
IV-07	S2、R2、R6、I1、R5
IV-10	R6、R2、S3、I1、R5
IV-13	S2、R6、S1
IV-14	R6、D1

6.2 多目标最优化管控方案筛选模式构建

6.2.1 技术路线

根据限制性因子和分区管控目标达成率，通过统计分析和关联分析对分区进行优化管控场景分析。将49个分区划分为总量控制超标（包含总氮-总磷-COD-氨氮四种污染物联合超标、总氮-总磷-COD联合超标、总氮-总磷-氨氮联合超标、总氮-氨氮-COD联合超标、总氮-总磷联合超标、氨氮-总氮超标、单一总磷超标、单一总氮超标），水质水生态超标型分区和空间管控不达标分区。对于总量控制不达标分区，采用多目标优化方法，以工业废水处理设施建设，产业结构优化、养殖结构优化、养殖废水资源化利用、城镇污水处理能力提升、高标准农田建设、水产养殖废水处理等技术措施为优化变量；以总量达标为硬性约束条件，成本最低、收益最高、满意度最大为优化目标，构建典型分区管控优化模型。通过参数调研和测算，结合 NSGA Ⅱ 算法为每个典型分区生成 100 组备选方案，并根据分区限制性因子筛选优化管控方案（各类措施的总量削减量）。根据典型分区的经验，对同类型分区开展优化管控措施构建。对于水质和水生态不达标分区，统计历年的治理投入、水质净化工程，测算治理投入和工程数量。通过散点图绘制和数据拟合，测算单位水质提升率、单位生态指数提升需要投入的工程建设数量和投资总额。最后，根据空间管控目标达成率，测算各类分区林地、湿地预期建设规模。结合上述步骤，为各类分区生成综合优化管控方案。技术路线如图 6.2-1 所示。

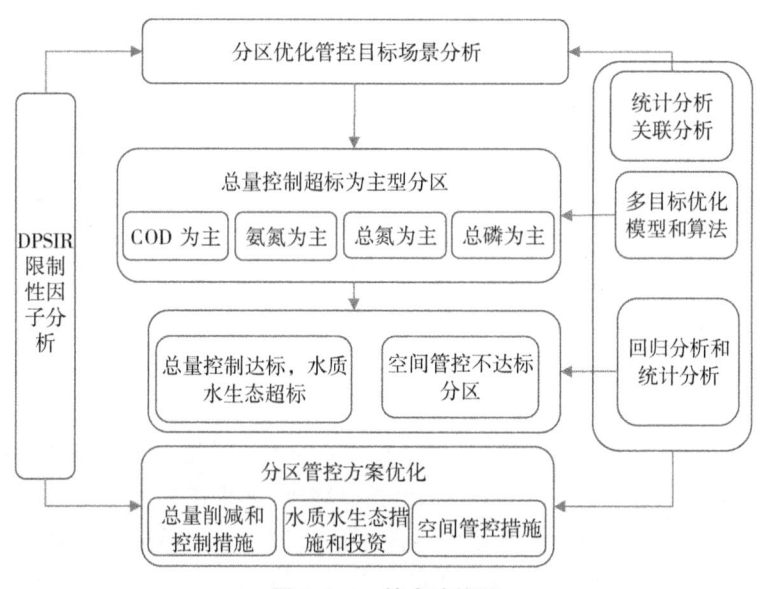

图 6.2-1　技术路线图

6.2.2　太湖流域水生态环境功能分区最优化管控场景分析

基于上述限制因子的识别，发现太湖流域很多分区仍然存在水生态环境功能分区总量控制、空间管控、水质水生态指数等主要管控目标不达标的场景。为实现水生态环境功能分区管控目标的"可达可控性""公众满意性"等要求。需要以水生态环境质量响应最优、治理成本最低、公众满意度最高等为目标，以各分区的水生态环境管控要求、经济社会发展规划等为约束条件，对水污染控制技术和水生态修复技术进行多目标最优化筛选、组合。

1. 污染物入河总量不达标场景

通过归纳单一污染物入河超标和多种污染物入河联合超标,总结得出总氮-总磷-COD-氨氮四种污染物联合超标的分区有Ⅱ-05、Ⅲ-18、Ⅳ-01、Ⅳ-08和Ⅳ-09;总氮-总磷-COD联合超标的分区有Ⅰ-03、Ⅲ-02和Ⅲ-15;总氮-总磷-氨氮联合超标的分区有Ⅰ-01;总氮-氨氮-COD联合超标的分区有Ⅲ-11分区;总氮-总磷联合超标的分区有Ⅲ-05、Ⅲ-16和Ⅳ-14;氨氮-总氮超标分区有Ⅲ-06和Ⅳ-02;单一总磷超标的分区有Ⅱ-01、Ⅲ-01、Ⅲ-03、Ⅲ-04和Ⅳ-12;单一总氮超标的分区有Ⅲ-08、Ⅲ-13、Ⅳ-04、Ⅳ-06和Ⅳ-11,并选择典型分区做详细论述。具体见表6.2-1。

表6.2-1 污染物入河总量不达标分区分类

污染类型	分区	典型分区
总氮-总磷-COD-氨氮	Ⅱ-05、Ⅲ-18、Ⅳ-01、Ⅳ-08和Ⅳ-09	Ⅳ-01
总氮-总磷-COD	Ⅰ-03、Ⅲ-02和Ⅲ-15	Ⅲ-02
总氮-总磷-氨氮	Ⅰ-01	Ⅰ-01
总氮-氨氮-COD	Ⅲ-11	Ⅲ-11
总氮-总磷	Ⅲ-05、Ⅲ-16和Ⅳ-14	Ⅳ-14
氨氮-总氮	Ⅲ-06和Ⅳ-02	Ⅳ-02
单一总磷	Ⅱ-01、Ⅲ-01、Ⅲ-03、Ⅲ-04和Ⅳ-12	Ⅳ-12
单一总氮	Ⅲ-08、Ⅲ-13、Ⅳ-04、Ⅳ-06和Ⅳ-11	Ⅲ-13

2. 水质水生态不达标分区场景

对水质水生态不达标的分区,分析其污染物入河量是否达标,如果污染物入河量不达标,需要同时执行污染物总量控制措施,如果污染物入河量达标,仅需治理河湖内源污染。对所有水质水生态不达标的分区均提出管控方案,本研究以水质考核断面优于Ⅲ类比例未达成2030年目标的分区作为水质水生态不达标分区分析的场景。2019年,Ⅰ级至Ⅳ级水生态环境功能分区监测断面达到或优于Ⅲ类比例最高分别为83.33%、75.00%、78.26%、67.31%,各级水生态环境功能分区三类水达成率总体均呈上升趋势。2019年,49个水生态环境功能分区中达标分区14个,占比为28.57%,水生态健康指数均值为0.48,评价等级为"中"。"良""中""一般"等级分区占比分别为3.2%、46.94%和46.94%。

3. 空间管控不达标分区场景

空间管控不达标分区分为林地面积占比、湿地面积占比和生态红线不达标3类场景。其中林地面积占比不达标的有Ⅲ-01、Ⅳ-01、Ⅲ-02、Ⅰ-03、Ⅲ-05、Ⅱ-03、Ⅲ-06、Ⅰ-02、Ⅱ-01、Ⅳ-08和Ⅳ-06;湿地面积占比不达标的有Ⅲ-10、

Ⅲ-09、Ⅱ-05、Ⅳ-10、Ⅲ-08、Ⅲ-16、Ⅲ-17、Ⅱ-02、Ⅲ-12、Ⅲ-11、Ⅲ-06、Ⅲ-19、Ⅰ-04、Ⅲ-18、Ⅱ-04、Ⅰ-01、Ⅲ-07、Ⅳ-12、Ⅱ-06、Ⅲ-20、Ⅰ-05、Ⅱ-08、Ⅱ-09和Ⅱ-10；无生态红线不达标分区。空间管控不达标的管控方案与上述总量不达标和水质水生态不达标的管控方案的制订相关性较小，故仅针对空间管控不达标分区单独分析，提出管控方案。

6.2.3 多目标管控优化方法

6.2.3.1 多目标优化的水生态环境管控方案设计

本研究按照多目标优化理论，构建水生态环境管控方案筛选和技术模式构建问题的理论分析框架，抽象出需要优化的管控措施变量，管控方案优化的目标、约束，从而构建多目标最优化的理论模型。

（1）确定待优化的管控措施变量

待优化变量即需要求解的变量。根据管控需要可以分为两个层次。第一层次首先是大类管控措施，如工业污水处理、生活污水处理、产业结构调整优化等。

$$T = \{T_1, T_2, \cdots, T_N\}$$

由于大类管控措施与水生态环境的驱动力、压力等因素直接相关，且对经济社会具有较大的影响。因此，在多目标优化管控中，应重点关注大类管控措施的优化组合。第一层次措施集合 $T = \{T_1, T_2, \cdots, T_N\}$ 的使用量：$X = \{X_1, X_2, \cdots, X_N\}$ 即为待优化变量。

第二层次为每个大类的具体措施：

$$T_i = \{T_{i1}, T_{i2}, \cdots, T_{iM}\}$$

当大类管控措施的组合方案确定后，可以在各大类方案的内部，进一步优化治理技术的使用。例如，确定了生活污水处理、畜禽养殖污染处理的管控方案后，可进一步具体选择使用的技术方案。该部分主要涉及工程经济分析，对区域经济社会发展、公众满意度等影响较小。

由于第一层次优化管控影响重大，直接决定了第二层次的技术应用，因此，本次研究主要解决第一层次的优化管控问题。

（2）测算模型相关参数

通过资料搜集整理、调查统计等方式，度量各类治理措施（技术）的水生态环境功能区划治理核心指标的治理效果系数，形成治理技术集合 T 的效应矩阵 **TS**。

$$\mathbf{TS} = \begin{bmatrix} TS_{11} & \cdots & TS_{1M} \\ \vdots & \ddots & \vdots \\ TS_{N1} & \cdots & TL_{NM} \end{bmatrix}$$

其中，TS_{ij} 表示第 i 种治理措施或技术的第 j 种管理目标的治理效应。

对于非硬性约束类指标，如公众满意度、经济效益等可以采用间接度量方式，采用环保投诉数量减少，环境生态支付意愿调查，环境治理投入与影响等代理变量进行测量等方式。构建非约束治理效应矩阵。

$$TL = \begin{bmatrix} TL_{11} & \cdots & TL_{1l} \\ \vdots & \ddots & \vdots \\ TL_{N1} & \cdots & TL_{Nl} \end{bmatrix}$$

（3）构建优化的约束条件

即管理目标的硬性约束。

$$X \times TS < GOAL_{TS}$$

其中，$GOAL_{TS}$ 由各功能分区的管理目标确定。

根据水生态环境功能区划的管理目标，明确治理技术的约束类指标效应集合：

$$S = \{S_1, S_2, \cdots, S_N\}$$

主要包括 S_1 水质指标改善效应、S_2 水生态健康提升效应、S_3 COD 减排效应、S_4 氨氮减排效应、S_5 总磷减排效应、S_6 总氮减排效应、S_7 湿地修复面积、S_8 林地保护面积、S_9 物种保护种类等等。根据前文分析，压力指标是水生态环境状态、影响和响应的直接因素，并且较容易达到良好治理效果和降低成本。为此，本部分研究的约束条件主要选择入河总量控制类指标作为约束。

（4）构建优化的目标函数

效益类目标可以分为两类：

① 硬性约束类指标：主要指水生态环境区划管理目标。

② 非硬性约束类指标：例如，治理措施的成本、带来的经济效益、公众满意度等。

一是成本类指标最小化

$$\min X \times C$$

二是经济效益、公众满意度目标最大化

$$\max X \times TL$$

（5）构建多目标优化的理论模型

$$\max X \times TL$$

$$\min X \times C$$

$$ST = \begin{cases} X \times TS < GOAL_{TS} \\ X \geqslant 0 \end{cases}$$

6.2.3.2 总量控制措施成本效益参数

参考调查统计的相关数据资料,结合分区污染治理的实际情况,对相关措施的成本效益进行测算。

(1) 工业废水处理

根据陈佳等典型源头地区基于目标管理的减排措施优化研究论文可知工业废水处理的成本、收益和污染物减排量。如表6.2-2所示。

表6.2-2 工业废水处理设施成本收益

工业污染	成本(万元/万t水/年)	收益(万元/万t水)	COD(t/万t水/年)	氨氮(t/万t水/年)	总氮(t/万t水/年)	总磷(t/万t水/年)
工业废水处理设施	2.74	−1.5	0.8	0.003 1	—	—

(2) 关停企业的污染减排情况

根据太湖流域的工业企业的产值平均水平,关停企业数量,2017年5 072个企业平均污染排放情况等资料,统计获得关停单个工业企业的政府投入成本、区域影响(收益)如表6.2-3所示。

表6.2-3 关停企业成本收益

工业污染	成本(万元)	收益(万元/年)	COD(t/a)	氨氮(t/a)	总氮(t/a)	总磷(t/a)
关停企业	140.17	−30 000	7.640 765	0.487 614	1.529 188	0.051 067

(3) 养殖结构优化成本收益

根据调查结果,确定的养殖结构优化成本收益如表6.2-4所示。

表6.2-4 单个养殖户拆除的成本收益指标

畜禽养殖	成本(万元)	收益(万元/年)	COD(t/a)	氨氮(t/a)	总氮(t/a)	总磷(t/a)
单个养殖户拆除	30	−30	31.729 54	0.527 009	2.125 506	0.225 975

(4) 养殖废水资源化利用

根据调查结果和相关测算,确定的养殖废水资源化利用成本收益如表6.2-5所示。

表6.2-5 养殖废水资源化利用成本收益

畜禽养殖	投入（万元）	收益（万元/年）	COD(t/a)	氨氮(t/a)	总氮(t/a)	总磷(t/a)
养殖废水资源化利用	0.3	0.087	0.034	0.002 8	0.004 9	0.002 16

（5）城镇污水处理能力提升

根据调查结果和相关测算，确定的城镇污水处理能力提升成本收益如表6.2-6所示。

表6.2-6 城镇污水处理能力提升成本收益

生活	投入（万元）	收益（万元/年）	COD(t/a)	氨氮(t/a)	总氮(t/a)	总磷(t/a)
城镇污水处理（万吨/日）	5 300	186.15	730	73	80	8

（6）高标准农田建设

调查显示，高标准农田建成后，亩均节水11%～38%、节电27%～34%、节肥8%～23%、节药12%～21%，显著改善了农田生态环境，减少了农业面源污染，美化了农田景观格局。而根据江苏省土地利用类型资料显示：江苏省太湖流域耕地面积大约为7 494 036亩[*]，且江苏统计年鉴显示太湖流域年化肥施用量22万吨。资料显示：一吨化肥通常含有0.15 t氮，0.15 t磷。高标准农田建设，亩均投资需要4 000元，亩均收益400元，数据取自江苏省高标准农田建设规划（2019—2022年）。如表6.2-7所示。

表6.2-7 高标准农田建设成本收益

农田	投入（万元/亩）	收益（万元/亩）	COD（吨/亩/年）	氨氮（吨/亩/年）	总氮（吨/亩/年）	总磷（吨/亩/年）
高标准农田建设	0.4	0.04	—	—	0.000 88	0.000 88

（7）水产养殖治理：水产养殖低污染尾水组合生态净化

根据《水专项支撑长江生态环境保护修复推荐技术手册（第一册）：流域面源污染治理分册》规模水产养殖低污染尾水组合生态净化技术显示：投资成本为100元/m²，运行费用支出和收入平衡，TN和TP平均削减率分别为61.3%和34.5%。根据宜兴市水产养殖污染排放量调查评估报告，根据2017年度全市水

---

[*] 1亩≈666.67 m²。

产品产量计算,全市养殖面积19.1万亩,产量7.29万t。第二次全国污染源普查显示,2017年单位水产品养殖产量的排污强度分别为总氮2.02 kg/t和总磷0.33 kg/t。如表6.2-8所示。

表6.2-8 水产养殖低污染尾水组合生态净化成本收益

水产养殖	投入（万元/万亩）	收益（万元/亩）	COD(吨/万亩/年)	氨氮(吨/万亩/年)	总氮(吨/万亩/年)	总磷(吨/万亩/年)
水产养殖低污染尾水组合生态净化	66 700	0	—	—	4.726 13	0.434 54

6.2.3.3 水生态环境管控方案的多目标模型构建与求解

1. 模型构建

根据各分区水生态环境治理的经验,结合成本效益参数的可获取性,模型构建主要以入河污染总量管控目标为主,优化组合对象为第一层次的大类治理技术,主要包括工业废水处理设施×1(万t水/年)、产业结构优化(高耗能高污染企业关停)×2(个)、养殖结构优化(养殖户拆除)×3(个)、养殖废水资源化利用×4(个)、城镇污水处理能力提升×5(万t/d)、高标准农田建设×6(亩)、水产养殖低污染尾水组合生态净化×7(万亩/年)。

(1) 优化目标构建

根据设计的优化方案和参数调查结果,对构建的理论模型进行具体化,其中优化目标为：

① 收益目标越大越好

收益为 $-1.5×1-30\ 000×2-30×3+0.087×4+186.15×5+0.04×6$

② 成本目标越小越好

成本为 $2.74×1+140.17×2+30×3+0.3×4+5\ 300×5+0.4×6+66\ 700×7$

③ 公众满意度越大越好

公众满意度是水生态环境治理的出发点和落脚点,但是公众满意度具有一定的主观性。为量化研究公众满意度,根据相关文献的研究结论,即公众对污染治理设备设施投入具有更高的满意度,而对结构性调整措施具有一定的容忍度门限,当超过公众心理预期将影响公众满意度。

为此,将公众满意度目标的度量转为如下公式：

满意度：

$$\frac{2.74\, x_1 + 140.17\, x_2 + 30\, x_3 + 0.3\, x_4 + 5\ 300\, x_5 + 0.4\, x_6 + 66\ 700\, x_7}{30\ 000\, x_2 + 30\, x_3}$$

其中，分子中的 $2.74x_1+140.17x_2+30x_3+0.3x_4+5300x_5+0.4x_6+66700x_7$，代表公众对于环境治理投入的满意度，而分母中的 $30000x_2+30x_3$ 则表示公众对于结构性调整治理措施负面影响的厌恶程度。

(2) 分区治理目标约束条件：

根据区划入河总量控制目标，将

$$X \times TS < GOAL_{TS}$$

约束条件转化为需要削减的目标量，即

① COD 总量控制目标约束

$0.8×1+7.640765×2+31.72954×3+0.034×4+730×5>$COD 削减量目标$×(1+5\%)$

② 氨氮总量控制目标约束

$0.0031×1+0.487614×2+0.527009×3+0.0028×4+73×5>$氨氮削减量削减目标$×(1+5\%)$

③ 总氮总量控制目标约束

$1.529188×2+2.125506×3+0.0049×4+80×5+0.00088×6+4.72613×7>$总氮削减量目标$×(1+5\%)$

④ 总磷总量控制目标约束

$0.051067×2+0.225975×3+0.00216×4+8×5+0.00088×6+0.43454×7>$总磷削减量目标$×(1+5\%)$

⑤ 治理措施的空间管控约束

为完成分区的空间管控目标，需要对一、二级管控区内的相关企业、种养殖户等进行结构性调整。为此，需要根据管控需求对×4、×5、×6 代表的治理措施设置相应的最低值，即在建立优化管控模型时，将空间管控目标作为一些具体治理措施的下限约束，约束的具体数值根据分区的实际情况进行设定。

⑥ 物种保护目标

物种保护与具体的管控措施、技术的应用之间存在一定的依存关系。一方面，为保护分区类的鱼类敏感物种、底栖敏感物种、其他保护物种等，需要采用一定管控措施；另一方面，工业废水处理和生活污水处理设施的选型也会受到物种保护的约束。为此，需要在优化过程中考虑两方面的因素，分别设置 a1、a2 两个系数，代表工业废水处理和生活污水处理设施与物种保护的冲突系数，无冲突时选择为 1，有冲突时选择为 0，具体选择根据分区实际情况选取。

(3) 模型的基本形式：

(1) 收益 $-1.5×1-30000×2-30×3+0.087×4+186.15×5+0.04×6$

(2) 成本

2.74×1+140.17×2+30×3+0.3×4+5 300×5+0.4×6+66 700×7

(3) 满意度

$$\frac{2.74\ x_1+140.17\ x_2+30\ x_3+0.3\ x_4+5\ 300\ x_5+0.4\ x_6+66\ 700\ x_7}{30\ 000\ x_2+30\ x_3}$$

(4) 0.8×1+7.640 765×2+31.729 54×3+0.034×4+730×5>COD削减量削减目标×(1+5%)

(5) 0.003 1×1+0.487 614×2+0.527 009×3+0.002 8×4+73×5>氨氮削减量削减目标×(1+5%)

(6) 1.529 188×2+2.125 506×3+0.004 9×4+80×5+0.000 88×6+4.726 13×7>总氮削减量削减目标×(1+5%)

(7) 0.051 067×2+0.225 975×3+0.002 16×4+8×5+0.000 88×6+0.434 54×7>总磷削减量目标×(1+5%)

(8) 其他约束条件：采取的措施削减的相应污染物不超过当前污染物实际来源的入河量。

其中，包括工业废水处理设施×1(万 t 水/年)、产业结构优化×2(个)、养殖结构优化×3(个)、养殖废水资源化利用×4(个)、城镇污水处理能力提升×5(万 t/d)、高标准农田建设×6(亩)、规模水产养殖低污染尾水组合生态净化技术×7(万亩/年)。

按照削减量目标根据各分区管理目标设定。其中，相关参数取值见表 6.2-2—表 6.2-8。

模型求解算法

研究采用 NSGA-Ⅱ 算法求解模型，该模式是一种快速非支配排序算法。算法的主要流程如下：

① 对种群 P 中的每个解 p：

令 $Sp = \emptyset, np = 0$；

对种群 P 中的每个解 q：

如果 $p < q$，那么：

$Sp = Sp \cup \{q\}$；

否则，如果 $q < p$，那么：

$np = np + 1$；

如果 $np = 0$：

$prank = 1$；

$F1 = F1 \cup \{p\}$

② $i = 1$;

当 $Fi = \varnothing$：

$Q = \varnothing$；

对 Fi 中的每个解 p：

对 Sp 中的每个解 q：

$nq = nq + 1$

如果 $nq = 0$：

$Prank = i + 1$；

$Q = Q \cup \{q\}$；

$i = i + 1$；

$Fi = Q$

为了维持解分布的多样性，NSGA-Ⅱ提出了基于拥挤距离的多样性保持策略。对具有相同 Pareto 序的解，首先计算解集中各个解的拥挤距离，然后基于拥挤距离对解集中的解进行排序，并根据拥挤比较算子筛选较优的解进入下一代。

拥挤距离的计算方式如下：

$$d_i = \frac{f_1[i-1] - f_1[i+1]}{f_1^{\max} - f_1^{\min}} + \frac{f_2[i+1] - f_2[i-1]}{f_2^{\max} - f_2^{\min}}$$

其中，i 代表具有相同 Pareto 序的一个解集中的第 i 个解；$f_1[i-1]$ 代表第 $i-1$ 个解的第 1 个目标函数的值；$f_1^{\max}$ 和 $f_1^{\min}$ 分别代表第 1 个目标函数的最大值以及最小值。

按照以上求解算法，结合模型的基本形式，研究采用 Python 语言实现了模型求解方法。

6.3 太湖流域水生态环境功能分区管控实施方案

6.3.1 水生态环境功能分区管控实施方案总体目标与治理需求分析

6.3.1.1 总体目标

基于《区划》提出的生态管控、空间管控和物种保护三大类管理目标，明确实施方案的总体要求和分阶段目标，实施分级、分区、分类、分期的目标管理，全面保障流域水生态系统健康。

(1) 水生态管理目标

水生态管理目标包括水质、水生态健康和总量目标。基于分区内水质、水生态现状、控制单元划分、考核断面目标要求、分区水环境容量计算等确定水生态管理目标。

水质目标：近期年水质目标值结合水质现状、水(环境)功能分区、太湖流域水环境综合治理总体方案、"水十条"考核目标、污染防治攻坚战实施意见等综合确定，水质目标基本依据水(环境)功能分区，并布设相应的水质考核断面。基于江苏省太湖流域水生态环境功能区划和太湖流域水环境综合治理总体方案，制定太湖流域江苏片区水质管控目标。到 2030 年，江苏省内 5 个生态Ⅰ级区水质优于Ⅲ类考核断面比例达到 90%，10 个生态Ⅱ级区水质优于Ⅲ类考核断面比例达到 85%，20 个生态Ⅲ级区水质优于Ⅲ类考核断面比例达到 80%，14 个生态Ⅳ级区水质优于Ⅲ类考核断面比例达到 50%。

水生态健康指数：水生态健康指数为综合评价指数，由藻类、底栖生物、水质、富营养指数等组成，并依据代表性原则，优化布设水生态监测断面。基于江苏省太湖流域水生态环境功能区划制定 2030 年，太湖流域江苏片区水生态管控目标，到 2030 年江苏省内生态Ⅰ级区水生态健康指数达到良(≥0.70)，生态Ⅱ级区水生态健康指数达到良/中(≥0.55)，生态Ⅲ级区水生态健康指数达到中(≥0.47)，生态Ⅳ级区水生态健康指数达到中/一般(≥0.40)。

总量控制目标：污染物排放现状总量是依据纳入环保部门环境统计的工业污染源、生活污染源、以及种植业、养殖业污染源等进行核算；2030 年总量目标在《区划》总量控制目标基础上按照化学需氧量、氨氮、总磷、总氮削减 5.0%制定。如表 6.3-1 所示。

表 6.3-1 水质、水生态分级管控目标

分级区	水质考核断面优Ⅲ类比例(2030 年)	水生态健康指数(2030 年)
生态Ⅰ级区	90%	良(≥0.70)
生态Ⅱ级区	85%	良/中(≥0.70)
生态Ⅲ级区	80%	中(≥0.70)
生态Ⅳ级区	50%	良(≥0.70)

注：2030 年水质断面考核目标来源于《江苏省地表水(环境)功能区划》2020 年目标。

(2) 空间管控目标

空间管控目标包括生态红线、湿地、林地管控目标，主要根据江苏省生态红线保护规划、各分区现状土地利用遥感影像解译成果等确定，确保生态空间屏障不下降，生态功能不退化。空间管控目标参照《区划》目标要求。如表 6.3-2 所示。

表 6.3-2　分级空间管控目标　　　　　　　　　　　　　　单位：%

分级区	生态红线面积比例	生态红线/流域面积	湿地＋林地面积比例
生态Ⅰ级区	69	7.4	68.0
生态Ⅱ级区	63	11.5	61.8
生态Ⅲ级区	21	8.7	28.4
生态Ⅳ级区	8	2.5	15.5

注：生态红线区域范围统计依据《江苏省生态红线区域保护区划》。

（3）物种保护目标

主要根据流域珍稀濒危物种分布，不同水质、水生态系统的特有种与敏感指示物种等研究成果确定，物种保护目标参照《区划》目标要求，物种保护目标主要为底栖动物、鱼类等珍稀濒危、敏感种、特有种等，保障水生生物资源再生和珍稀物种恢复。

6.3.1.2　治理需求

依据43个陆域分区的治理需求评价体系评价结果，江苏省太湖流域陆域分区中亟须治理的典型分区为Ⅳ-06、Ⅳ-03、Ⅳ-02、Ⅳ-07、Ⅳ-13、Ⅳ-12、Ⅳ-09、Ⅳ-08、Ⅳ-14、Ⅳ-04、Ⅱ-02、Ⅲ-03。治理需求程度为：太湖北部地区＞东部地区＞西部地区。江苏省太湖流域水生态环境功能分区中水域分区6个。依据水域分区的综合得分评价结果，治理需求程度为：太湖湖心区＞太湖西部湖体＞太湖东部湖体其中水域分区Ⅱ-09、Ⅲ-20治理需求较为迫切。

6.3.2　水生态环境改善的限制因子识别

以DPSIR限制因子识别研究为基础，梳理太湖流域水生态环境功能分区工业污染限制因子、农业污染限制因子、生活污染限制因子、水质水生态限制因子、空间管控限制因子和物种保护限制因子分布。限制因子分布如图6.3-1至图6.3-7所示。

存在轻度工业污染限制因子的分区有Ⅲ-15，分布在苏州常熟市；目前无重度工业污染限制因子。

存在农业污染限制因子的分区主要集中在太湖流域西部和东部，其中存在农田污染轻度限制因子的分区有Ⅰ-01、Ⅰ-03、Ⅲ-05、Ⅲ-06、Ⅲ-15、Ⅲ-18、Ⅳ-08和Ⅳ-09，位于常州金坛区、溧阳市、无锡宜兴市、镇江丹阳市、苏州吴中区、常熟市、张家港市等地；存在农田污染重度限制因子的分区有Ⅲ-02、Ⅲ-16、Ⅳ-01，位于镇江市区、丹阳市和苏州常熟市等地。存在轻度畜禽养殖污染限制因子的分区有Ⅰ-01、Ⅱ-01、Ⅲ-01、Ⅲ-03、Ⅲ-04和Ⅳ-12，位于常州金坛区、新北区、镇江句

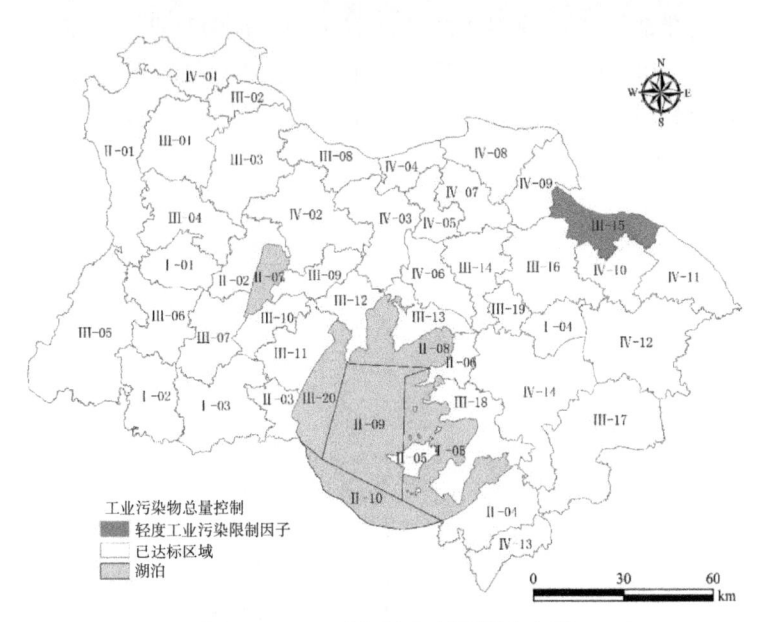

图 6.3-1 工业污染限制因子分布图

容市、丹阳市、苏州太仓市、昆山市,存在重度畜禽养殖污染限制因子的分区有Ⅲ-02,位于镇江丹阳市。存在水产养殖污染轻度限制因子的分区有Ⅰ-03,位于宜兴市;无水产养殖污染重度限制因子。

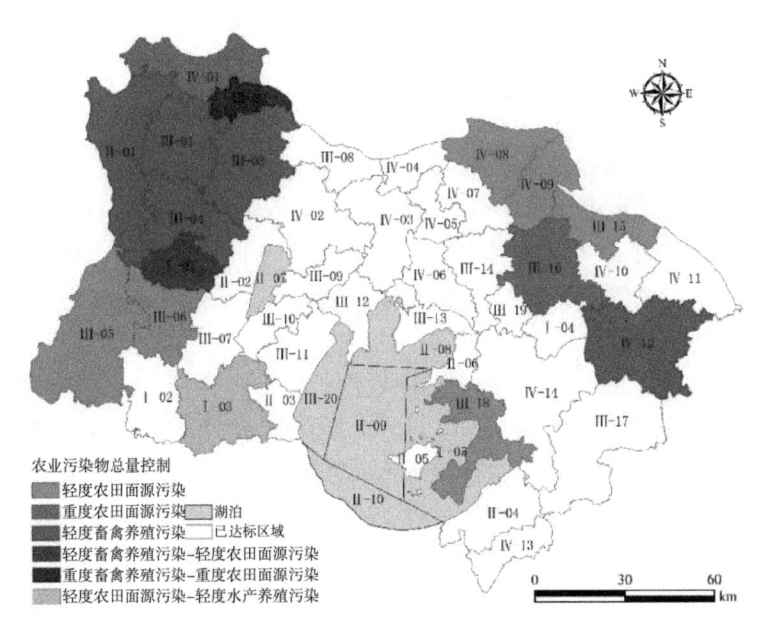

图 6.3-2 农业面源污染限制因子分布图

存在轻度生活污染限制因子的分区有Ⅰ-01、Ⅲ-02、Ⅲ-06、Ⅲ-08、Ⅲ-13、Ⅲ-15、Ⅲ-16、Ⅳ-02、Ⅳ-04、Ⅳ-06、Ⅳ-08 和Ⅳ-09,位于太湖流域北部和西部;生活污染治理需求较重的分区有Ⅱ-05、Ⅲ-11、Ⅲ-18、Ⅳ-01 和Ⅳ-14,位于太湖东岸和西岸地区。

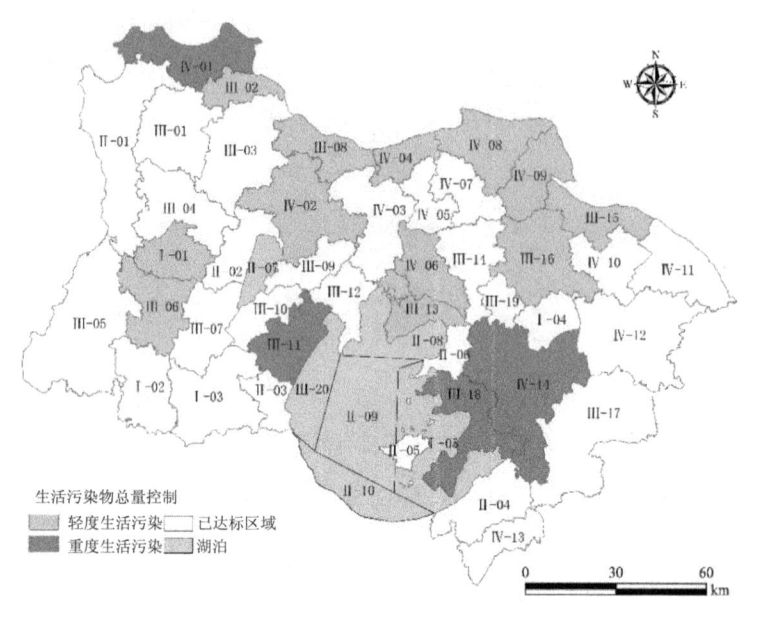

图 6.3-3　生活污染限制因子分布图

在水质水生态管控方面,存在水生态限制因子的分区有Ⅲ-05、Ⅳ-01、Ⅱ-03、Ⅲ-01、Ⅲ-03 等 35 个分区,太湖流域普遍存在水生态健康问题,常州金坛、无锡部分地域内水生态问题较为严重,Ⅲ-04 和Ⅲ-13 分区存在重度水生态限制因子。存在轻度水质限制因子的分区有Ⅰ-04、Ⅰ-05、Ⅱ-04、Ⅱ-05、Ⅱ-08、Ⅱ-09 分区等 19 个分区;存在重度水质限制因子的分区有Ⅲ-04、Ⅰ-01、Ⅱ-02、Ⅱ-07、Ⅲ-20、Ⅳ-06,主要集中在太湖流域西北部和太湖西岸等地,总磷是主要的限制因子。

在空间管控方面,存在林地占比限制因子的分区有Ⅲ-01、Ⅳ-01、Ⅲ-02、Ⅰ-03、Ⅲ-05、Ⅱ-03、Ⅲ-06、Ⅰ-02、Ⅱ-01、Ⅳ-08 和Ⅳ-06 共 11 个分区,主要分布在太湖流域东部;存在湿地占比限制因子的分区的有Ⅲ-10、Ⅲ-09、Ⅱ-05、Ⅳ-10、Ⅲ-08、Ⅲ-16、Ⅲ-17、Ⅱ-02、Ⅲ-12、Ⅲ-11 等 22 个分区,主要分布在太湖流域中部和东南部。

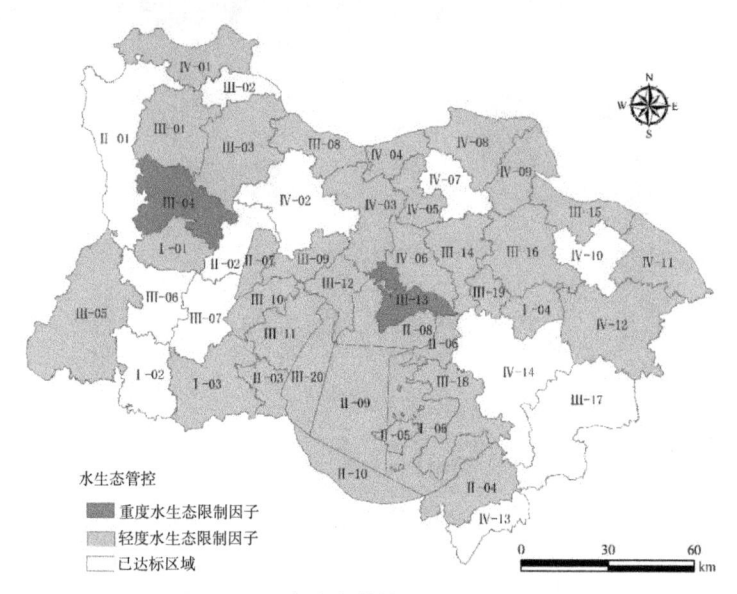

图 6.3-4　水生态管控限制因子分布图

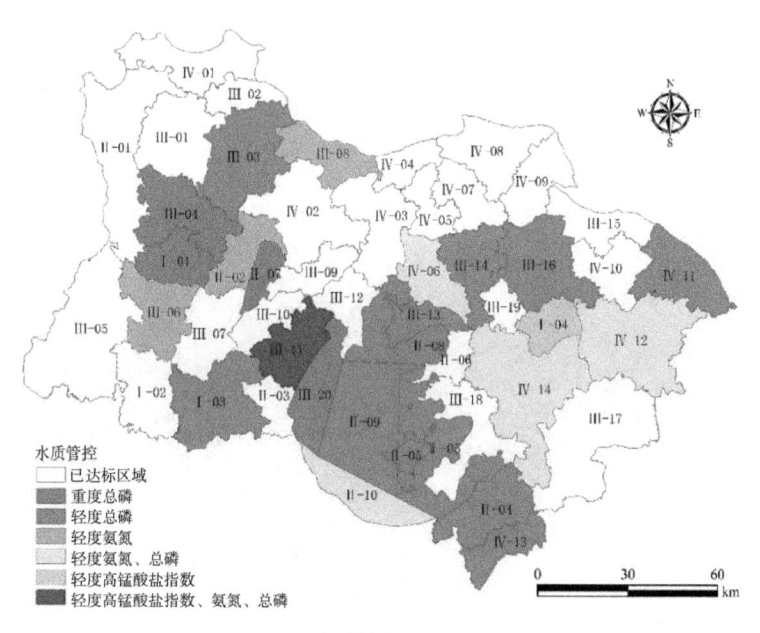

图 6.3-5　水质管控限制因子分布图

物种保护方面,所有分区均存在物种保护限制因子,只有Ⅲ-03、Ⅲ-20、Ⅱ-09、Ⅳ-06、Ⅳ-07、Ⅱ-08 等少数分区监测到背角无齿蚌、河蚬等水生动物,主要分布在太湖流域东岸。

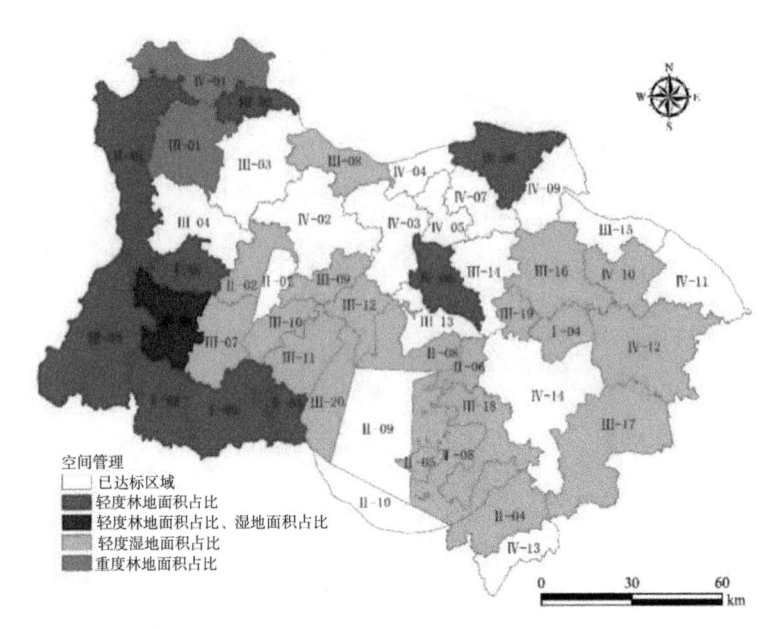

图 6.3-6　空间管控限制因子分布图

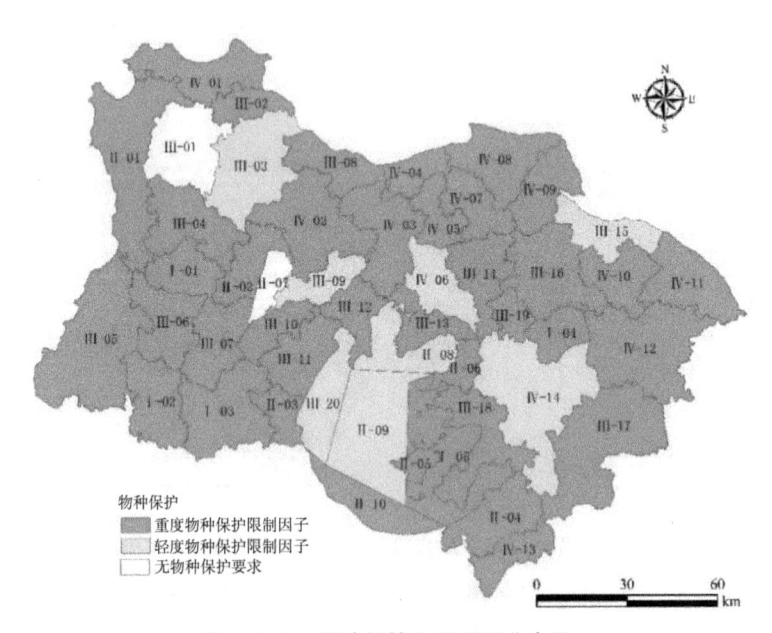

图 6.6-7　物种保护限制因子分布图

6.3.3　49个水生态环境功能分区管理任务清单

6.3.3.1　总量控制管控任务

1. 工业污染管控

（1）制定分区工业企业污染负面清单

存在工业污染治理需求的分区应制定区域内工业企业污染负面清单，核算分区内水资源和水环境承载能力，明确相关企业具体减排要求。加强企业排污监管，提高环保执法力度，严格执行重点排污企业环境信息强制公开制度，对污染排放量严重超标的企业限期整改，淘汰落后产能。严格执行排污许可证制度，将所有污染物排放种类、浓度、总量、排放去向、污染防治设施建设和运营情况等纳入许可证管理范围，禁止无证排污或不按许可证规定排污。

（2）加强区域内工业点源污染防治和节水工程建设

制订并实施污染物削减管控方案，严格执行太湖流域各水生态功能分区的工业管控政策，持续强化区域内工业点源污染防治。大力推进纺织、化工、造纸、食品（啤酒、味精）、钢铁等重点行业企业废水深度治理，针对污染排放量重点行业的排污特点，在技术库中筛选合适的污水处理技术和设备，严格执行《太湖地区城镇污水处理厂及重点工业行业主要水污染物排放限值》（DB32/ 1072—2018）（以下简称《排放限值》）要求。深入推进工业企业用水循环利用和工业废水资源化利用，针对耗水量大的企业，鼓励建设中水回用设施，推行尾水再利用。

引导现有直排工业企业入驻工业集聚区，全面推行工业集聚区企业废水和水污染物纳管总量双控制度，全面推进排查工业园区污水管网排查整治和污水收集处理设施建设，加快实施管网混接、错接、破损修复改造，提高工业废水集中处理能力。重点行业企业工业废水实行"分类收集、分质处理、一企一管、明管输送、实时监测"，集聚区内企业废水必须经预处理达到集中处理要求，方可进入污水集中处理设施。全面完成工业园区污水处理厂和企业污水处理厂提标改造，保证出水满足《排放限值》要求。积极推进"绿岛"建设试点，建设环保公共基础设施，实现污染物统一收集、集中治理、稳定达标排放，解决中小企业治污难题。

存在轻度工业治理需求的分区有Ⅲ-08、Ⅲ-15、Ⅳ-13和Ⅳ-11，主要分布在无锡江阴市、常州新北区、苏州吴江区、苏州常熟市等地，主要工业行业为有机化学原料制造、化纤织物染整精加工、化纤织造加工、纸制造业等，其应加强工业点源污染整治和提高工业园区废水集中处理能力，在技术库中筛选合适的污水处理技术和设备，完成工业污染化学需氧量削减量1 200 t/a，氨氮削减量22.98 t/a，总氮削减量115.81 t/a，总磷削减量13.37 t/a。

(3) 加强工业行业源头治理

构建市场导向的绿色产业技术创新体系，着力推动企业生产设备技术升级改造和行业清洁生产技术突破，引导相关科研项目成果转化，在不影响产能前提下提升环保标准，构建绿色推荐技术和绿色产业名录，形成一批绿色技术创新企业。引导工业聚集区尤其是耗水量大的企业新建中水回用设施，推行尾水循环再利用。通过淘汰落后产能和提高准入门槛等手段倒逼产业转型升级，调整发展规划和产业结构，推进中小企业清洁生产水平提升。到2030年，国家级、省级园区（开发区）基本完成循环化改造，企业完成清洁生产技术改造，有条件的乡镇工业集中区也应积极推进，提升中小企业清洁生产水平。积极探索区域内产业结构和空间配置优化组合方案，加快产业及产业链整合发展，建立区域产业关联循环体系。

(4) 完善对太湖流域工业行业污染排放政策标准体系建设

根据太湖流域水质目标、主体功能区划、生态红线区域保护规划要求，严格环境准入，分区域、分流域制定并实施差别化环境准入政策，提高高耗水、高污染行业准入门槛，依法严格管理各类涉及氮磷污染物排放的建设项目，建设项目主要污染物排放总量实行严格的等量或减量置换。

构建激励与约束并重的现代环境治理机制。在绩效考核的基础上建立以水环境功能分区为单位的责任追究制度。建立健全以排污许可证和生态环境损害赔偿制度为核心的污染源环境管理体系。建立健全绿色产业认证机制和激励机制。

2. 农业面源污染管控

(1) 积极推进农田源头治理

积极推进农田源头治理。围绕农业供给侧结构性改革，以合理种植结构为抓手，改变过去施化肥、打农药、单纯追求产量增长的生产方式，推动"肥药两制"改革，因地制宜发展种养结合的生态循环农业，推进有机肥替代化肥、病虫害绿色防控替代化学防治，鼓励生产生态、绿色、健康的农产品。推行科学农业生产技术，开展测土配方施肥、精准施肥、节水灌溉技术等，积极推广稻绿轮作、冬耕晒垡等轮作休耕技术和模式。开展高标准基本农田生态化改造建设，探索推进排灌系统生态化改造，重点建设农田沟渠生态改造、农业生态水循环、农田农村结合部环境提升、田间生态林网等工程。积极建立适合太湖流域的农业面源污染防治生态补偿机制，引导农民清洁生产，对使用先进的施肥、节水等技术和建设高标准基本农田，给予一定的财政补贴。到2025年，需实现太湖流域"肥药两制"改革全覆盖，太湖流域五市化肥施用总量实现持续性负增长，有机肥替代化肥比例达25%以上，病虫害绿色防控覆盖率达75%以上，测土配方施肥、精准施肥、节水灌溉技术推广覆盖率达 90% 以上；2022 年高标准农田覆盖率达 90% 以上，2030 年高标准农田全覆盖。

(2) 加强农田面源污染防治

距离河湖以内 500 m 的农田区域，建立生态拦截系统，一是农田内部的氮磷拦截，如采用稻田生态田埂、生态拦截缓冲带、生物篱、设施菜地增设填闲作物、果园生草等技术；二是氮磷入河拦截阻断，包括生态拦截沟渠技术、生态护岸边坡技术等，对农田排水、地表径流实行收集、净化处理，增加还田利用。

农田面源治理需求较轻的分区有 I-01、I-02、III-02、III-04、III-05、III-06、III-08、III-11、III-15 和 IV-09，位于常州金坛、溧阳、新北，镇江丹阳，无锡江阴，目前种植业主要以水稻、油菜、设施蔬菜、特色果茶等为主体。农田面积约 2 116.7 千亩，重点管控距离河湖 500 m 以内的区域，建立生态拦截系统。农田面源治理需求较重的分区有 I-03，位于宜兴市，农田面积约 186.9 千亩，实行全面管理，距离河湖以内 500 m 的区域，禁止开发，建立生态拦截系统；距离河湖 500 m 以外的区域在实施化肥农药减量措施和推广生态农业的同时，开展清洁小流域建设，加强农田污染治理，因地制宜构建生态调蓄沟渠塘等生物、工程措施。总量控制不达标分区需完成农田面源污染总氮削减量 115.09 t/a，总磷削减量 538.73 t/a。建设高标准农田 75 万亩以上。

(3) 畜禽养殖污染管控

① 加强畜禽养殖污染防治

加快养殖场废弃物集中收运处理体系建设。规模化畜禽养殖场和有条件的非规模化养殖场必须配备完善的畜禽粪便收集、处理和资源利用配套设施，确保稳定的综合利用途径和消纳场地，全面有效控制畜禽粪污，推动养殖与加工、生活的联合控制，做到物质养分循环、食物链循环。非规模畜禽养殖场(户)，设施配备应做到"一分离，二配套"，建设雨污分离、干湿分离、堆粪场、粪污储存池等设施，确保稳定的综合利用途径和消纳场地。非规模畜禽养殖场(户)较集中的村镇，加强统一规划建设，形成以畜禽粪污收集处理中心、沼液配送服务站等为中心的集中收运处理体系。到 2025 年，畜禽养殖规模化率和畜禽粪污综合利用率需分别达到 85% 和 95%；到 2030 年，分别稳定在 85% 以上和 95% 以上。

推广发展标准化规模生态健康养殖，持续有效推进场区布局合理化、设备设施现代化、养殖工艺清洁化、养殖规模科学化等标准化生产技术推广，实行源头减量、过程控制、末端利用的污染防控模式，不断提升畜禽养殖自动化、智能化、生态化水平。此外，进一步完善生态健康养殖标准体系。到 2022 年，太湖流域累计建设 710 个畜禽生态健康养殖场；到 2030 年，基本实现标准化规模生态健康养殖全覆盖。

② 强化环境监管

环境监管方面,将规模以上畜禽养殖场纳入重点污染源管理,对年出栏生猪5 000头(其他畜禽种类折合猪的养殖规模)以上和涉及环境敏感区的畜禽养殖场(小区)执行环评报告书制度,其他畜禽规模养殖场执行环境影响登记表制度,对设有排污口的畜禽规模养殖场实施排污许可制度。

推动畜禽养殖场配备视频监控设施,记录粪污处理、运输和资源化利用等情况,防止粪污偷运偷排。完善畜禽规模养殖场直联直报信息系统,构建统一管理、分级使用、共享直联的管理平台。

畜禽养殖治理需求较轻的分区有Ⅰ-02、Ⅲ-03、Ⅳ-01、Ⅳ-12,位于常州溧阳、镇江北部、丹阳,苏州太仓、昆山,控制养殖总量,重点监管规模以上畜禽养殖场,加快发展标准化规模生态养殖,所有规模养殖场粪污处理设施装备配套率达到98%以上;加强距离河湖5 km以内的规模以下畜禽养殖场管控,禁止污染直排,畜禽粪污收运体系建成率100%。

畜禽养殖治理需求较重的分区有Ⅰ-01、Ⅰ-03、Ⅱ-01、Ⅲ-01、Ⅲ-02、Ⅲ-04,位于常州金坛、无锡宜兴,镇江丹徒、句容、丹阳。制定畜禽养殖污染削减方案,明确畜禽养殖污染削减目标,严格控制养殖总量,加强畜禽粪污资源化利用,规模化养殖和非规模化养殖两手并抓,着力提升畜禽粪污综合利用率和规模养殖场粪污处理设施装备配套率,完善规模以下养殖场废弃物集中收运处理体系建设,及时关停并整治畜禽养殖污染治理不达标的养殖场。总量控制不达标分区完成畜禽养殖污染化学需氧量削减量95.08 t/a,氨氮削减量156.78 t/a,总氮削减量84.32 t/a,总磷削减量1 719.16 t/a。

(4) 水产养殖污染管控

按照有关法律法规和技术标准要求,留足河道、湖泊和滨海地带的管理和保护范围,非法挤占的应限期退出,保证生物栖息地、鱼类洄游通道、重要湿地等生态空间。科学确定养殖规模和密度,合理投放饲料、使用药物,优化养殖模式,积极推进标准化生态鱼池建设,积极发展工厂化循环水养殖、池塘工程化循环水养殖、连片池塘尾水集中处理模式等健康养殖方式,推进稻渔综合种养等生态循环农业。严控河流、近岸海域投饵网箱养殖。严格执行最新出台的池塘养殖尾水排放标准,规范养殖尾水排放口设置,严控池塘水产养殖废水集中排放,推动养殖尾水生态化处理设施建设。

水产养殖治理需求较轻的分区有Ⅱ-01,位于镇江东部,需完成水产养殖污染总氮削减量3.05 t/a,总磷削减量7.48 t/a,重点管控养殖尾水排放,加强尾水净化设施建设,采用高密度水产养殖水循环利用技术、规模水产养殖低污染尾水组合生态净化技术等方式。

3. 生活污染管控

(1) 实现城镇生活污水全收集、全处理

全面推进太湖流域区域城镇污水处理设施建设,建制镇污水处理设施实现全覆盖,城镇生活污水基本实现全收集、全处理,严格执行《排放限值》。加强污水收集管网配套建设。全面排查太湖流域污水管网空白区,消除直排区,加快完成现有合流制排水系统改造,深入开展管网提质增效,实施污水直排、雨污混接、管网漏损排查和改造,加强城镇排水与污水收集管网的日常养护,有效降低管网漏损。到2025年,需基本消除污水管网空白区和污水直排区,城市生活污水集中收集率达到80%以上,基本实现城市污水"零直排"。

新建城镇污水集中处理设施应当同步配套建设除磷脱氮深度处理设施;已建的城镇污水集中处理设施应当限期完成除磷脱氮提标改造,有力推进生态缓冲区建设,因地制宜建设再生水利用设施以及尾水生态净化工程。推进初期雨水收集处理和雨水利用,提高雨水滞渗、调蓄和净化能力,削减城市面源污染。到2025年,流域范围内需有超过50%污水处理厂配备尾水生态净化设施。

(2) 推进农村生活污水治理

设区的市、县(市、区)人民政府应当根据农村不同区位条件、村庄人口聚集程度、污水产生规模等,科学确定农村生活污水管网收集方式和处理模式。距离城镇污水管网较近的农村社区和城镇周边村庄,可以就近接入城镇污水收集处理设施;距离管网较远、人口密集的村庄,可以建设人工湿地、生物滤池等农村生活污水集中处理设施;居住偏远分散、人口较少的村庄,可以采取生活污水净化槽、生物塘等分散处理的方式,鼓励建设农村小型污水处理设施和开展农村厕所改造并使两者有效衔接。逐步推进农村生活污水处理设施全覆盖,加强已建设施长效运营管理。到2025年,太湖流域水生态功能分区村庄生活污水治理覆盖率达到90%以上,建立健全农村生活污水设施长效运维管理机制。

生活污染治理需求较轻的分区有Ⅲ-06、Ⅲ-08、Ⅲ-11、Ⅲ-12、Ⅲ-18、Ⅳ-02、Ⅳ-04、Ⅳ-06、Ⅳ-09、Ⅳ-12,位于太湖西岸和太湖北岸;生活污染治理需求较重的分区有Ⅱ-05、Ⅲ-02、Ⅳ-01、Ⅳ-08、Ⅳ-14,位于苏州等太湖东岸地区。总量控制不达标分区需完成生活污染化学需氧量削减量1 513.60 t/a,氨氮削减量300.60 t/a,总氮削减量1 476.94 t/a,总磷削减量311.52 t/a,需提升城镇污水处理能力1 221万吨/日。

6.3.3.2 水质水生态管控任务

1. 聚焦太湖流域水环境综合整治

在严格控制太湖流域污染总量控制的基础上,全面推动流域水环境综合治理。对水质不达标分区根据水体污染程度、污染原因和整治阶段目标制订本分区水域水质达标方案,在控源截污、水质净化、内源治理三方面协同管控,对不同生境类型有针对性地选择适用的技术方法及修复途径。太湖流域不同敏感水生态环境功能分区体现在不同环境本底、生态健康特征和管理要求的分区单元,由于不同的生境及河湖水体,管控与修复体现在不同的尺度。

基于水生态环境功能分区单元:基于不同敏感等级目标,考虑分区单元内社会经济、各类污染强度等胁迫因子情况,以及水资源禀赋、水环境、水生态以及水安全方面的区域水生态承载力状况,在诊断关键影响因子情况下,结合生态修复与补偿等理念,构建对应的管控与修复技术方案,管控指标体现出大尺度空间性特征,如区域污水排放源强控制、节水、城镇建成区与林地覆盖率面积控制等。

基于不同类型敏感生境及具体河湖单元:基于水质、水生生物及生境质量等方面评估与分析,以及河湖综合生态健康评估,在分析确定关键问题与影响因子情况下,构建对应的管控与修复技术方案。对于河湖水体单元,具体的管控与修复措施落实至河湖管理部门,如河段的划分及管理、河流的修复等往往都针对一个个具体的河段而开展,管控指标体现出小尺度特征,如河湖滨岸带修复、水动力调控、污水排放口整治、岸坡环境治理、生态岸坡修复等。结合河湖生态健康评估体系,河湖生态系统结构是由形态结构、水文水动力、水体理化性质以及水生生物等构成要素形成的关联性整体,具体修复措施体现在不同的角度。但不同措施之间遵循一定规律:河湖形态结构与水文水动力条件相互影响,两者又共同促进河湖水质的改善;形态、水动力以及水质条件的改善是促进河湖生态系统恢复的必需条件。河湖生态修复,除了外界压力因子控制外,应从最基本的3个生境要素开始,这些要素相对而言不受上部高级要素的制约,同时又可以为修复高级要素提供较为有利的条件,而上层要素往往在基本要素比较完善的情况下,才有改善其自身条件的可能性。比如通过水体形态的修复保证水体具有良好的岸坡条件、基底条件、周边条件,通过水动力的修复保证水体的流动条件、交换条件、容量条件;形态与水动力的修复使得河水体自净能力提高,基本要素质量的改善往往才能促进生物完整性条件的好转。

断面水质不达标分区有Ⅲ-10、Ⅳ-05、Ⅲ-16、Ⅲ-17、Ⅰ-04、Ⅲ-11、Ⅲ-20分区等25个分区。

Ⅲ-03、Ⅲ-20等分区,部分河湖水体水质类别为Ⅴ类,污染程度较重,生态环境条件较差,需强化污染源头治理和系统治理,在严格工业污染、生活污染、农业污染的输入与控制的基础上,基于小尺度深入分析河湖水体生境类型,因地制宜实施湖滨生态缓冲带、前置库、生态护坡等氮磷生态拦截工程。主要超标因子为总磷、氨氮的水体,采用生态浮岛,沉水植被构建等方式;主要超标因子为高锰酸盐指数的水体,采用生物膜、微生物与水生植物协同处理等方式。

Ⅲ-10、Ⅳ-05、Ⅲ-16、Ⅲ-11 等分区,部分河湖水体水质类别为Ⅳ类,污染程度相对较轻。需构建生态护坡或生态缓冲带,严格限制氮磷的排入;开展河道生态化治理,利用人工湿地旁路净化、水生植物群落重建及多样性恢复等技术和手段,恢复和保持河道的自然净化和修复功能,推动水生生物多样性保护。

对其他水质、水生态现状达标的分区,保护生态环境治理成果,采取风险防范措施,核定水体纳污能力,加强排污口管理。重点关注望虞河、漕桥河等 15 条主要入湖河道,扎实推进流域防护林体系和生态景观林建设,打造太湖上游清水走廊,严格限制主要入湖河道氮磷的排入,建设河口的湖滨湿地,形成生态缓冲带,有效阻止污水直接入湖,为主要入湖河流水质改善创造有利条件。

对生态系统严重受损的太湖西部区大浦口、竺山湖、梅梁湖和贡湖等重要水域,需实施生态缓冲区工程,降低入湖负荷,开展生态化堤岸改造,进一步提升太湖流域蓝藻防控水平,实行"离岸处置、全面清淤、近岸应急",沿岸 500 m 范围常态化清淤机制,岸线全部设挡藻围隔、实行蓝藻离岸处置,应急防控定期打捞蓝藻,配套蓝藻监测预警体系,实现湖泛精准预测。对水质状况较好的太湖东部湖区构建水生植物群落,采用生物操纵技术重建水体生态系统,逐步促进水生生物多样性和生态系统恢复。

2. 加大湿地资源保护和生态修复力度

在水质达标的基础上关注水生态质量,需开展水生态修复工程,采用鱼类结构调控技术、生物操纵、水生生物群落构建等生态系统调控技术,提高水生物种多样性,促进水生态系统的恢复和重建;加大流域湿地资源保护和生态修复力度,建立自然生态修复行为负面清单,制定水生生物多样性保护方案,提高水生生物多样性;坚持工程建设与长效管理两手抓;完善现有太湖流域水生态环境质量监控网络,逐步实现水生态环境质量信息共享;太湖流域水生态功能分区水体实现 100% 水质达标和水生态质量明显改善;水生态健康指数不达标分区有Ⅲ-05、Ⅳ-01、Ⅱ-01、Ⅲ-01、Ⅲ-02 等 30 个分区,西太湖湖体水生态健康受损严重,太湖流域普遍存在水生态问题,苏州、常州区域内水生态问题较为严重。

3. 提升水源涵养能力

针对 49 个分区中水源涵养功能区,严格重要水源涵养区管制,强化水源涵养区的保护和修复。在太湖上游宜溧山区、苕溪区域等重要水源涵养区域退耕还林还草,加强防护林建设,全面保障源头清水。

6.3.3.3 空间目标管控任务

1. 生态红线目标管控

结合《区划》及《省政府关于印发江苏省生态空间管控区域规划的通知》(苏政发〔2020〕1 号)要求,严格生态红线区保护与管理,加强生态红线区域开发建设活动管控,严守生态保护红线,满足生态红线区域的分级管理要求和保障措施要求,加强生态红线准入环境管理,确保各级各类生态红线区域保护面积稳定,区域内不得发生侵占、破坏生态红线区域内土地的行为。

保障和维护生态红线区域生态功能。区域内禁止非法排放污染物行为,不得发生盗伐滥伐林木,猎捕、破坏珍稀濒危和受保护物种行为。从区域尺度层面逐步扩大湿地、林地覆盖率,增加生境多样性,因地制宜开展城镇利用土地区域的类自然化修复。严控水体外源污染输入,强化水体达标建设,注重控制影响湖库蓝藻暴发的水体内、外部因素,基于小尺度深入修复河湖水体形态、水动力以及河湖滨带湿地等生境条件,逐步促进水生生物多样性及生态健康恢复。

针对太湖流域存在的 10 种生态空间保护区域类型提出管控与修复措施。

饮用水源保护区:关注水体氮磷达标建设以及部分水域的 COD_{Mn} 超标问题,严控农村、城镇生活污染,控制与修复部分水体如分洪河、尚湖局部区域沉积物中重金属超标问题,扩大湖库水生植物覆盖率,提升河湖滨带生态湿地覆盖率。

特殊物种保护区:严控水体养殖污染,以及城乡生活污染输入,扩大湖库水生植物覆盖率,提升湖库滨带生态湿地覆盖率。

重要湿地:关注水体 N、P 达标建设以及部分水域的 COD_{Mn}、BOD_5 超标问题,严控城乡生活污染输入,控制与修复部分水体如西氿、澄湖等局部区域沉积物重金属超标问题,严格生态红线区保护并禁止水体及岸坡占用现象,系统开展水体污染控制与水体生境修复,控制蓝藻水华暴发及促进生物多样性恢复。

清水通道维护区:严控周边污染输入水体,关注并控制入境原水 TP 等污染,以及局部 COD_{Mn} 和氨氮等污染影响因素,修复周边工业遗留区等原因造成的沉积物重金属污染,开展河湖滨岸仿自然化生态修复,提高生态岸坡比例。

湿地公园:关注水体 N、P 超标问题,加强水质达标建设,控制如金鸡湖等景观湿地公园的入湖河道水质超标问题,修复入湖水体、排污累积形成的沉积物重金属、P 等严重污染问题,提升水生植物覆盖率,系统控制蓝藻水华问题。

太湖重要保护区:关注水体 N、P 达标建设,严控城乡生活污染输入,控制与修复部分水体沉积物重金属 Cd 超标问题,严格生态红线区保护,系统开展水体污染控制与水体生境修复,控制湖泊蓝藻水华暴发,促进河湖水体生境及生物多样性恢复。

重要渔业水域:关注水体水质达标建设,尤其是 TP 超标严重问题,严控养殖污染以及城乡生活污染输入,控制与修复北干河口等部分水体沉积物重金属 Cd 超标问题,严格生态红线区保护并禁止水体及岸坡占用现象,控制湖泊蓝藻水华暴发,促进湖泊水体水生植物等生境质量提升。

洪水调蓄区:关注丰、平水期水体水质达标问题,尤其是水流过境引起的 TP

迁移以及内源 TP 释放问题,严控养殖污染以及城乡生活污染随雨水、洪水的输入,控制与修复镇江运粮河等部分水体沉积物重金属超标问题,严格水体及岸坡空间管控,增加河道生态岸坡比例,强化河道内水质提升,除削减 TP 外,还需改善河内氨氮和 COD_{Mn} 浓度偏高现象,修河湖滨岸带,增加洪水调蓄区湿地、林地植被覆盖率,改善河湖生境质量,促进水生生物多样性改善。

水源涵养区:关注水体 TN 偏高问题,削减入库农林业面源及畜禽养殖等污染,尤其是分散型农村面源污染;关注水体藻类包括春、夏季蓝藻以及春、冬季硅藻密度过大问题,防控水华风险;关注水体敏感性物种及其生境保护,修复水体水生植物群落及提升周边林地覆盖率。

生态公益林:关注水体局部时段 TP 超标问题,严控入河林业面源及城乡生活污染;关注水体敏感性物种及其生境保护。

2. 土地利用目标管控

(1) 实施山水林田湖生态保护和修复工程

以生态空间屏障不下降,生态功能不退化为目标,积极开展山水林田湖草系统治理。全面推行林长制,保障林地面积不减少。林地面积占比相对不足的分区积极选择耐水吸污能力强、净化隔污效果好的植物,科学造林、合理配置、乔灌草结合,大力开展生态防护林建设,完成《区划》中规定的林地面积占比目标;林地面积占比严重不足的分区应当加大造林工程投入力度,提高流域森林覆盖率和森林质量,分阶段实现《区划》中规定的林地面积占比目标。林地面积占比不达标的有Ⅲ-01、Ⅳ-01、Ⅲ-02、Ⅰ-03、Ⅲ-05、Ⅱ-03、Ⅲ-06、Ⅰ-02、Ⅱ-01、Ⅳ-08 和Ⅳ-06,需增加林地面积达到 16.35 km²。

组织开展湖泊、水库、湿地保护与修复,维护水体的生态功能。湿地面积占比相对不足的分区应针对退化湿地实施保护和修复措施,整合湿地、水网等自然要素,因地制宜建设生态安全缓冲区和生态隔离带,采取人工湿地、水源涵养林、沿河沿湖植被缓冲带和隔离带等生态环境治理与保护措施,提高水环境承载能力。选择湖滨湿地植被带保存较完整、重要水产资源或水生植物集中分布区,建立湿地公园、湿地保护区、水产种质资源保护区,重点恢复环太湖约 100 m 的湖滨湿地植物带,探索环太湖绿色廊道建设。湿地面积占比严重不足的分区应当加大湿地保护和恢复投入力度,逐步扩大退耕还湿、退渔范围,扩大湿地面积,分阶段实现《区划》中规定的湿地面积占比目标。湿地面积占比不达标的有Ⅲ-10、Ⅲ-09、Ⅱ-05、Ⅳ-10、Ⅲ-08、Ⅲ-16、Ⅲ-17、Ⅱ-02、Ⅲ-12、Ⅲ-11、Ⅲ-06、Ⅲ-19、Ⅰ-04、Ⅲ-18、Ⅱ-04、Ⅰ-01、Ⅲ-07、Ⅳ-12、Ⅱ-06、Ⅲ-20、Ⅰ-05 和Ⅱ-08,需增加湿地面积 33.23 km²。

6.3.3.4 物种目标管控

在保持各功能分区现有底栖敏感种、鱼类敏感种及保护物种的种类、数量不减少的基础上,开展物种繁衍水文需求、栖息地特征分析、人工繁殖技术、分子生物学等研究工作,积极开展生物多样性调查、监测与评估,逐步建立珍稀濒危物种分布数据库和遗传资源保护培育,维持并改善水生态功能分区的水生态环境质量。

深入实施生物多样性保护工程,切实加强水生野生动植物类保护力度。科学规划、合理开发利用水产资源,保护太湖流域(江苏)重点保护物种名录中的水生生物物种生息繁衍场所和生存条件。组织专家对现有水生态系统引进的外来物种进行风险评估,禁止引进对水生态安全有危害的野生动植物。需对引进的外来物种进行动态监测,发现有害物种及时采取措施,消除危害。

6.3.3.5 49个水生态环境功能分区管控任务清单

基于太湖流域水生态环境功能分区管理绩效评估、动态预警、动态模拟和敏感性评估结果,近年来,太湖流域四级功能分区清洁生产企业占比、部分断面重点监控断面优Ⅲ比例有较大程度下降,跨区域分区管理界限仍不清晰。49个水生态环境功能分区管控任务清单结合前面章节的内容,系统梳理分区敏感情况、存在问题以及预警级别,针对问题提出管理政策意见及保障措施,部分水生态环境功能分区管控任务清单见表6.3-3。

6.3.4 投资效益分析

6.3.4.1 投资分析

太湖流域水生态环境功能分区管控方案措施清单,包括工业废水处理2 254.15万吨/年,养殖废水资源化利用974个,提升城镇污水处理能力67.49万吨/日,高标准农田建设75.82万亩,水产养殖低污染尾水生态净化52.93万亩/年,水环境综合整治项目33个和水体生态修复项目42个,增加林地面积16.35 km^2 和湿地面积33.23 km^2,总投资118.82亿元。

6.3.4.2 环境效益

方案实施后,工业企业技术提升、落后企业淘汰,污水处理率提高,农业面源有效控制,可从源头和末端大幅降低污染物排放量,减少污染物排放量数据如下:化学需氧量70 784.73 t,氨氮5 663.74 t,总氮8 519.70 t,总磷1 449.00 t。污染物排放量达到2030年总量控制目标,入湖量均在环境容量范围之内,可以满足水环境功能区水质达标率要求。流域内工业废水达标排放率达100%;到2030年,太湖流域建制镇污水处理设施全覆盖,农村污水处理率90%以上;所有规模养殖场粪污处理设施装备配套率达到98%以上;流域水质基本实现规划指标。

表6.3-3 49个水生态环境功能分区管控任务清单

城市	分区	存在问题	需削减量(t/a)	限制因子	总量管控 推荐性管控措施	水质水生态管控 水质不达标河道断面	水生态不达标河道断面	推荐性管控措施	空间管控 需增加林湿地面积(km²)	推荐性管控措施	物种管控 保护物种	推荐性管控措施
南京市	生态Ⅲ级区-05溧高重要生境维持水文调节功能区	生境类型单一,浮游动物完整性指数偏低,湿地底面积占比仍有提升空间	总氮 437.21 总磷 43.06	轻度农田污染	工业:增加工业废水处理设施7.08万吨/年。优化产业结构。农业:①农田面源:距离河湖500 m以内的区域建立生态拦截系统,高标准农田建设137 291.93亩；②畜禽养殖:优化养殖结构73个,养殖废水资源化利用处理设施2.39万吨/年；③水产养殖:增加规模水产养殖低污染尾水组,生态净化技术8.52万亩/年。生活:提升城镇污水组处理能力1.95万t/d	落蓬湾、前angling桥	—	水生植物群落重建及生物多样性恢复;鱼类群落调控;生物操纵技术;河口湿地生态修复技术	增加林地面积 0.15	推行河长制;加大造林工程投入力度	蜻蜓目、长角涵、纹沼螺、尾蚬、黄尾鲴	切实加强水生动物保护力度,维护物种生息繁衍场所和生存条件
镇江市	生态Ⅳ级区-01镇江北部重要物种保护水文调节功能区	用水量有待进一步控制,生境类型单一,湿地林地覆盖率低,底栖敏感种达标情况差,工业、农业生活污染,城镇人河污染量未有效控制	化学需氧量 4 342.8 氨氮 602.15 总氮 1 338.52 总磷 86.21	重度农田污染,重度生活污染	工业:增加工业废水处理设施114.77万吨/年,优化产业结构。农业:①农田面源,距离河湖500 m以内的区域,禁止开发,建立生态拦截系统;距离河湖500 m以外的区域实施农药化肥减量措施,高标准农田建设8 562.9亩；②畜禽养殖:优化养殖结构30个,养殖废水6.77万t/a;③水产养殖:增加规模水产养殖低污染尾水组合生态净化技术5.66万亩/年。生活:提升城镇污水组处理能力14.71万t/d	江南运河(辛丰镇)	—	水生植物群落重建及生物多样性恢复;鱼类群落调控;生物操纵技术;河林强化二级人工湿地氧化沟侧接触组合处理技术;微纳米气强化生态浮床污水处理技术	增加林地面积 3.51	推行河长制;加大造林工程投入力度	河蚬、长角涵螺、纹沼螺、椭圆萝卜螺、波氏吻鰕虎鱼	切实加强水生动物保护力度,维护物种生息繁衍场所和生存条件

续表

城市	分区	存在问题	需削减量(t/a)	限制因子	总量管控 推荐性管控措施	水质不达标河道断面	水生态不达标河道断面	水质水生态管控 推荐性管控措施	需增加林湿地面积(km²)	空间管控 推荐性管控措施	保护物种	物种管控 推荐性管控措施
镇江市	生态Ⅱ级区-01镇江东部水环境维持-水源涵养功能区	化肥施用量需进一步管控,底质稀敏感种,水质达标情况差,单位面积COD入河量较高,生境维型较单一,优Ⅲ类水比例低,湿地林地占比仍有提升空间,清洁生产力度弱	总磷 53.79	轻度畜禽养殖污染	工业:增加工业废水处理设施99.57万t/a。农业:①高标准农田建设46 299.24亩;②畜禽养殖、优化资源利用处理结构1个、养殖废水资源化利用处理设施0.05万t/a;③水产养殖、增加规模水产养殖低污染尾水组合生态净化能力2.45万亩/年。生活:提升城镇污水处理能力2.45万t/d	—	—	—	增加林地面积 2.45	推行林长制,加大造林工程投入力度	青虾、蟹、鲌目、鲭目、波氏吻虾虎鱼	切实加强水生动物保护力度,维护物种栖息繁衍场所和生存条件
镇江市	生态Ⅲ级区-01丹阳城镇水环境维持-水质净化功能区	水质达标率偏低,完整性指数偏低,清洁生产力度仍较弱	总磷 43.91	轻度畜禽养殖污染	工业:增加工业废水处理设施7.85万吨/年。农业:①农田面源54 331.79亩;②畜禽养殖、优化资源化利用处理结构6个、养殖废水资源化利用处理设施0.08万t/a;③水产养殖、增加规模水产养殖低污染尾水组合生态净化能力0.72万亩/年。生活:提升城镇污水处理能力2.32万t/d	丹金溧漕河(黄埝桥)	丹金溧漕河(黄埝桥)	生态浮岛、沉水植被构建,水生植物群落重建及鱼类群落调控,生物操纵技术,城区河道水质净化与生态修复集成技术	增加林地面积 0.32	推行林长制,加大造林工程投入力度	—	—

续表

城市	分区	存在问题	总量管控 需削减量 (t/a)	限制因子	推荐性管控措施	水质水生态管控 水质不达标河道断面	水生态不达标河道断面	推荐性管控措施	空间管控 需增加林湿地面积 (km²)	推荐性管控措施	物种管控 保护物种	推荐性管控措施
镇江市	生态Ⅲ-02丹阳东部水环境维持水文调节功能区	土地利用仍待优化,水业污染入河量高,浮游动物完整性指数偏低,底栖敏感种达标情况较差	化学需氧量 234.21 总氮 35.99 总磷 32.9	重度农田污染、重度畜禽养殖污染、轻度畜禽污染	工业:增加工业废水处理设施84.81万吨/年,优化产业结构。农业:①浓化区域,距离河湖500 m以内的区域禁止开发,建立生态拦截系统;距离河湖500 m以外的区域实施农药化肥减量措施,高标准农田建设9 005.73 亩;②畜禽养殖:优化养殖结构4.07 万 t/a;③水产养殖:规模水产养殖低污染尾水组合处理设施2个,养殖废水资源化利用增加净化技术0.02 万亩/年。生活:提升城镇污水处理能力0.45万 t/d	—	—	生态护岸改造技术;沉水植被构建技术;湖滨-缓冲带生态建设成套技术	增加林地面积1.50	推行林长制,加大造林工程投入力度	河蚬,长角涵螺,纹沼螺,椭圆萝卜螺,铜鱼	切实加强水生动物类保护力度,维护物种栖息繁衍场所和生存条件
镇江市	生态Ⅲ-03丹武重要生境维持水质净化功能区	清洁生产力度仿需加大,湿地占比过低,隔离度为高,底栖敏感种达标情况较低	总磷 5.32	轻度畜禽养殖	工业:增加工业废水处理设施349.16万吨/年。农业:①浓化面源;②畜禽准标准养殖,优化利用养殖废水资源化利用8 850.16 亩;②畜禽养殖:优化养殖结构1个,优化利用养殖废水资源化利用处理设施0.13 万 t/a;③水产养殖:增加规模水产养殖低污染尾水组合生态净化技术3.8万亩/年。生活:提升城镇污水处理能力1.71万 t/d	江南运河(吕城)、鹤溪河(殷家桥)	—	城区河道水质净化与生态修复集成技术;城市河湖水系水质保障与原位污染净化技术;黑臭支浜原位污染物拦截和强化净化技术;微曝气强化生态床污水处理技术;生态护岸改造技术	—	—	长角涵螺,纹沼螺,大鳍鳡	切实加强水生动物类保护力度,维护物种栖息繁衍场所和生存条件

续 表

城市	分区	存在问题	总量管控			水质水生态管控			空间管控		物种管控	
			需削减量(t/a)	限制因子	推荐性管控措施	水质不达标河道断面	水生态不达标河道断面	推荐性管控措施	需增加林湿地面积(km²)	推荐性管控措施	保护物种	推荐性管控措施
常州市	生态Ⅲ-级区-04金坛镇重点维持水质净化功能区	化肥施用量需进一步管控,重点优化Ⅲ断面水质为0,障碍敏感物种栖息情况及底栖敏感物种达标情况差	总磷 28.34	轻度畜禽养殖	工业:增加工业废水处理设施46.9万吨/年,优化产业结构;农业:①农田面源:高标准农田建设26 525.19亩;②畜禽养殖:养殖废水资源化利用处理设施0.22万t/a;③水产养殖:增加规模化水产养殖尾水净化生态净化技术0.26万亩/年;生活:提升城镇污水处理能力0.76万t/d	夏溪河(含尧塘河)(太平桥)	尧塘河(太平桥)	城区河道水质集中净化与生态修复技术;河道旁路多级人工湿地净化技术;黑臭支浜原位污染物拦截和强化净化技术;微曝气强化生态浮床污水处理技术;生态护岸改造技术;漂浮湿地污染物净化技术;沉水植被构建技术	—	—	青虾,长角涵螺,纹沼螺,蚌蜓目,长吻鮠	切实加强水生动物类保护力度,维护繁衍场所和生存条件
常州市	生态Ⅰ-级区-01金坛洮湖重要物种保护-水文调节功能区	单位面积畜禽养殖COD入河量偏高,化肥施用量需进一步管控,监测断面优化Ⅲ类比例仍有待提高,水生态健康水平达一级水平,底栖敏感物种达标情况差,生境类型较单一,人均水资源量不足,万元GDP耗水量高	氨氮 40.53 总氮 120.95 总磷 26.24	轻度农田污染,轻度畜禽养殖,轻度生活污染	工业:增加工业废水处理设施74.99万吨/年,优化产业结构;农业:①农田面源:距离河湖500 m以内的区域建设生态拦截系统,高标准农田建设9 491.7亩;②畜禽养殖:优化养殖结构,增加规模化水产养殖尾水资源化利用处理设施5.29万t/a;③水产养殖:增加规模化水产养殖尾水资源合生态净化技术0万亩/年;生活:提升城镇污水处理能力0.5万t/d	中干河(典基桥),洮湖(北干河口区)	长荡湖(北干河口区)	水生植物群落重建及生物多样性恢复,鱼类群落调控,生物操纵技术;河道旁路多级人工湿地净化技术;微曝气强化生态浮床污水处理技术;在汇流河口区减,使用人工湿地生态修复技术;大型水生植物营造调控藻类富营养化技术	增加湿地面积 1.98	保护并修复退化湿地,因地制宜建设生态安全缓冲区和生态隔离带	青虾,长角涵螺,纹沼螺,黄尾鲴	切实加强水生动物类保护力度,维护繁衍场所和生存条件

续表

城市	分区	存在问题	总量管控			水质水生态管控			空间管控		物种管控	
^	^	^	需削减量(t/a)	限制因子	推荐性管控措施	水质不达标河道断面	水生态不达标河道断面	推荐性管控措施	需增加林湿地面积(km^2)	推荐性管控措施	保护物种	推荐性管控措施
常州市	生态Ⅲ-06溧阳城镇重要水生境维持水文调节功能区	水质达标率低、湿地类型单一、湿地林地覆盖率低、浮游动物完整性指数偏低，高新技术友清洁生产有待加强	氨氮 17.23 总氮 239.53	轻度农田污染、轻度生活污染	工业：增加工业废水处理设施135.75万t/a。农业：①农田面源：距离河湖500 m以内的区域建立生态拦截系统，高标推农田建设22 194.12亩；②畜禽养殖：优化养殖结构3个，养殖废水资源化利用处理设施7.00万t/a；③水产养殖：增加规模水产养殖尾水组合生态净化技术4.94万亩/年。生活：提升城镇污水处理能力1.29万t/d	北溪河（杨巷桥）	—	微曝气强化生态浮床污水处理技术；生态护岸改造技术；沉水植被构建技术；河口湿地生态修复技术	增加林地面积 0.27 增加湿地面积 0.17	推行林长制，加大造林工程投入力度	青虾、蜻蜓目、青虾、中华花鳅	切实加强水生动物保护力度，维护物种衍生繁衍场所和生息存条件
常州市	生态Ⅰ-02溧阳南部重要水生境维持水源涵养功能区	湿地林地占比仍有提升空间，生物完整性指数偏低、底栖敏感种达标不足，单位GDP耗水量偏高	—	—	—	—	大溪水库（大溪湖心）	湖滨-缓冲带生态建设成套技术；湖滨带生态修复，包括生境恢复、基底改良、驳岸改造、生态廊道恢复等；河口湿地生态修复技术，针对入湖河流进行修复，提升入湖水质	增加林地面积 3.69	推行林长制，加大造林工程投入力度	青虾、蜻蜓目、长角涵螺、纹沼螺、尖头鲅	切实加强水生动物保护力度，维护物种衍生繁衍场所和生息存条件

防污控源与生态修复治理相结合使得区域生态环境质量有效改善,流域生态环境质量提高,水体生态景观改善,流域生态功能增强,生态系统走向良性循环,从而增加了流域经济社会发展的承载能力,进一步缓解了当地社会发展与环境约束之间的矛盾,促进当地经济社会和谐、可持续发展。

6.3.4.3 经济效益

项目实施可有效促进区域生态环境的良性循环,实现区域社会经济的可持续发展。方案实施促进了水环境改善,解除了水环境污染对经济发展的瓶颈制约,将会增加对投资者的吸引力度,促进经济继续快速发展。同时,对各类水体水质的保护和改善可大大减少用于水污染控制和治理的费用。生态修复和环境的改善带来生态旅游和生态服务业的发展,经济发展潜力得到进一步增强。其将带动当地相关行业的发展,增加就业机会,扩大内需,从而推动当地社会经济的快速发展,推动当地产业结构的调整。通过工农业结构调整和升级,能够推进工业与农业现代化的进程,促进经济的健康可持续发展。

6.3.4.4 社会效益

方案的实施可解决一批突出的环境热点、难点问题,完善环境基础设施建设,改善水环境质量,改善人民的生活环境,改善当地的投资环境,吸引资金,加速工农业的发展,从而提高人民的生活质量,还可促进区域旅游事业的发展,从而促进区域经济发展,保障当地居民生活水平的提高。环境的改善为当地居民生活和生产的基本条件改善提供强有力的保障。同时,通过具体的工程实施,使人们能够体会到环境保护的重要性和环境效益,体验人与自然和谐共存协调关系,进而激发公众的环境保护意识。

6.3.4.5 生态效益

通过污染物总量削减,浓度降低,生活污水、农业面源有效控制,畜禽养殖规范化等手段可以实现污染控制目标。通过25个分区水质不达标分区和30个分区水生态健康指数不达标数据,指导全面的水质提升和水生态环境改善,实施生态修复、生态防护及环境综合整治等工程,太湖流域水生态环境获得整体改善。方案的实施将在总体上改善太湖流域生态系统的功能,维护生态系统的稳定,增强生态系统的抗干扰能力,维护区域生态系统多样性和稳定性,提高水源涵养和水土保持能力,生物多样性保护能力将显著提高。

6.3.5 可达性分析

6.3.5.1 污染控制目标可达性分析

通过提升工业废水处理、优化工业产业结构、优化养殖结构、利用养殖废水资源化、提升城镇污水处理能力,建设高标准农田、规模水产养殖低污染尾水组合生态净化技术利用等管控措施及估算削减量(详见表 6.3-4),可以实现源头和末端的污染源管控。水生态系统不断改善、自我调节能力提升,水质目标可达。

表 6.3-4　总量削减量可达性分析

分区	化学需氧量需削减量(t/a)	氨氮需削减量(t/a)	总氮需削减量(t/a)	总磷需削减量(t/a)	化学需氧量可削减量(t/a)	氨氮可削减量(t/a)	总氮可削减量(t/a)	总磷可削减量(t/a)	可达性分析
Ⅰ-01	0	41	121	26	1 001	82	131	46	可达
Ⅰ-02	240	0	70	20	733	68	131	41	可达
Ⅰ-03	0	0	0	54	1 900	180	240	61	可达
Ⅱ-01	361	87	192	11	2 230	149	223	23	可达
Ⅱ-04	0	0	0	44	1 890	173	250	68	可达
Ⅱ-05	234	0	36	33	881	68	109	38	可达
Ⅲ-01	0	0	0	5	1 588	128	168	24	可达
Ⅲ-02	0	0	0	28	653	59	94	31	可达
Ⅲ-03	0	0	437	43	3 984	201	508	172	可达
Ⅲ-04	0	17	240	0	1 830	153	252	77	可达
Ⅲ-05	0	0	241	0	3 202	149	313	51	可达
Ⅲ-06	1 208	69	382	0	3 279	310	415	63	可达
Ⅲ-08	0	0	104	0	1 478	58	127	25	可达
Ⅲ-11	943	0	77	28	1 032	96	136	39	可达
Ⅲ-13	0	0	88	64	2 168	203	297	90	可达
Ⅲ-15	94	171	430	19	3 542	340	453	91	可达
Ⅲ-16	4 343	602	1 339	86	12 627	1 157	1 408	179	可达
Ⅲ-18	0	334	615	0	4 618	404	647	96	可达
Ⅳ-01	0	0	96	0	1 226	105	125	19	可达
Ⅳ-02	0	0	397	0	5 534	154	443	82	可达
Ⅳ-04	748	29	368	51	3 486	260	412	103	可达
Ⅳ-06	550	10	176	19	1 825	105	243	91	可达
Ⅳ-08	0	0	21	0	1 261	94	154	52	可达
Ⅳ-09	0	0	0	19	1 423	95	232	36	可达
Ⅳ-11	0	0	1 034	167	11 789	1 113	1 317	175	可达
Ⅳ-12	0	41	121	26	1 001	82	131	46	可达
Ⅳ-13	240	0	70	20	733	68	131	41	可达
Ⅳ-14	0	0	0	54	1 900	180	240	61	可达

6.3.5.2 水质目标可达性分析

太湖流域内的水环境质量总体改善，目前，江苏省 15 条主要入湖河流水质全部达到或优于Ⅲ类，总磷是主要的超标因子，不达标河流集中于太湖西岸和太湖流域东部。主要原因是农业面源和工业、生活污染物大量排放，导致水体污染。通过污染物总量削减、浓度降低，生活污水、农业面源有效控制，畜禽养殖规范化等手段，有效控制新、老污染源，遏制住太湖流域的污染趋势。同时，通过生态修复工程、岸线改良工程以及河道清淤工程，可以改善太湖流域水质，恢复其水体功能。

6.3.5.3 空间管控目标可达性分析

以生态功能不退化为目标，未来合理规划土地利用类型，提高林地、湿地比例，增强生态系统自我调节能力，通过生态修复、生态防护及环境综合整治，逐步改善生态环境，目标可达。

6.3.5.4 环境管理能力建设目标可达性分析

随着国家和各级地方政府对环境管理规范化、现代化水平的重视，其将进一步加大对环保在岗人员职业道德、技术水平和业务能力的培训，环境监管能力标准化水平和监督执法装备水平有望得到大幅度提高。环境监管能力建设项目的实施，将使环境监管能力在队伍建设、制度保障、技术培训、硬件建设、宣传教育提高等多个方面得到加强，使各项工作正常稳定开展。